全国普通高等院校生命科学类"十二五"规划教材

动物学野外实习指导

主　编　朱道玉　刘良国
副主编　胡红英　徐世才　张红梅
　　　　王文彬　张贵生

华中科技大学出版社
中国·武汉

内 容 简 介

　　本书是编者在多年动物学野外实习教学经验和文献资料积累基础上编写而成的。全书共分 5 章,分别从野外实习的组织与准备、海滨动物实习、内陆无脊椎动物实习、昆虫实习、内陆脊椎动物实习等方面,系统、全面地介绍了动物学野外实习的基本知识与组织管理,动物标本的采集与制作,常见动物的鉴别特征、生态习性与分布,并在附录部分对国家级动物保护名录和国家级自然保护区做了介绍。

　　本书可作为高等院校生物科学及相近专业动物学野外实习教材,也可以作为有关科研人员、动物学爱好者和中学生物教师的参考资料。

图书在版编目(CIP)数据

动物学野外实习指导/朱道玉,刘良国主编.—武汉:华中科技大学出版社,2014.11(2022.1重印)
ISBN 978-7-5609-9710-0

Ⅰ.①动…　Ⅱ.①朱…　②刘…　Ⅲ.①动物学-教育实习-高等学校-教材　Ⅳ.①Q95-45

中国版本图书馆 CIP 数据核字(2014)第 260483 号

动物学野外实习指导　　　　　　　　　　　　　　　　　　朱道玉　刘良国　主编

策划编辑:罗　伟
责任编辑:叶丽萍　罗　伟
封面设计:刘　卉
责任校对:邹　东
责任监印:周治超
出版发行:华中科技大学出版社(中国·武汉)　　　电话:(027)81321913
　　　　　武汉市东湖新技术开发区华工科技园　　　邮编:430223
录　　排:华中科技大学惠友文印中心
印　　刷:武汉邮科印务有限公司
开　　本:787mm×1092mm　1/16
印　　张:19.5
字　　数:505 千字
版　　次:2022 年 1 月第 1 版第 3 次印刷
定　　价:58.00 元

全国普通高等院校生命科学类"十二五"规划教材
编 委 会

全国普通高等院校生命科学类"十二五"规划教材
组编院校

（排名不分先后）

北京理工大学	华中科技大学	云南大学
广西大学	华中师范大学	西北农林科技大学
广州大学	暨南大学	中央民族大学
哈尔滨工业大学	首都师范大学	郑州大学
华东师范大学	南京工业大学	新疆大学
重庆邮电大学	湖北大学	青岛科技大学
滨州学院	湖北第二师范学院	青岛农业大学
河南师范大学	湖北工程学院	青岛农业大学海都学院
嘉兴学院	湖北工业大学	山西农业大学
武汉轻工大学	湖北科技学院	陕西科技大学
长春工业大学	湖北师范学院	陕西理工学院
长治学院	湖南农业大学	上海海洋大学
常熟理工学院	湖南文理学院	塔里木大学
大连大学	华侨大学	唐山师范学院
大连工业大学	华中科技大学武昌分校	天津师范大学
大连海洋大学	淮北师范大学	天津医科大学
大连民族学院	淮阴工学院	西北民族大学
大庆师范学院	黄冈师范学院	西南交通大学
佛山科学技术学院	惠州学院	新乡医学院
阜阳师范学院	吉林农业科技学院	信阳师范学院
广东第二师范学院	集美大学	延安大学
广东石油化工学院	济南大学	盐城工学院
广西师范大学	佳木斯大学	云南农业大学
贵州师范大学	江汉大学文理学院	肇庆学院
哈尔滨师范大学	江苏大学	浙江农林大学
合肥学院	江西科技师范大学	浙江师范大学
河北大学	荆楚理工学院	浙江树人大学
河北经贸大学	军事经济学院	浙江中医药大学
河北科技大学	辽东学院	郑州轻工业学院
河南科技大学	辽宁医学院	中国海洋大学
河南科技学院	聊城大学	中南民族大学
河南农业大学	聊城大学东昌学院	重庆工商大学
菏泽学院	牡丹江师范学院	重庆三峡学院
贺州学院	内蒙古民族大学	重庆文理学院
黑龙江八一农垦大学	仲恺农业工程学院	

前　言

　　动物学野外实习是生物科学及相近专业人才培养方案规定的必修内容,是动物学教学内容的重要组成部分,是理论联系实际的重要环节,也是学生走进自然、认识自然、识别动物种类和生态环境的多样性、了解动物习性和行为的重要途径。通过野外实习,不仅能使学生进一步认识各种类型的动物,观察并了解动物的行为、习性以及动物与生活环境之间的相互关系,同时也可培养学生理论联系实际和独立工作的能力,增强学生保护物种多样性及其生态环境多样性的意识,促使学生更加热爱自然、呵护生命,有利于促进人与自然的和谐。

　　在华中科技大学出版社组织协调下,根据动物学野外实习教学的需要,由新疆大学、延安大学、湖南文理学院、菏泽学院等单位长期从事动物学教学和野外实习指导的教师,根据大量相关文献,以及参编作者多年来指导学生野外实习的经验和体会,编写了本教材,目的在于为生物科学及相近专业动物学野外实习提供一本比较系统、全面、实用的实习指导书,提高学生在动物学野外实习过程中的积极性和主动性,使每一位学生在动物学野外实习之前都能够提前预习,在实习过程中通过本教材对动物标本及其环境多样性有更好的了解、认识。

　　本教材共分5章。第1章介绍野外实习的组织与准备,由菏泽学院朱道玉编写;第2章介绍海滨动物实习,由菏泽学院张红梅、张贵生编写;第3章介绍内陆无脊椎动物实习,由湖南文理学院王文彬编写;第4章介绍昆虫实习,由新疆大学胡红英、延安大学徐世才编写;第5章介绍内陆脊椎动物实习,由湖南文理学院刘良国编写;附录部分的国家级动物保护名录由菏泽学院张贵生编写,国家级自然保护区介绍由延安大学徐世才编写。教材对野外实习常见动物的鉴别特征、生活习性和生态分布进行了较为详细的描述,介绍了标本的采集与制作方法,第3、4、5章还列出分目或科检索表,每种动物均附有清晰的图片,在每章的后面提供了有助于学生科研和创新能力培养的拓展与提高训练,提升了实习的内涵。

　　由于水平有限,书中难免会出现不当之处,敬请读者和专家批评指正。

编　者

目　　录

第5章　内陆脊椎动物实习　/177

第1章 绪论——野外实习的组织和准备

1.1 野外实习的目的与要求

1.1.1 野外实习的目的

动物学野外实习的目的是理论联系实际,使学生在课堂所学专业的基础知识上,进一步在自然环境中通过观察动物的生活来对课堂教学加以巩固、丰富和提高;通过实习使学生进一步理解动物体的形态结构与其生活环境的高度统一性和适应性;在实习工作中进一步培养学生的独立工作和综合分析的能力,使其初步掌握对实习动物的观察、采集、培养、标本制作等基本方法和技能;初步掌握实习动物的主要特征、生活习性和分类地位;通过实习使学生了解自然、热爱自然,增强保护生态环境和生物多样性的意识,了解动物在经济建设和人们生活中的应用及其对教学科研的重要性。

1.1.2 野外实习的要求

(1)用辩证唯物主义观点指导野外实习。自然界是互相联系、互相制约的整体,自然界中生活的每一种动物都不是孤立存在的,所以观察一种动物时必须联系其生活环境,考虑动物类群间错综复杂的相互关系。每种动物对于其生活环境是有一定要求的,即环境因素能决定动物的分布。要善于在自然环境中观察动物,不要干扰环境,更不要破坏环境,有时需要较长时间仔细地观察,才会有所收获。

(2)牢固树立保护物种多样性的意识。野外实习中适量的采集是必不可少的,但绝非是以采集为主,要在仔细观察动物的形态特征、活动规律及其习性的基础上,使用正确的方法,采集一定数量的标本,对于种群数量大的也不可大量采集,更不能因为实习破坏了动物资源,要牢固树立保护物种多样性的意识。

(3)做好观察记录。每次实习不仅要按实习指导规定的内容和要求严格进行,做好种属鉴定,而且观察动物时一定要做好时间、地点、特征与活动规律等内容的野外观察记录。

(4)严格遵守实习纪律。增强时间观念,强化安全意识和集体意识,自觉遵守实习纪律,确保野外实习取得圆满成功。

1.2 野外实习的准备

1.2.1 制订切实可行的野外实习方案

实习方案是根据实习内容、时间、地点和要求制订的,同时还应考虑实习地接纳师生吃住情况,如是否安全,交通是否便利等因素,制订出切实可行的实习方案。首先确定实习内容,如陆地实习、淡水实习、海滨实习、参观学习等,制订出详细的实习内容方案。其次确定实习时间,陆地和淡水实习因为不受特定日期与时间的约束,可以根据实习内容确定实习时间,例如陆生无脊椎动物的实习、淡水无脊椎动物的实习、昆虫实习、农业害虫调查、渔业生物学调查等,可以根据每次实习内容的多少、路途的远近等,分配实习时间,排定日期表;海滨实习由于受潮汐规律变化的限制,制订实习方案时考虑潮汐变化的因素,需要根据特定时间确定实习时间,同时还应考虑海滨风浪、阴雨和雾天等因素影响。实习内容和时间确定以后,选择实习地点首先必须考虑该地能否确保完成实习内容,同时还应考虑实习地能否保障实习师生的吃住及安全,交通是否利于师生的出行,实习经费能否保障等。参观学习应避开周末和节假日,以避开参观人群高峰期,利于师生参观学习。综合以上因素制订出切实可行的实习方案和实习日程表。

1.2.2 成立野外实习工作组

野外实习是一项复杂而又具体的业务活动,整个实习队伍的吃、住、行,业务活动的联系、考察与实施,必须有专门的人员来负责组织,才能确保实习任务的圆满完成。为此成立以下工作组:野外实习领导小组,负责野外实习的组织、领导和协调工作;业务组负责制订实习计划,编写实习参考资料,拟定实习日程表,指导学生准备实习工具及药品、完成实习内容和总结;生活(后勤保障)服务组负责实习师生的吃、住、行、文体活动、医疗保障等工作。教师担任各组负责人,对各组的活动负全责。

1.2.3 编写野外实习大纲和参考书

实习方案确定以后,指导实习教师应根据实习内容,编写实习大纲,同时根据实习大纲,编写实习参考书,供学生实习中参考使用。参考书的内容一般包括:实习的目的和要求;实习地的地理环境介绍;实习注意事项和实习记录;实习地常见动物的分布;实习需要的仪器、用具、药品及使用方法介绍;实习地动物标本的采集、培养、处理和保存方法;常见动物的分类地位和描述等。

1.2.4 采集工具、药品、仪器及工具书的准备

实习所用工具、药品和仪器,是由实习内容所决定的,不同的实习内容,所用工具、药品和仪器是不同的(此项内容详见第2~5章相应内容)。实习所用工具、药品和仪器的数量要根据实习学生的人数和需要以及拟采集标本的数量而定。

1.2.5   实习指导教师对实习地预调查

对实习地环境变化、物种的多样性等进行预调查,是圆满完成实习任务的重要环节,实习指导教师应具体地了解实习地最近的情况,因实习地的环境和范围常常因为建设和其他原因而变更,所以在实习进行前应详细了解清楚,如与实习方案所规定的内容有出入,则应立即调整,以免影响实习工作。若是第一次去某个地区实习,这项工作就更加有必要了,了解情况时可向当地有关科研单位、学校、乡村及有关人员请教,必要时可聘请他们作为实习的向导或指导教师,以便于整个实习工作顺利实施。

预调查中业务工作主要是了解实习地的生态环境,熟悉常见动物的种类、形态特征、分类地位、习性及其分布规律等。预计完成实习所需时间及存在问题,也可以考虑在实习中有哪些课题可让学生独立完成,这对实习工作有极大的帮助。如海滨实习一定要准确掌握实习地潮汐的时间表,实习时要在大潮期退潮前到达实习地点,这样好随潮水的退落而进行实习,为实习赢得时间。预调查工作结束后即可确定实习内容的细节和各实习地的实习重点。

1.2.6   学生实习小组的划分与组织

实习领导组可以根据此次实习的师生人数,把学生划分为若干个实习小组,以便于实习的开展和实习期间的学生管理等工作。各小组选拔组织能力强、体格健壮、热心为同学服务的学生作为实习组长,协助教师负责各小组实习期间的具体工作,如每次活动集合学生、清点人数,协助教师下达实习任务,组织同学鉴定、制作标本等。

1.2.7   开好实习动员会

实习进行前,开好野外实习动员会,所有参与实习的教师和学生都要参加,动员会一般强调以下内容。

(1)野外实习的意义:激发学生对野外实习的兴趣,引起学生对野外实习的高度重视。

(2)野外实习的内容:简要介绍野外实习的任务,使学生对此次实习内容有大致了解,便于学生准备实习的参考资料。

(3)野外实习注意事项:①要有集体观念:野外实习团队是一个整体,一定要有集体观念,不能我行我素;要有集体荣誉感,大家外出实习不仅代表的是个人,更代表的是大学生群体和学校,大家的一言一行、一举一动,一定要展现当代大学生的高素质、高标准,不能给集体抹黑。②要有纪律观念:纪律是执行实习方案的保障,野外实习团队的每一位成员都要自觉遵守实习地相关规定及实习团队的有关纪律,确保实习顺利进行。③要有时间观念:时间是完成实习方案的保障,野外实习团队的每一位成员都要有时间观念,把每次集合、出发、上车(船)、返回、作息等时间牢牢记在心上,确保每次活动都能按时实施和顺利完成。④要有安全意识:整个实习活动的全程,安全是第一位的。一是人身安全,自觉遵守交通规则;上山实习要注意不被树枝划伤、被毒蛇咬伤或跌倒摔伤,不准爬悬崖峭壁或潜入深山峡谷;海滨实习注意避免被水母类、海葵蜇伤,被贝壳划伤或被蟹类的螯肢夹伤,不准下河(海)游泳;实习间隙或学生自由活动时间,不准单人外出,确需外出者须向负责考勤的教师请假,且结伴出行。二是财物安全,在上下车(船)、乘车(船)期间,住宿地、实习地等处注意自己和大家的财物安全。三是饮食安全,到有营业执照和卫生许可的餐饮点就餐,不在路边无证摊点就餐;自带中午餐忌油腻食品。

1.3 野外实习的实施

1.3.1 正确指导学生野外实习

在全部实习工作中,指导教师应该以实习的目的和要求为原则正确指导学生,需做好以下方面工作。

(1) 培养学生独立工作的能力:指导教师在野外实习中要起主导作用,但主导作用并不等于包办代替。教师要引导学生根据什么条件,什么痕迹去发现所寻找的动物,如何去观察它们,这些工作都应由学生自己去完成,即使学生做得差一些也无妨。当学生发现一个动物去问教师名称时,应该引导学生运用自己已经掌握的动物分类学知识,确定此动物所属的门、纲、目,也可辅导学生使用检索表鉴定属种。对于某种动物的形态特征,应要求学生运用动物学知识将其描述出来,不能简单地讲述给学生。标本处理和制作是培养学生独立工作的一个很好机会,应该放手让学生去做,或教师在一旁指导即可。总之,教师应尽量创造条件,使学生理论联系实际,巩固和加深所学的专业知识,不断提高学生的独立工作能力。

(2) 启发学生积极思维:在全部实习工作中指导教师应积极引导学生对各种问题进行深入思考,而不是肤浅了解或人云亦云。指导教师要善于提出启发性的问题,激发学生对某个问题的深入思考,但当发现学生的思路不正确时,应及时提出。例如指导教师提出几种生活在不同环境中形态各异的动物,让学生做比较,或同种动物在不同环境中分布不同,让学生去分析,从而加深理解动物对环境的适应性及环境因素对动物分布的影响,达到活跃学生的思维,使学生用已有的知识去解决新问题的目的。

(3) 一般指导和个别帮助相结合:指导学生进行野外实习工作,一定要了解学生的业务知识水平,对基础知识较差的学生,教师应在一般指导的基础上给予他们较多的帮助,多方面锻炼他们独立工作的能力,以防他们在实习过程中束手无策,收获不大。教师应尽最大的努力去帮助他们发扬刻苦学习的精神,获得在实习中应该得到的知识。

(4) 开展实习讨论会:在每次实习工作结束后,要由指导教师组织学生以小组为单位在现场进行总结,巩固所获得的知识,交流实习工作中的经验,教师可以提出一些问题作为现场总结的重点。在整个实习过程中开展以实习小组为单位的阶段性讨论会,事前拟出提纲发给学生,教师主持讨论。讨论的中心要针对不同实习阶段中某些重点内容进行,以此扩展学生在实习中所获得的知识,加深理解,纠正一些错误的观点。

1.3.2 标本的采集、处理与保存方法

详见第 2~5 章相应内容。

1.3.3 野外实习报告

每天实习结束后,学生要写实习报告。实习报告内容一般应包括实习题目,实习目的要求,实习工具、药品和仪器,实习时间、地点和环境,采集标本的名称、分类地位,标本的处理和保存方法等。

1.3.4　野外实习总结

实习总结由实习领导组或工作组的负责人向全体学生报告,内容一般应包括:实习概况、内容、工作中的收获、存在问题和建议等。也可以面向全系或全校师生举办实习展览,用大量的照片和文字展示本次实习的成果。

拓展与提高

撰写开展校园动物资源调查实施方案。

第2章 海滨动物实习

2.1 海滨实习的基础知识

2.1.1 海滨实习的目的

海滨实习是生物学教学的一项十分重要的内容,是动物学课堂教学联系实际的重要组成部分,是动物学教学大纲的基本要求和需要。

(1)在海滨实习过程中,要求在各种不同的海滨生态环境中认识和鉴别各种不同的动物种类,掌握其主要特征、习性和分类地位。巩固和丰富课堂教学内容,加深理解已学过的动物学知识。

(2)在掌握海滨动物主要特征的基础上,了解其生活环境的特点,如地形、地质、海洋理化性质等,分析其生活习性和生理机能。理解动物与环境之间的相互关系,进而认识生态环境与各类动物是相互联系、相互制约、不可分割的一个统一整体。

(3)初步掌握对海滨无脊椎动物的观察、采集、培养和处理方法,以及保存这些动物标本的基本方法,丰富教学标本和实验材料。培养学生独立工作和掌握实验操作技巧的能力,为将来从事动物学教学和科研打下良好基础。

(4)通过海滨实习,让学生了解自然、热爱自然,增强保护生态环境和生物多样性的意识,了解海洋生态学在经济建设和人们生活中的应用及教学科研的重要性,进而巩固学生的专业思想基础。

2.1.2 海洋生态环境和主要生态环境动物简介

为了更有效地进行海滨实习,首先要了解不同的海洋生态环境。

2.1.2.1 海底的垂直区划

根据海洋学调查的海岸地形和海水深度的不同,一般把海岸划分为沿岸区和深海区(图2-1)。

自海陆相接处至 200 m 深度的海域为沿岸区,深度 200 m 以上的海域为深海区。根据海水的深度及理化特性,沿岸区又分为滨海带和浅海带。从高潮线至水深 50 m 的海底为滨海带,水深 50 m 至 200 m 的海底为浅海带。滨海带是海水涨潮和退潮活动的地带,所以又称潮间带。潮间带水浅,阳光充足,食物丰富,动植物种类繁多,是海滨实习活动的主要地区。深海

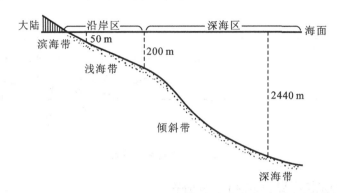

图 2-1 海洋生态环境区划示意图

区又分为倾斜带和深海带,该海域水温低,阳光缺乏,环境稳定,动植物种类较少。

2.1.2.2 潮汐现象

我们把海水每天有规律的周期性涨落现象称为潮汐。潮汐现象与天体运动有直接的关系,同时也受不同海区地形地势的影响。天体引起潮汐的引力为引潮力,形成引潮力的天体是太阳和月球。由于太阳离地球的距离比月球要远 300 多倍,根据万有引力定律可知,月球的引潮力要比太阳的引潮力大 2~3 倍,所以月球的引潮力是形成潮汐的主要力量。在一个太阳日,即 24 h 50 min 内,地球有一次面向月亮和一次背向月亮的过程。当地球上海洋面向月亮的部分受月球引潮力作用时即形成涨潮。由于涨潮方向与月球引力方向一致称"顺潮"。与此同时,在地球背向月亮一面的海水受月球引力较小,但在地球离心力作用下,也形成引潮力,出现涨潮现象。由于上涨方向与月球引力方向相反称"对潮"。同理当引力与离心力合成向地球中心的引潮力时,出现海水下降现象即落潮。所以在 24 h 50 min 内,地球各海区一般都有两次海水涨落现象,称作"半日潮"。我国沿海各地除少数地区(秦皇岛、北戴河、海南岛西部沿海)为一次,称作"全日潮"外,大都如此。我们以 24 h 为一日,所以某一地的涨落时间总是比前一日推迟约 50 min。

每月海水还会发生两次最高的涨潮(大潮)和两次最低的涨潮(小潮)。产生大潮的主要原因是由地球、月球和太阳三体的位置大致在同一直线上,月球和太阳联合或从两侧吸引地球,所以对海水的引力最大形成大潮。由于受海水黏滞性和海底高低差异及海水深浅不等因素的影响,使得海水因水平引潮力作用而产生的流动力会受摩擦力的作用,所以大潮发生在朔日(农历初一)和望日(农历十五)后 2~3 天内。上弦(农历初七、初八)和下弦(农历二十二、二十三)时,月球和太阳对地球的引力成垂直方向。这时月球的引潮力被太阳的引潮力削弱了很多,潮汐最小,形成小潮。大潮涨潮停止时,海水与陆地相接处为大潮涨潮线。退潮停止时,海水与陆地相接处为大潮退潮线。两者间的区域即潮间带(图 2-2)。小潮的涨潮和退潮就发生在潮间带。潮间带又因大潮和小潮海水涨落不同分为上带、下带和浸水带。潮间带海底每昼夜都周期性地被海水淹没和暴露。潮流扩大了水体与空气的接触面积,增加了氧的溶解量。又因潮流冲来了有机物,为动物提供了营养来源,所以潮间带动物最为丰富。

只有大潮时潮间带才完全退露出来,所以采集标本应赶在大潮时。在农历初一或十五后 1~2 天进行,每次应在低潮时前后 1~2 h 进行。我国大部分海岸每隔 24 h 50 min 都有两涨两落,但具体时间有所不同。所以实习前应先查阅实习地点的潮汐表,掌握准确的低潮时间,才能收到良好的实习效果。

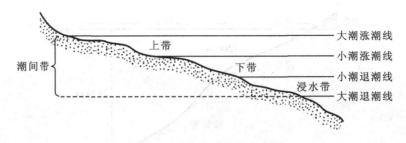

图 2-2　潮间带区划示意图

2.1.2.3　潮间带及其动物的简要分布

潮间带是海滨实习的主要场所。因此,必须对这一区域的生态特点和动物分布做初步了解。潮间带与大陆相接,水面较浅。由于潮汐现象海底时常露出,所以潮间带时而被烈日曝晒,时而被雨水冲洗或风浪拍击。水温、盐水、阳光、水的波动等自然因子急剧变化,生态环境很不稳定。所以在潮间带生活的动物必须具有独特的适应能力,才能忍受这种急剧变化的生态环境。

根据潮间带海底的底质,潮间带生态环境分为岩石滩、沙滩和泥沙滩。在这三个不同的生态环境中生活着各种不同的动物群落。另外海港码头也有许多动物分布。

1. 岩石滩常见动物

(1) 固着生活的动物:各种海绵、海葵、贻贝、牡蛎、龙介、盘管虫、藤壶等。

(2) 匍匐生活的动物:嫁蝛、笠贝、朝鲜花冠小月螺、毛腹石鳖、函馆锉石鳖等。

(3) 自由生活的动物:平角涡虫、鳞虫、滨螺、马蹄螺、单齿螺、锈凹螺、核螺、肉球近方蟹、绒毛近方蟹、海蟑螂、海盘车、海燕、海胆等。

2. 沙滩、泥沙滩常见动物

(1) 隐居生活的种类:沙海葵、海仙人掌、巢沙蚕、磷沙蚕、星虫、扁玉螺、蛤蜊、泥蚶、毛蚶、砂海螂、鸭嘴蛤、竹蛏、海豆芽、棘锚海参、海老鼠等。

(2) 爬行的种类:泥螺、织纹螺、托氏昌螺、豆形拳蟹、鬼面蟹、圆球股窗蟹、近方蟹、宽身大眼蟹、寄居蟹等。

(3) 自由游泳的种类:虾蛄、红线黎明蟹、短脊鼓虾、哈氏美人虾等。

3. 海港码头区域常见动物

(1) 固着生活的种类:海绵、薮枝螅、藤壶、贻贝等。

(2) 漂浮生活的种类:夜光虫、海月水母、钩手水母、海蜇、乌贼等。

(3) 钻蚀生活的种类:船蛆等。

2.1.3　海滨实习注意事项和实习记录

2.1.3.1　实习注意事项

(1) 应全面了解实习地点的环境,如地理位置、气温、沿岸或岛屿,海岸的地质、岩石、泥沙状况等。

(2) 观察时一定要注意动物的栖息环境。注意观察周围的环境条件,是岩石滩还是沙滩,是砂砾还是泥滩,沿岸是平坦陆地还是礁石悬崖,是向阳还是背阳,有无海藻或海草丛生等。

只有综合考虑这些因素,才能更好地理解动物对生活条件的适应性及动物分布特点。

（3）应多注意观察动物的生活习性,观察动物的运动、摄食、呼吸、排泄、应激性等,并做好记录,从而掌握动物在特定生活条件中是如何进行生命活动的。

（4）对每次采集的动物都要做好记录,当日整理,进一步观察、分类鉴定、处理和做必要的解剖。

（5）实习结束,以小组为单位做好实习小结,交流经验,总结经验和教训。

（6）实习期间要注意安全,爱护实习用品,防止损坏和丢失。用毕及时清洗。

2.1.3.2　实习记录

海滨实习记录是一项十分重要的工作。对采集的动物必须逐个进行记录,详细登记每种动物标本的产地、采集日期、生境、名称、形状、颜色、生活习性等,这样才可能有教学研究价值。实习记录要按《动物采集记录册》逐项登记。记录册的内容主要有采集号、日期、产地、种名、特征、采集人等项。记录完毕后,要用一纸质标签注明编号、日期、种名等项,一定要与采集记录册上的各项完全一致。标本投入动物标本的容器中。若标本有坚硬外壳,要用竹签代替纸签,以防磨损。填写时要用铅笔或碳素墨水,以防遇水脱色,字迹不清。

2.1.4　海滨实习需备的仪器、用具和药品

海滨实习包括室内、外工作,室外工作主要是观察和采集标本,室内工作主要是标本的培养、观察、分类鉴定、麻醉、固定等一系列处理工作。完成这些工作需用一些仪器、用具和药品。做好这些物品的准备工作是顺利完成实习的重要保证。

2.1.4.1　实习仪器与用具

（1）采集标本需用的主要用具:浮游生物网、铜筛、采集桶、铁锹、铁锤、铁凿、镊子、螺丝刀、解剖刀、广口瓶等。

（2）处理标本需用的主要仪器与用具:显微镜、放大镜、解剖盘、解剖器、瓷盘、注射器、针头、培养皿、量筒、烧杯、吸管及包装箱等。

2.1.4.2　实习药品

（1）麻醉剂

① 薄荷脑:研磨成粉末便于撒在培养液表面或用纱布包成小球投入培养液中。

② 硫酸镁（泻盐）:制成饱和溶液或将结晶放入培养液中。

③ 乙醚:用海水制成 1% 的溶液,用于各种动物的麻醉。

④ 乙醇:配成 70% 的溶液,慢慢滴入培养液中。

⑤ 氯化锰:配成 0.05%～0.2% 的溶液或将结晶撒在培养液面上,用于麻醉海葵效果较好。

⑥ 氯仿:把纸用此液浸湿,平放在培养液面上。

（2）固定剂和保存剂

① 甲醛:最常用的固定剂和保存剂,出售的均为 40%,可配成 7%～10% 的溶液为固定剂,配成 3%～5% 的溶液为保存剂。

② 冰醋酸:常用浓度 0.3%～5%,对动物细胞有膨胀作用。

③ 乙醇:常用 70%～80% 的乙醇作为保存剂。

④ 苦味酸:常用饱和溶液,单独使用易使动物细胞收缩。

⑤ 乙醇-甲醛固定液:由 90% 的乙醇和 40% 的甲醛按 9:1 的配比混合配成。标本固定后不用冲洗,可放入 80% 的乙醇中,再转入 70% 的乙醇中保存。

⑥ 波恩氏液:由苦味酸饱和溶液、40% 的甲醛和冰醋酸按 15:5:1 的比例混合配成。固定 12~48 h,先用 70% 的乙醇冲洗,再用 70% 的乙醇保存。

⑦ 乙醇-甲醛保存液:70% 乙醇与 2% 甲醛溶液等量混合作为保存剂,能使标本不胀不缩,保持原样。

2.1.5　动物标本的采集、处理与保存方法

2.1.5.1　采集和处理标本应注意的问题

(1) 适量采集,保护物种。不要因为好奇,见到动物就大量采集,每种标本采集 2 个样本即可。采集时注意保护其他类群,不要伤及无辜,破坏其他种类的生存。

(2) 充分了解不同动物的生活环境和习性,采用不同的方法和工具采集。对有毒或不认识的动物要用镊子或其他工具采集,切勿用手触摸和捉拿。

(3) 采集的标本一定要完整。如采集海葵标本时,一定要将固着的小石块一起采集。

(4) 对采集的大小、强弱、软硬不同的标本要分装在不同容器中,不能混放,以防标本损伤。

(5) 重视标本的质量。不论采集和处理什么标本都必须认真对待,严格要求。每种标本都要经过严格的培养、麻醉、固定等处理过程才能收到良好效果。

(6) 对处理标本的容器和采来的标本,先用新鲜海水冲洗干净方可进行处理。对麻醉的动物要放在稍暗的地方,不要振动。麻醉剂的使用要适量,使用过少,麻醉时间太长;使用过多,动物身体及触手收缩,一旦出现收缩现象,应立即中止增添麻醉剂,可加些海水,待动物恢复自然状态后再行麻醉。

(7) 保存具石灰质贝壳和骨骼的动物标本时,保存液要用乙醇,不用甲醛。因为甲醛中的甲酸易侵蚀石灰质贝壳和骨骼。

(8) 制作干制标本时必须先用淡水冲洗掉虫体上的盐分。

2.1.5.2　动物的采集和处理方法

(1) 原生动物

① 夜光虫:用浮游生物网拖拉得到,拖拉到的除夜光虫外还包括其他浮游动物。向瓶内滴入甲醛将虫体杀死。待虫体死后倾去上清液,换 3%~4% 的甲醛。然后将其分类,用 5% 甲醛或 70% 乙醇保存。

② 有孔虫:在泥沙滩可采到有孔虫壳。冲洗干净干燥后,可直接放入小瓶中保存。

(2) 海绵动物

① 矾海绵、指海绵等:退潮后在积有海水的岩石低凹处可采到。

② 毛壶:可在海港的浮木、浮标、船底、绳索和海带等物体上找到。采集时用刀片或竹片沿基部轻轻刮下,勿伤群体,保其完整。

海绵动物的保存方法:先用海水冲洗除去杂质,然后用 80%~90% 乙醇杀死。最后移入 70% 乙醇中保存。勿用甲醛保存,因其对石灰质骨针有腐蚀作用。

（3）腔肠动物

① 海产水螅虫：大都营群居固着生活，附在浮木、海藻等物上。用刀片沿基部刮下或连同附着物采下。

首先用海水培养。待触手完全伸展后，用泻盐或薄荷脑麻醉。每隔 10 min 加一次麻醉剂，随时观察，待触手不再收缩时，用甲醛杀死，最后用 5％甲醛保存。

② 海月水母、海蜇：营漂浮生活，七八月间成群浮在海面。采集时可乘船用小盆连同海水捞取或用手捧起，以防伞缘部位损坏。

采集后放入一个较大盛有新鲜海水的容器中，不要拥挤。待恢复自然状态后，用泻盐饱和溶液麻醉，每隔 10 min 加一次麻醉剂。触手不收缩时用甲醛固定 12 h，最后移入 5％的甲醛中保存。

③ 钩手水母：营自由生活，多在海草多的水体中。搅动海草或水面，如有钩手水母就会浮到水面。用手捧或烧杯捞取。

采集后放入盛海水的容器中，用 1％的泻盐麻醉 10～20 min，身体和触手不再动时，移入 7％的甲醛中杀死。24 h 后换 5％的甲醛保存。

④ 海葵：用铁锤、铁凿在距固着点 2～3 cm 处，将动物和固着部分岩石一起采下。切勿触伤，尽量减少振动。

采集后放入新鲜海水中，静置于不受振动且光线弱的地方。待触手完全展开呈自然状态时，把薄荷脑球（用纱布包成，直径为 1 cm）轻轻放入水中，同时向触手基部投入泻盐，逐渐增加剂量，及时观察，用解剖针刺触手完全不动时，取出薄荷脑球（或用氯化锰进行麻醉，约需 1 h）。向水中加入甲醛，当甲醛浓度为 7％即可杀死，后移入 5％的甲醛中保存。

⑤ 海仙人掌：以柄埋在泥沙中营固着生活。退潮后身体收缩，上端留在外边，容易采到。

以大头针弯成小钩，钩住柄端，倒挂在标本瓶内，用薄荷脑麻醉 24 h，用 5％的甲醛杀死保存。

（4）扁形动物

平角涡虫生活于退潮后的石块下面，翻动石块可找到。用小刀或薄竹片逆虫体爬行方向轻轻挑入盛海水的瓶中。因身体柔软易损，所以采集时要特别小心。

将虫体放入盛新鲜海水的大培养皿中，待其伸展后，可用少许薄荷脑麻醉 3 h。再用 7％的甲醛杀死，数分钟后虫体硬化，取出放平展开，加几片载玻片压住，经 12 h 可得到扁平的标本，最后用 5％的甲醛保存。

（5）纽形动物

纽虫生活于泥沙、海藻中或岩石下，连同泥沙一起采回。

冲去泥沙，用薄荷脑或用 5％的甲醛慢慢滴入，麻醉 1～2 h，用 70％乙醇或 5％甲醛保存。

（6）环节动物

① 沙蚕、长吻沙蚕、海丝蚓：生活在海滩泥沙中，用铁锹挖掘可采到。

② 沙蠋：栖息于泥沙中，巢穴上有一团圆形泥沙条状的排泄物。离穴口 10 cm 处用铁锹迅速挖掘，轻轻展开泥沙，即可得到鲜红的虫体。

③ 巢沙蚕：退潮后，沙滩上有附着碎海草、沙砾及贝壳的管，即其栖居的孔穴口。用铁锹从四周深挖可得到上粗下细的黑褐色革质的管子，用手轻捏，可探知其内有无虫体。

④ 磷沙蚕：栖息于泥沙中的革质"U"形管内。退潮后在沙滩上发现有露出沙面 1～2 cm 高白色的革质的管子。在管子周围 50 cm 左右区域内寻找到同样的管子。从一个管口吹气，

另一管口喷水,可断定是磷沙蚕的"U"形管。在两管口间划一直线,在线一侧挖之。挖到约 50 cm 深度时可看到"U"形管,将全管放入盛海水的容器中。

以上环节动物的处理方法均相同。用新鲜海水培养,待恢复正常状态后,用薄荷脑麻醉 3 h 后将水吸出,用 7% 的甲醛杀死。经 10 h 移入 5% 甲醛中保存。

(7) 软体动物

① 多板类:附着在近岸岩石上,营匍匐生活。固着力很强,采集时可从一侧用手迅速推动,使之与岩石脱离。

用新鲜海水培养,待其身体恢复正常后,用硫酸镁麻醉 3 h。取出标本后用两片载玻片夹住再用线扎紧,放在瓷盘中。然后用 7% 甲醛或 50% 乙醇杀死,2 h 后移入 5% 甲醛中保存。

② 腹足类和双壳类:退潮后在沙滩、泥沙滩和岩石上及间隙内均可采集到。

牡蛎:以贝壳固着在岩石上,可选择固着不太牢固的个体,用凿子凿取。

魁蚶:退潮后沙面上有长 1 cm、尖端相对的 2 个葵花子形状的小孔,有时两孔连在一起,即魁蚶所在处。因生活在泥沙表面易采集到。

竹蛏:泥沙滩上有长约 1 cm 紧密相邻、大小相等的 2 个哑铃形小孔,即竹蛏的孔穴。用铁锹迅速深挖即可采到,或先用铁锹去表层泥沙露出较大穴口,在穴口内滴入少许食盐水,不久竹蛏就从穴深处上升到穴外,此法适用于较硬的泥沙滩。

海牛、壳蛞蝓:海牛多爬在海藻上,壳蛞蝓在泥沙滩可采集到。

贻贝:以足丝固着于岩石上或石缝间,用镊子夹住用力取下。

笠贝等:以腹足在岩石上营匍匐生活,采集方法与石鳖的相同。螺类和贝类的生活方式为固着、匍匐、挖掘泥沙、爬行,采集的方法与上述相同。

螺类和贝类标本的处理方法大致相同。浸制标本先用清水洗净,再用 10% 的甲醛杀死。10 h 后将贝壳有光泽的种类移入 70% 的乙醇内保存,贝壳较厚无光泽的种类可移入 7% 的甲醛内保存。

后鳃类的海牛、壳蛞蝓等标本要先用新鲜海水培养,待触角、次生鳃等伸出,成生活状态时,再用薄荷脑或泻盐麻醉,其间要随时观察,待触之不收缩时即可固定保存,有壳的用 90% 的乙醇、无壳的用 4% 的甲醛保存。

③ 头足类:乌贼、章鱼等自由游泳,用网捕之,但近海不易采到大型者。

乌贼:洗净身上的污物,把触腕从触腕囊中拉出,把动物放平拉直。可直接用 5% 的甲醛固定保存。

章鱼:放入海水中滴加淡水和甲醛,待其将呈死亡状态时取出,放入瓷盘中,将各条腕拉直,等死去不收缩时,再移入 5% 的甲醛内保存。

(8) 节肢动物

① 藤壶:在岩石上营固着生活,用铁凿连同固着的部分岩石采下。

用新鲜海水培养,蔓足不停上下收缩。用薄荷脑和泻盐麻醉,蔓足活动渐渐减慢。经 4～5 h 活动停止,向瓶内加 40% 的甲醛,使瓶内甲醛浓度达 7% 即可杀死,然后保存于 70% 的乙醇中。

② 虾蟹类:大都在退潮后的岩石间隙或沙滩上爬行,可用镊子夹取。有的潜在泥沙中,可用铁锹挖出。

它们的处理方法相同。可用淡水杀死,然后以 70% 的乙醇或 5% 的甲醛固定,最后用 70% 的乙醇加几滴甘油保存。

（9）腕足动物

海豆芽：在退潮后集有浅水的沙滩上有并列三个孔，每孔间隔约 0.5 cm。仔细观察每孔均有向外伸出的一束刚毛。触动附近泥沙，动物缩回泥沙中，三孔变为一个狭缝，即为海豆芽的穴。用铁锹迅速挖 30 cm 左右深可采到。采回后冲洗干净，不经麻醉，可直接投入 70% 乙醇中固定保存。

（10）棘皮动物

海燕、海星、海胆、蛇尾等大都在退潮后岩岸有海藻的积水处，以管足吸附在岩石上，用镊子夹取即可。蛇尾的腕易断，采集时要小心，单独保存。

① 海燕、海星、海胆：分别放入盛有海水的容器中。用泻盐麻醉 2～3 h，再从围口膜处向体内注入 25%～30% 的甲醛，或由步带沟注入水管系内，直到每个管足都充满体液并竖起为度。对于海胆不易注入，可在围口膜的另一端扎一个针头，注入甲醛时海胆体液可由此针头流出。以上各标本分别放在 7% 的甲醛中保存。

海燕、海星、海胆若制成干制标本，可用新鲜海水培养，恢复自然状态后吸出海水，用热水或甲醛杀死。再用淡水洗净，晒干即可。须在阳光下经常翻动，使其速干。

② 蛇尾类：对短腕的真蛇尾不经麻醉，直接保存于 70% 的乙醇中即可。长腕的阳遂足等必须经泻盐麻醉，随时观察并使各条腕伸直，最后用 70% 的乙醇保存。

③ 海参：多栖息在藻类较多的岩礁间或较深的海底。大型的需潜水捕捉。采集时不要过度刺激，以防内脏排出。

④ 海老鼠：穴居于泥沙中。沙滩上有一小沙丘，顶端凹陷一小窝，有时尾的端部从窝中露出。用铁锹迅速挖掘泥沙约 30 cm 深可采集到。

以上③④动物采到后，分别装在大型容器内，用新鲜海水培养，待触手、管足完全伸展后，用薄荷脑与泻盐同时麻醉 4～6 h；当触手、管足不再收缩时，用镊子夹住前端基部，迅速放进 50% 的冰醋酸中，约半分钟松开镊子，3～5 min 后移入 7% 甲醛。半小时后从肛门向体腔内注射适量的 40% 甲醛。用棉球塞住肛门以防液体外流。最后保存于 7% 的甲醛中。若还需要对海参进行分类鉴定，应向体腔内注射 90% 的乙醇，并保存于 80% 的乙醇中。处理好的标本不要放在生锈的铁桶内，防止标本脱色变黑。

2.2　海滨实习常见无脊椎动物

2.2.1　原生动物门 Protozoa

2.2.1.1　鞭毛虫纲 Mastigophora

鞭毛虫纲 Mastigophora

植鞭毛虫亚纲 Phytomastigina

腰鞭毛虫目 Dinoflagellata

夜光虫科 Noctilucidae

夜光虫 *Noctiluca scintillans*（图 2-3）　夜光虫的身体为圆球形，直径为 1 mm 左右，颜色

发红,细胞质密集于球体的一部分,其内有核,其他部分由细胞质放散成粗网状,在网眼间充满液体。有两根鞭毛,一根较大,称为触手,另一根较小。由于夜间受海浪冲击可发磷光,故名夜光虫。行分裂和出芽生殖,夜光虫和其他一些腰鞭毛虫(如裸甲腰鞭虫等)大量繁殖可造成赤潮,致使海产鱼虾及养殖贝类大量死亡。广布于世界各地沿海。

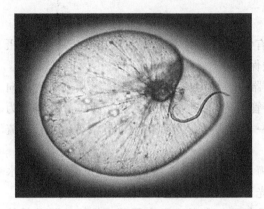

图 2-3　夜光虫

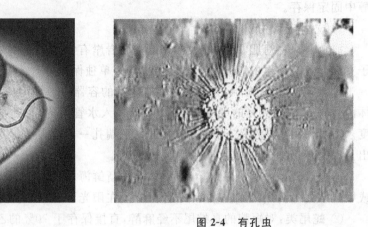

图 2-4　有孔虫

2.2.1.2　肉足虫纲 Sarcodina

根足亚纲 Rhizopoda

有孔虫目 Foraminifera

有孔虫 *Foraminifera* sp.(图 2-4)　由于有孔虫能够分泌钙质或硅质,形成外壳,而且壳上有一个大孔或多个细孔,故名有孔虫。外壳单室或多室,形状各异。壳体一般小于 1 mm,生活时从壳口或壳上的小孔伸出伪足,形成网状,用于运动与摄食。在黄渤海沿岸各地均有分布。

2.2.2　多孔动物门 Porifera

2.2.2.1　钙质海绵纲 Calcarea

异腔目 Heterocoela

毛壶海绵科 Grantiidae

日本毛壶 *Grantia nipponica*(图 2-5)　长圆筒形,长约 50 mm,横径 4～7 mm,体壁厚约 1 mm,两端较细,中部较粗,似茶壶状。一端封闭,固着在海岸边的岩石上或其他物体上,另一端开口。由于无数钙质骨针向外露出而使身体外边呈现多毛状,故名毛壶。威海、青岛、烟台等地有分布。

指壶海绵科 Sycettidae

冈田指海绵 *Sycon okadai*(图 2-6)　体呈圆筒形,白色,柔软有弹性,长 10～62 mm,顶端出水孔周围有领,体表有许多钙质骨针,突出呈棘状。以身体基部固着于岩石、浮木、船侧或船底上生活。为黄渤海沿岸常见种。

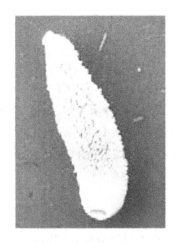

图 2-5　日本毛壶

图 2-6　冈田指海绵

2.2.2.2　寻常海绵纲 Demospongiae

单轴海绵目 Monaxonida

矶海绵科 Renieridae

日本矶海绵 *Reniera japonica* (图 2-7)　群体呈不规则山形,又称山形海绵。身体柔软具有弹形,表面粗糙,橙红或橙黄色,群体高 13～75 mm;体表有许多管状突起,还有许多不甚明显的细小入水孔。多分布于岩石海岸的低潮线附近,固着于海藻下方或岩石的背阴面,常群体连成一片。为黄渤海沿岸习见种。

皮海绵科 Suberitidae

无花果皮海绵 *Suberites ficus* (图 2-8)　体呈不规则块状,灰褐色。长宽各 40～70 mm,厚约 30 mm;表面光滑,质柔韧似木栓,有多个圈形小突起,小突起近中央处有一大孔,内通中央腔,水沟系复杂。生活于潮间带的浅海中,常附着在寄居蟹的肢体或螺壳上,黄渤海沿岸均有分布。

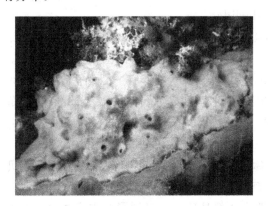

图 2-7　日本矶海绵

图 2-8　无花果皮海绵

2.2.3　腔肠动物门 Coelenterata

2.2.3.1　水螅纲 Hydrozoa

硬水母目 Trachylina

花笠水母科 Olindiadidae

钩手水母 Conionemus uertens（图 2-9）　小型具缘膜的低伞形水母,身体透明,伞径 7～11 mm,伞高 4～6 mm,伞缘有 45～70 个中空触手,触手近远端处有一盘状黏液腺,并在此处弯曲成钝角。生殖腺、辐管、环管均褐红色,触手基部绿色,触手及触手球褐色。常浮游于近岸海藻繁盛的海水中。黄渤海沿岸及浙江等地均有分布。

水螅目 Hydroids

棍螅科 Corynidae

棍螅 Coryne sp.（图 2-10）　群体高 40～50 mm,茎部红色,有不规则分枝,分枝与主茎几乎相等。茎部与分枝的围鞘都有环轮。围鞘较薄,顶端与水螅体相接处往往被扩大。水螅体细长呈纺锤形,有无序排列的触手 30～40 条,触手柄长,末端膨大。常附着于浮木上,分布于烟台港、青岛和大连等地。

图 2-9　钩手水母　　　　　　　　　　　　图 2-10　棍螅

筒螅科 Tubulariidae

海筒螅 Tubularia marina（图 2-11）　螅茎黄褐色,直立于螅根之上,不分枝;围鞘仅达芽体下方,茎高 25～50 mm,上下粗细相近,常每隔一段有 4～5 个环轮,茎部围鞘上端与芽体下部相接处有一细腰。芽体呈橘红色,长约 1.8 mm,宽约 1.5 mm,基部有一圈触手,为 20～26 条,口周围有一圈乳白色触手,为 16～20 条。多生活在潮流较缓、水温变化较小的潮间带,杂生于海藻或海绵间。广布于山东沿海及大连等地。

薮枝螅科 Eucopidae

曲膝薮枝螅 Obelia geniculata（图 2-12）　群体高 20～40 mm,螅根网状,匍匐在海藻或贝壳上。茎部分枝不规则,在分枝处上方有 3～4 个环轮。芽体互生,分出之处有曲膝状的弯曲。螅鞘杯形,边缘平齐,芽鞘底部骤然加厚,柄部两端或全部具环轮。口周围有中实触手。本种多附着在浮木、浮标、船底、海藻、贝壳以及养殖绳缆上。烟台、青岛及舟山群岛均有分布。

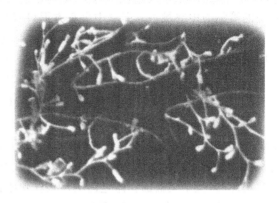

图 2-11　海简螅　　　　　　　　　　图 2-12　曲膝薮枝螅

软水母目 Leptomedusae

钟螅水母科 Campanulariidae

嵊山杯水母 *Phiaidium chengshanense*（图 2-13）　伞扁平,圆形或椭圆形。伞径 4～10 mm,伞高 1.5～3.5 mm。缘膜较发达。伞缘有 18～57 条触手,每两条触手间有 1～2 个触手芽和 2～3 个平衡囊。生殖腺 4～11 个,褐色,圆形、椭圆形或细长线形,位于辐管上,近伞缘部位。胃淡蓝色。常在近海漂浮生活,海滨藻类丛生处也有发现,夜晚可发磷光。河北、山东、江苏、浙江及福建等地沿海均有分布。

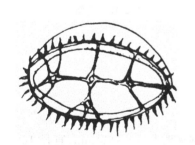

图 2-13　嵊山杯水母

图 2-14　喇叭水母

2.2.3.2　钵水母纲 Scyphozoa

十字水母目 Stauromedusae

喇叭水母 *Haliclystus steinegeri*（图 2-14）　体呈牵牛花状,上伞中央具短柄,起固着作用。伞部直径约 9 mm,伞高 5～12 mm,伞与柄部高约 14.5 mm,伞张开时直径大于高度。伞的边缘具 8 条腕,每腕的顶端有一丛小触手,两腕间距离相等。生活时体透明,略带红褐色,生殖腺与感觉器颜色较深。以柄部附着于海藻上,终生不能游泳,每年七八月间出现。大连和山东各地海滨均有分布。

旗口水母目 Semaeostomeae

洋须水母科 Ulmaridae

海月水母 *Aurelia aurita*（图 2-15）　大型无缘膜水母。伞呈圆盘状,中胶层较厚;伞径一般 100～200 mm,最大可达 300 mm。上伞平滑透明,伞缘有 8 个缺刻,内有触手囊。伞缘上有短的等距的中空触手。下伞中央有方形口,口周围有 4 条成褶襞状的口腕,长度约为伞径的1/2,悬垂于伞的下方,呈旗状,故名旗口类。生殖腺 4 个,马蹄形,位于胃腔内。生活时,伞为透明的乳白色或淡青色,有时稍带粉色。大连、青岛、烟台沿岸均有分布。

根口水母目 Rhizostomeae

根口水母科 Rhizostomatidae

海蜇 Rhopilema escalenta(图 2-16) 伞半球形,伞径常在 300～450 mm,大者可达 1000 mm。上伞隆起光滑,中胶层发达,下伞较薄,边缘具发达的环肌。下伞向内凹陷,中央具 8 个肩板及 8 条口碗,伞的边缘具有 8 个缺刻,每缺刻内有一感觉器,两缺刻间各有 20 个缘瓣。生殖腺马蹄形,位于间辐部。体色透明,伞、丝状附器、口碗及肩板均为红褐色,生殖腺乳白色,每年八九月游泳于海水中,全国沿海各地均有分布。

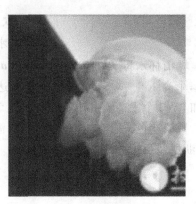

图 2-15 海月水母 图 2-16 海蜇

2.2.3.3 珊瑚纲 Anthozoa

六放珊瑚亚纲 Hexacorallia

海葵目 Actiniaria

海葵科 Actiniidae

绿疣海葵 Anthopleura midori(图 2-17) 体圆柱形,伸展时长 19～62 mm,直径 16～54 mm;体壁表面有许多纵行疣突,口盘附近的疣突粗大而明显,向基盘逐渐低平而不显著,颜色为绿色或黄绿色,口部淡紫色,有一对红斑;口盘上环生 5 圈触手,为 96 条或 80 条,也有排成4 圈,为 80 条;触手长 10～23 mm,浅黄或淡绿色,背面有一纵行绿条,基部有时有白斑。此种海葵固着于岩石间水洼处,触手伸展如盛开菊花,非常艳丽,故名海葵。受刺激则收缩成半球形。为我国沿海常见种。

黄海葵 Anthopleura xanthogrammica(图 2-18) 体圆柱状,伸展长 80～180 mm,直径15～36 mm;体壁表面平滑,口为椭圆形,周围有灰白色长圆锥形触手,上有白斑,大多排成 5圈,共有 96 条触手;体色呈黄棕色或淡黄色,口部一般呈淡黄色,口周围有一圈黑斑。埋于潮间带泥沙中生活,有时附着于磷沙蚕的栖管上或固着于泥沙中贝壳上,潮水淹没时,触手伸展与泥沙表面平行,状如葵花或菊花,受刺激后缩入沙内,陷成一个圆形穴,并向外喷水。烟台、大连等地均有分布。

图 2-17　绿疣海葵

图 2-18　黄海葵

矶海葵科 Diadumenidae

纵条矶海葵 *Haliplanella luciae*（图 2-19）　小型海葵,体伸展时呈小筒状,明显地分为柄部和头部,体长 20～30 mm,体表光滑无疣突,有许多枪丝孔,口为长裂缝状,位于口盘中央,其外围环有多圈细长锥形触手,排列不规则,个数常为 6 的倍数,但变异较大;体色呈黄绿色、暗绿色、褐绿色、油绿色等,其上有 12 条橙黄色纵条,条纹的颜色和数目随环境不同略有差异。常附着于岩石缝或贝壳上,受刺激时缩成球形。分布于黄渤海沿岸。

爱氏海葵科 Edwardsidae

星虫状海葵 *Edwardsia sipunculoides*（图 2-20）　体细长,蠕虫形,因触手收缩时,状似星虫而得名,体长 80～150 mm,体宽约 14 mm,身体前部粗,后部细,基盘部膨大,近球形;体色为灰褐色或黄褐色,触手为灰褐色或黄白色;体壁具横皱褶和纵行肌肉带,口盘较小,触手细长,共 36 条,通常排成两圈。固着于泥沙中小石块和贝壳上面,将身体埋于泥沙中生活,在海水中触手展开于泥沙表面,受到刺激即缩入泥沙中。分布于黄渤海沿岸。

图 2-19　纵条矶海葵

图 2-20　星虫状海葵

八放珊瑚亚纲 Octocorallia

海鳃目 Pennatulacea

海鳃科 Pennatulidae

海仙人掌 *Cauernularia habereri*（图 2-21）　体呈棒状,淡棕色,分为轴柱与柄部两部分,轴柱上生有很多水螅体,伸展时体长可达 500 mm,形如仙人掌,故名海仙人掌,又称海黄瓜;

每个水螅体具 8 个中空的羽状触手,顶端有裂缝状的口,还有一些无触手的管状个体。以柄部固着于低潮线的沙滩或泥沙滩中,当涨潮浸没在海水中时柄部膨大直立,水螅体也完全伸展。当潮水退后,白天群体收缩,在滩面上留有 20 mm 左右的陷穴;夜晚观察时一般不收缩,只是软绵地倒伏在沙滩上,用手触摸刺激时发出美丽的磷光。分布于黄渤海沿岸。

笙珊瑚 *Tubipora musica*(图 2-22) 珊瑚体呈半球形或团块形,表面平坦,珊瑚虫具有 8 个羽状的触手,色泽呈绿色、蓝色或绿褐色。笙珊瑚的骨骼由许多红色的细管所构成,并被大量绿色或灰色的珊瑚虫所覆盖,细管直径 1～2 mm,排列成束状,宛如国乐器笙一样,故称为笙珊瑚。它们生活在浅水区及隐蔽的地方,以浮游生物为食物。分布于印度洋中部至太平洋西部沿岸。

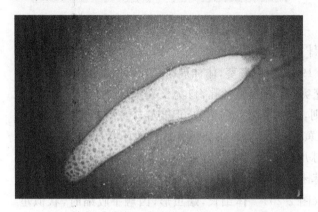

图 2-21　海仙人掌

图 2-22　笙珊瑚

2.2.4　扁形动物门 Platyhelminthes

涡虫纲 Turbellaria

多肠目 Polycladida

平角涡虫科 Planoceridae

图 2-23　平角涡虫

平角涡虫 *Planocera reticulata*(图 2-23) 体扁平略呈卵圆形,前端稍宽而后端较狭,体长 20～50 mm,体宽 15～30 mm。体背面近前端 1/4 处,有一对细圆锥形的触角,其基部有呈环形排列的黑色小眼点。口位于腹面中央,口后方有前后相邻的两个生殖孔。前者为雄性生殖孔,后者为雌性生殖孔。体背面呈灰褐色,腹面颜色较淡。常常潜伏在海水浸没的岩石下面,匍匐爬行。烟台、青岛、大连等地均有分布。

2.2.5 纽形动物门 Nemertinea

无针纲 Anopla

异纽目 Heteronemertini

纵沟科 Lineidae

纵沟纽虫 *Lineus* sp.（图 2-24） 体扁平呈长带状,长约 300 mm,体壁富有收缩力,经常弯曲成三四圈;体色变化较大,呈红色、褐色或紫色,体表有环形纵纹;头端钝圆,眼点位于背面,背正中线明显。生活在岩石下或潮间带的泥沙中,左右摇摆扭曲运动。为黄渤海沿岸常见种。

无沟科 Baseodiscidae

无沟纽虫 *Baseodiscus curtus*（图 2-25） 体细长呈带状或丝状,受刺激时卷曲呈纽形,长 130～250 mm,头部与颈部区分不明显,头部边缘具许多眼点,前端较粗钝圆,后端逐渐变细;体表光滑,背面黑褐色,腹面灰白色。栖息在潮间带岩石或海藻下。黄渤海各沿岸均有分布。

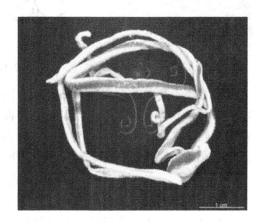

图 2-24 纵沟纽虫　　　　　　图 2-25 无沟纽虫

2.2.6 环节动物门 Annelida

多毛纲 Polychaeta

游走目 Errantia

多鳞虫科 Polynoidae

短毛海鳞虫 *Halosydna breuisetosa*（图 2-26） 身体呈长椭圆形,长 40～50 mm,由具刚毛的 37 个体节组成,背面覆以 18 对椭圆形的鳞片。口前叶背面有 2 对眼点、3 对触手,腹面两侧有 1 对长而粗大的触角。围口节有 2 对触须,吻前端有 2 对颚。口周围有环形排列的 18 个乳突。多生活在潮间带海藻丰富的岩石下或间隙里。大连、烟台、青岛、舟山群岛及海南岛等地均有分布。

细毛背鳞虫 *Lepidonotus tenuisetosus*（图 2-27） 身体较小,长 12～30 mm,由 26 个体节组成,体较坚硬,背面有肾形鳞片 12 对,呈黄褐色或黑色。具 2 对无柄的眼,3 个触手,1 对长触角,2 对围口节触须。常栖息在潮间带岩石下面。我国沿海各地均有分布。

覆瓦哈鳞沙蚕 *Harmothoe imbricata*（图 2-28） 身体呈长椭圆形,长 25～40 mm,宽 5～8 mm,由 35～39 个体节组成。双叶型口前叶。3 个触手,两侧触手较中央触手短。眼睛 2 对,腹面具 2 个粗大触角,2 对触须。背面 15 对肾形鳞片覆瓦状排列,具暗灰色斑和纵条。疣足的背刚毛密集成束,腹刚毛末端具 2 个刺。多分布于岩岸至 30 m 深处。沿海各地常见。

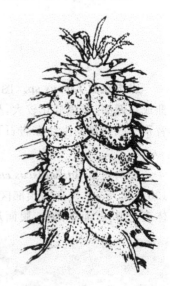

图 2-26　短毛海鳞虫　　　　　图 2-27　细毛背鳞虫　　　　　图 2-28　覆瓦哈鳞沙蚕

软背鳞沙蚕 *Lepidonotus helotypus*(图 2-29)　身体呈长椭圆形,长 40～60 mm,宽 12～20 mm,由 27 个体节组成。背面具 12 对覆瓦状排列的鳞片,鳞片呈浅褐色或灰色。口前叶前缘 3 个触手,口内 2 对大颚。背面眼点 2 对,腹面两侧各具 1 个粗大触角。围肛节 1 对肛须。多生活在潮间带岩石下或海藻丛生的水洼中。为我国沿海各地常见种。

沙蚕科 Nereidae

日本刺沙蚕 *Neanthes japonica*(图 2-30)　身体细长,略扁平,长 110～200 mm,宽 7～10 mm,由 90～120 个体节组成。前端较粗,后端渐细。口前叶较宽,具 2 个短小触手,2 个粗大触角,2 对梯形排列的眼。围口节具 4 对长触须。取食时,咽翻出成吻,吻上具 1 对大颚。疣足发达,由背腹两叶组成,各具 1 束刚毛。末端体节无疣足,只具 1 对肛须。体背淡红色至黄绿色,腹面黄绿色至粉红白色。栖息在潮间带的泥沙和凹陷的水洼中,河口地带也有分布。是我国沿海常见种。

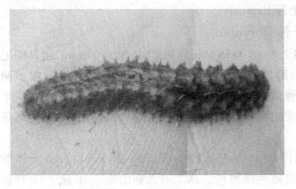

图 2-29　软背鳞沙蚕　　　　　　　　图 2-30　日本刺沙蚕

吻沙蚕科 Glyceridae

长吻沙蚕 *Glycern chirori*(图 2-31) 身体呈圆柱形,两头稍尖。长 125～170 mm,宽 5～8 mm,140～200 个体节,每体节有 2 个环轮。生活时体呈紫红色。口前叶为尖锥形,有 10 个环轮,末端具 2 对短小触手,无眼点,无触须。吻长而粗,从口翻出后,比身体宽且粗大,吻端具 4 个钩状几丁质大颚。疣足基部具疣状背须,肛须细长。常生活于潮间带至水深 100 m 处。是我国各沿海常见种。

欧努菲虫科 Onuphidae

巢沙蚕 *Diopatra neapolitana*(图 2-32) 体型较大,前端较圆,后端扁平,呈棕褐色。长 300～400 mm,宽可达 16 mm,200～300 个体节。口前叶具 2 个卵圆形的小触角,背面具 5 条长且大的触手,基部有分节现象。围口节发达具 1 对短小触须。无眼,疣足较小,具刺状、栉状、钩状刚毛。鳃位于身体背面,呈青绿色。体末端具 2 对肛须。栖息在潮间带的沙滩或泥沙滩中,栖管革质,管口附着有碎海草、沙砾及贝壳等。捕食时身体的前端伸出管口,通过咽上的细齿捕捉食物,也可以捕食沉积在管周围的微小生物。为我国各沿海常见种。

图 2-31 长吻沙蚕

图 2-32 巢沙蚕

矶沙蚕科 Eunicidae

岩虫 *Marphysa sanguinea*(图 2-33) 体细长,长 160～300 mm,宽 8～11 mm。生活时体呈赤褐色,前端紫褐色。体前端圆柱形,向后逐渐变扁,第 25 节最扁,且往后逐渐变细。口前叶双瓣形,背面有与口前叶等长的 5 个触手,2 个球形触角。1 对很小的眼位于外侧。鳃开始于第 26～40 节疣足,鳃丝鲜红色。体末端有 2 对肛须。生活在潮间带海韭菜群落间,穴居在沙滩上。为我国沿海常见种。

索沙蚕科 Lumbrineridae

异足索沙蚕 *Lumbrineris heteropoda*(图 2-34) 身体呈细长圆索形,可达 300 个体节。生活时身体肉红色。无触手、触角和眼点,疣足退化。口前叶圆锥形,吻全部伸出可长达 3 mm,上有黑褐色的颚齿。细毛状刚毛,边缘具翅。围肛节具 2 对短小的肛须。栖息在潮间带,退潮后隐藏于泥沙中,遇刺激易自截。为我国沿海各地常见种。

躁索沙蚕 *Lumbrineris impatiens*(图 2-35) 体长可达 475 mm,体淡红色,足刺黄色。口前叶长锥形,无触手、触角和眼点。前 2 对体节无疣足和刚毛,后面各对体节的疣足背叶短宽,不呈指状。栖息于泥沙滩。大连、烟台、青岛、舟山群岛及厦门等地均有分布。

图 2-33　岩虫

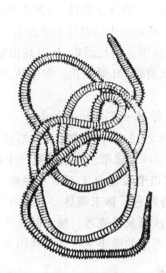

图 2-34　异足索沙蚕

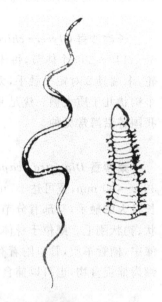

图 2-35　躁索沙蚕

隐居类 Sedentaria

毛翼虫科 Chaetopteridae

磷沙蚕 *Chaetopterus variopedatus*（图 2-36）　身体柔软粗大,灰白色,长 100～200 mm,宽约 10 mm。体分前、中、后三区。前区扁平,有 9 对疣足,前 8 对只有背叶无腹叶,第 9 对为双叶型。口前叶退化为 1 个突起,前两节形成口漏斗,其背面两侧各有 1 个眼点。中区腹面每节有 1 个腹吸盘,第 3～5 节各具 1 个扇状体,中区的疣足背叶十分发达呈翼状体,又名毛翼虫。后区较长,疣足为双叶型。栖息在泥沙的"U"形革质管中。当受到刺激时,身体的某些部位能分泌发光蛋白,可发出蓝绿色的光带。分布于大连、烟台、青岛等地。

丝鳃虫科 Cirratulidae

丝鳃虫 *Cirrformia comosa*（图 2-37）　身体呈圆柱形,长 60～150 mm。体橙黄色,常弯曲,背面隆起,腹面扁平。圆锥形口前叶,无触手、触须和眼点。体前端有许多鲜红色的鳃丝。疣足退化,每一体节都具 1 对细长丝状须。栖息在潮间带泥沙内的泥沙管中或碎石下。为我国沿海各地常见种。

沙蠋科 Arenicolidae

柄袋沙蠋 *Arenicola brasiliensis*（图 2-38）　体前端膨大,后端稍细,圆筒状,形似蚯蚓。长 150～200 mm,宽 13 mm。体暗绿色,带褐色条纹,刚毛金黄色。口前叶三叶状,不具触手和触角,眼小。肉质的吻可从口中翻出,囊状无颚,疣足退化。第 7～17 节上各具 1 对鲜红色的鳃。栖息于潮间带沙滩的细沙穴中。取食有机碎屑,连沙粒一起吞下。退潮时在洞口可见其排出的盘曲的粪便。是我国黄渤海沿岸常见种。

笔帽虫科 Pectinariidae

笔帽虫 *Pectinaria koreni*（图 2-39）　身体呈长圆锥形,前端粗,后端细,具 16 个刚毛节。口前叶与围口节愈合。背面具两排扁平粗大金黄色的刚毛,刚毛后具 1 片半圆形皮质薄膜,边缘有许多锯齿状突起,基部两侧有 2 对细长触须,触须两侧有 2 对栉状鳃。栖息在潮间带泥沙的长锥形管中。大连、烟台、青岛等地均有分布。

图 2-36　磷沙蚕

图 2-37　丝鳃虫

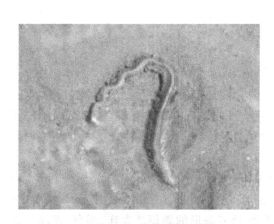

图 2-38　柄袋沙蜀

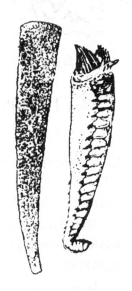

图 2-39　笔帽虫

龙介虫科 Serpulidae

内刺盘管虫 *Hydroides ezoensis*（图 2-40）　身体圆柱形。体长可达 40 mm，宽 1～2 mm。两侧各具 15～20 条羽状鳃丝，围成 1 对半环形鳃冠，遇刺激可缩回管内。位于背面的鳃丝变成锥形角质的厣，漏斗状，分为两层，边缘具锯齿状突起，上层内侧具小刺。多附着在潮间带岩石、贝壳、浮标等物体上。大连、烟台、青岛及舟山群岛等地均有分布。

有孔右旋虫 *Spirorbis foraminosus*（图 2-41）　体小型，长约 2 mm。石灰管背面有 3 条隆起，其间的凹陷有许多细小的孔。鳃冠由 12 条羽状鳃组成，分为两叶。厣为圆筒状，顶端具一石灰质的圆盘。胸部疣足双叶形，背叶具针状刚毛，腹叶具栉状刚毛，腹部疣足退化。隐居在右旋的螺旋石灰管内，附着在潮间带的海藻和贝壳上。为黄渤海常见种。

蛰龙介科 Terebellidae

红色叶蛰虫 *Amphitrite rubra*（图 2-42）　前端粗而圆，具 3 对分枝状鳃。疣足不发达，呈双叶状。背叶有须状附毛，腹叶具钩状刚毛。体前端腹面具 12 对腺体，可分泌黏液形成管子。隐居在潮间带泥沙内的细管中。管上附有泥沙粒和贝壳碎片，管上端露出泥沙滩表面。分布于潮间带和潮下带。为黄渤海沿岸常见种。

图 2-40 内刺盘管虫

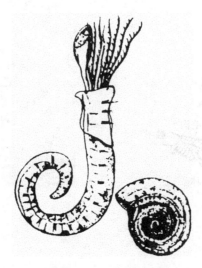

图 2-41 有孔右旋虫

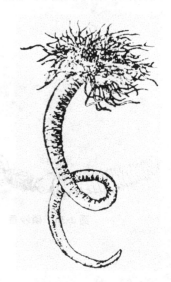

图 2-42 红色叶蛰虫

2.2.7 螠门 Echiurida

螠科 Echiuridae

短吻螠 Listriolobus brevirostris（图 2-43） 身体圆筒形,长 63～120 mm,宽 10～22 mm。体柔软不分节,呈棕褐色或粉红色。吻圆锥形,短小可伸缩。体末端有横裂的肛门。体表有 7 条纵行肌肉带,体末端呈显著圆锥形。生活在沙滩的泥沙管中。涨潮时以吻捕食,退潮时隐入沙中。为我国黄渤海沿岸常见种。

单环刺螠 Urechis unicinctus（图 2-44） 体棒状,长 100～300 mm,宽可达 27 mm。吻短小,前端圆锥形,与躯干无明显分界线。肛门周围有 9～13 个排成一圈的尾刚毛。体灰红色或棕褐色。埋栖于泥滩或泥沙滩中,洞口附近散有断铅笔条形的粪便。大连、烟台、青岛及福建等地均产。

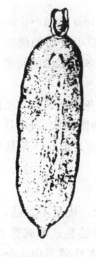

图 2-43 短吻螠

图 2-44 单环刺螠

2.2.8　星虫动物门 Sipunculida

星虫科 Sipunculidae

裸体方格星虫 *Sipunculus nudus*（图 2-45）　身体圆筒状,长可达 300 mm,呈乳白色略带微红色。吻细长,有许多疣足突起。吻顶端是口,并围绕一圈皱褶状触手,伸展时似星状。体表光滑,分布许多纵横纹,构成有规则的方格,故名方格星虫。埋栖于低潮线沙滩中。吻在涨潮时伸出沙面取食,退潮后完全缩回沙内。我国沿海各地均有分布。

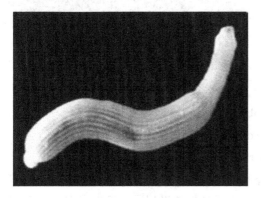

图 2-45　裸体方格星虫　　　　　　　　图 2-46　红条毛肤石鳖

2.2.9　软体动物门 Mollusca

2.2.9.1　多板纲 Polyplacophora

石鳖目 Chitonida

隐板石鳖科 Cryptoplacidae

红条毛肤石鳖 *Acanthochiton rubrolineatus*（图 2-46）　体为背腹扁平的长椭圆形,长约 28 mm,在背部中央的 8 枚较小的暗绿色壳片上有红色纵带。环带较宽,上密生棘刺和左右对称的 9 对棘丛。以宽大的足和环带吸附于潮间带岩石上。为我国沿岸常见种。

锉石鳖科 lachnochitonidae

函馆锉石鳖 *Ischnochiton hakodadensis*（图 2-47）　体为扁椭圆形,多为土黄色或暗绿色,长 22～35 mm,宽 12～19 mm。头板具许多细的放射肋。中间板肋部有网状刻纹,翼部有 5～7 条粒状放射肋。尾板中央区有刻纹,后区有放射肋。环带较窄,表面布满大小不等的鳞片。鳃 35 对,鳃列与足等长。生活于潮间带岩石上。为黄渤海沿岸常见种。

朝鲜鳞带石鳖 *Lepidozona coreanica*（图 2-48）　身体扁长,椭圆形,灰黑色,长 22 mm,背部 8 块壳片上具不规则斑点。头板具 16 条粒状放射肋。中间板肋部有小颗粒状纵肋,翼部有粒状放射肋。尾板小,环带窄。鳃 24 对,鳃列长与足长近等。生活在低潮区岩石上。大连、烟台、青岛等地均有分布。

图 2-47　函馆锉石鳖　　　　　　　　　　　图 2-48　朝鲜鳞带石鳖

2.2.9.2　腹足纲 Gastropoda

前鳃亚纲 Prosobranchia

原始腹足目 Archaeogastropoda

鲍科 Haliotidae

皱纹盘鲍 *Haliotis discus*（图 2-49）　壳大而坚厚，呈耳状。具 3 个螺层，自第二螺层中部开始到体螺层的边缘，有一列突起和水孔，末端 3～5 个开口与外界相通。壳面有许多粗糙、不规则的皱纹和疣突。足部特别发达肥厚，适宜附着和爬行，生活在潮下带水深 10 m 左右海藻繁茂的岩礁上，以海藻为食。黄渤海沿岸均有分布。

帽贝科 Patellidae

嫁𧓎 *Cellana toreuma*（图 2-50）　壳呈偏斗笠状，壳质较薄。壳一般长 20～40 mm，壳高约为壳长的 1/3，壳顶大致位于壳中心至前端边缘的中央，并略向前弯曲。壳表面通常为锈黄色，具有致密的放射肋；壳内面银灰色，具光泽。壳周缘具细齿状缺刻。生活在潮间带岩石上。为我国沿海常见种。

图 2-49　皱纹盘鲍　　　　　　　　　　　　图 2-50　嫁𧓎

笠贝科 Acmaeidae

史氏背尖贝 *Notoacmea schrencki*（图 2-51） 椭圆形,壳呈低笠状,壳顶位于近前端,约位于壳长的 1/4 处,顶端向下弯曲,低于壳高。壳表面有细而密的放射肋,肋上有显著的串珠状小颗粒。壳表面棕褐色,壳内面灰蓝色,无光泽。生活在潮间带上、中区的岩石上。为我国沿岸常见种。

矮拟帽贝 *Patelloida pygmaea*（图 2-52） 壳小型,高约 15.4 mm,宽约 31.6 mm,呈斗笠状。壳顶钝而高,位于近中央的稍前方。壳表面青灰色,放射肋细弱,隐约可见,常有棕褐色与白色交杂的放射纹;壳内白色,边缘有一圈褐白相间的镶边。附着于潮间带岩石上生活。为我国沿岸常见种。

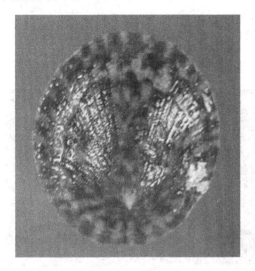

图 2-51 史氏背尖贝

图 2-52 矮拟帽贝

马蹄螺科 Trochidae

单齿螺 *Monodenta labio*（图 2-53） 贝壳呈圆锥形,厚而坚实。螺层 6～7 层,缝合线不明显。壳高略大于壳宽。壳表面具螺旋线与生长线交织成的方块形螺粒。内唇厚,形成一个发达的白色尖齿。壳面颜色多为暗绿色,夹以杂色;壳内面白色,具有珍珠光泽。厣角质。生活于潮间带石缝或石块下,以海藻为食。为我国沿岸常见种。

锈凹螺 *Chlorostoma rustica*（图 2-54） 贝壳呈圆锥形,壳质坚厚,壳表面褐色,有铁锈斑纹,壳内面灰白色,具珍珠光泽,壳高 15～25 mm,螺层 6～7 层。壳顶尖常被磨损。壳口马蹄形,内唇下方向壳内伸出 1～2 个白色齿。厣角质,棕红色。生活于潮间带岩石下,以藻类为食。为我国沿岸常见种。

托氏昌螺 *Umbonium thomasi*（图 2-55） 贝壳呈低圆锥形,壳稍厚。壳表面平滑有光泽,具棕色或暗红色的波状条纹。螺层 6～7 层,壳口近四方形。厣角质,圆形,棕色。生活于潮间带泥沙滩表面。为我国北部沿岸常见种。

塔形马蹄螺 *Trochus pyramis Born*（图 2-56） 贝壳尖锥状,壳高约 63.2 mm,壳宽约 61.4 mm。壳顶尖,螺旋部高,缝合线浅,螺层约 12 层,每层具粒状突起组成的螺肋 4 条,缝合线上方的一条突起发达而颗粒较少。壳面青灰色或黄灰色,有紫色或绿色斑纹。壳底平,灰白色,密布以壳轴为中心的螺旋纹,外唇薄,内唇厚,厣角质。生活于潮下带至 10 m 水深的岩礁海底。分布于我国南海、西沙群岛、南沙群岛,也分布于日本半岛以南的印度洋-太平洋海域。

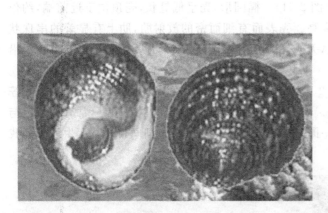

图 2-53　单齿螺

图 2-54　锈凹螺

图 2-55　托氏昌螺

图 2-56　塔形马蹄螺

蝾螺科 Turbinidae

朝鲜花冠小月螺 *Lunella coronata coreensis*（图 2-57）　又称粒蝾螺。贝壳近球形,壳质坚厚,高约 21 mm,螺层 5～6 层,壳表黄褐色,具有许多细螺肋,与长生线交织形成许多颗粒结节。缝合线明显,其下方有一行大颗粒结节。壳口圆形,厣石灰质,青白色,半球形。生活于潮间带岩石间。为黄渤海常见种。

节蝾螺 *Turbo bruneus Roeding*（图 2-58）　壳体小型,圆锥形,壳高约 12 mm,壳宽约 9 mm,壳质较薄而坚实,周缘较隆圆。壳色多样,有棕黄色、黄色、褐色、绿色等,并有色彩间杂,如棕黄色间杂深褐色,褐色间杂绿色,黄色间杂棕色等。螺层 6 层,缝合线深,壳面粗,细肋相间,肋上具微隆小节。底面隆突,粗肋结构与壳面相同,未见细肋。螺轴平滑,轴唇略向下突;外唇薄,有缺刻,内壁具七八条褶襞,壁面有珍珠光泽。分布于中国广东、广西、海南海域。

中腹足目 Mesogastropoda

滨螺科 Littorinidae

短滨螺 *Littorina brevicula*（图 2-59）　贝壳小,近球形,壳质结实,高约 13 mm,壳顶尖小,螺层 6 层。壳表黄褐色,杂有褐色、白色和黄色云状斑及斑点,有较为突出的螺旋肋,在体螺层较明显,其中的三四条较粗。螺层中部扩张,形成一明显的肩部。壳口圆,具一缺刻状后沟。厣角质,褐色。生活于高潮线的岩石间。为我国沿岸常见种。

图 2-57　朝鲜花冠小月螺

图 2-58　节蝾螺

粒屋顶螺 *Tectarius granularis*（图 2-60）　似短滨螺。壳表密生螺肋,与生长线交织成细小颗粒状突起。壳顶光滑无肋,体螺层下部颗粒不发达。生活于高潮线附近岩石上。黄渤海沿岸有分布。

图 2-59　短滨螺

图 2-60　粒屋顶螺

汇螺科 Potamididae

古氏滩栖螺 *Batillaria cumingi*（图 2-61）　贝壳尖塔形,高约 25 mm,宽约 8 mm,壳质坚实。螺层约 12 层,壳顶尖,常被腐蚀。缝合线浅但清晰可见。壳面有较低平而细的螺旋肋和纵肋。在缝合线上通常有一条白色螺旋带。壳口卵圆形,上、下端尖。厣角质。生活于潮间带泥沙滩上。为我国沿岸常见种。

纵带锥螺 *Batillaria zonalis*（图 2-62）　体似古氏滩栖螺,壳大锥形。螺层约 12 层,缝合线明显。壳顶常呈被磨损状。体螺层微向腹方弯曲,壳灰黄色或黑褐色。每螺层表面具有较粗的波状纵肋及细小的螺旋肋。每螺层上方有一白色带。壳口前沟呈一缺刻状。生活于泥沙滩。黄渤海沿岸均有分布。

珠带拟蟹守螺 *Cerithidea cingulata*（图 2-63）　贝壳塔形,高约 32 mm,壳表布满串珠状螺肋,壳口左侧常具纵肿脉。壳黄褐色,具 1 条紫褐色螺带。潮间带泥沙滩上常见。贝壳坚实而细长,呈尖锥形,宽度约为高度的 1/3。壳顶常被腐蚀,各螺层的高、宽度均长均匀。螺旋部很高,壳顶第 1～2 螺层表面光滑,其余螺层具有 3 条串珠状螺肋。体螺层较低,具有 9～11 条螺肋,仅在缝合线下面的一条螺肋呈串珠状,其余各条均平滑。厣角质近圆形,黄褐色,核位于中央,围绕核有同心环状的生长纹。

图 2-61　古氏滩栖螺　　　　　　　　　　　　　图 2-62　纵带锥螺

玉螺科 Naticidae

扁玉螺 *Neverita didyma*（图 2-64）　贝壳略呈扁椭圆形。螺层约 5 层。壳顶低小,乳头状。体螺层宽度突然加大。壳面淡黄褐色,壳顶为紫褐色,基部为白色,光滑无肋,缝合线、生长线明显。壳口大呈卵圆形,向外侧倾斜,厣角质,黄褐色。脐孔大而深。生活于沙质的低潮区及浅海,猎取其他贝类为食。为我国沿海常见种。

图 2-63　珠带拟蟹守螺　　　　　　　　　　　　图 2-64　扁玉螺

微黄镰玉螺 *Lunatia gilua*（图 2-65）　又称福氏玉螺。贝壳呈梨形,高 15～40 mm,壳质薄而坚。壳顶尖细。螺层约 6 层,顶部的 3 层螺层很小。壳面光滑,生长线细密。缝合线较深。壳面黄褐色或黄灰色,壳内面棕黄色或灰紫色,具光泽。脐孔深,厣角质,栗色。生活于潮间带的泥滩或泥沙滩上。为肉食性贝类,退潮后匍匐在海滩上,或钻入泥沙内觅食。为我国沿海常见种。

斑玉螺 *Natica maculasa*（图 2-66）　俗名香螺。贝壳近球形,壳薄而坚实。螺层约 5 层,缝合线较深。壳面光滑,壳灰白色,具淡黄色的薄壳皮,易脱落。壳面布有大小不一、密集的紫褐色或黄褐色斑点。脐孔大。厣石灰质,坚实。生活于泥沙和泥质的海滩上。为我国沿海习见种。

图 2-65　微黄镰玉螺

图 2-66　斑玉螺

盔螺科 Melongenidae

管角螺 Hemifusus tuba（图 2-67）　贝壳呈号角状，质坚厚，螺层约 9 层，螺旋部为短锥形，其高度不及壳高的 1/3。体螺层中部膨大，前端狭长。自螺旋部第 3 层开始至体螺层止，每层的肩部膨大，前端狭长。自螺旋部第 3 层开始至体螺层止，每层的肩部有 1 列随着螺层旋转而出现结节突起和细密的肋纹，突起和肋纹愈向前方则愈强大，至体螺层形成三角棘突。主要分布在中国东南沿海及日本海，生活在近海约 10 m 等深线沙泥海底。

凤螺科 Strombidae

黑口凤螺 Strombus aratrum（图 2-68）　壳质尖厚。壳高约 82.5 mm，壳宽约 45.0 mm。螺层约 10 层，各层中部具一列发达的结节突起，并扩张成肩角。体螺层有结节突起 3～4 列。壳灰黄色，具褐色斑点和花纹，壳面粗糙。壳口狭长，壳内面杏黄色。内唇的上部和外唇的上下边缘呈栗色。外唇扩张，边缘的前后部各有一个缺刻，后端伸出一个剑状突起。内唇向背方弯曲。前沟管状。生活于浅海沙泥质海底。

图 2-67　管角螺

图 2-68　黑口凤螺

水晶凤螺 Laevistrombus canarium（图 2-69）　长 30～105 mm，呈梨形，外唇张开。螺塔短，壳顶尖端。螺塔各层圆膨，有的光滑，有的具螺脊和螺沟；体层光滑，但底部有螺沟。外唇边缘加厚，缺刻浅。螺轴直，内唇滑层厚。壳表白色、米色或褐色，有较深色的条纹。螺塔较金雀凤凰螺高，有不发达的纺肋，偶有膨胀肋。外唇外翻且厚，轴唇滑层厚。壳口及轴唇光亮，无齿状襞。栖息地于泥沙底及珊瑚沙底、潮下带。分布于中国台湾沿海、澎湖。

琵琶螺科 Ficidae

琵琶螺 _Ficopsis_（图 2-70）　整个壳上覆盖有纤细规则的螺纹格。体壳阶呈凸状,其外形从平圆形到侧面为多边形均有,均是由脆弱的肩角和螺旋状脊骨的作用造成的。孔眼是很薄的唇,成椭圆形,为狭窄的吸水管道。生活在温暖地区的沙质基层上。分布于中国台湾和福建以南沿海。

图 2-69　水晶凤螺

图 2-70　琵琶螺

蟹守螺科 Cerithiidae

中华蟹守螺 _Cerithium sinensis_（图 2-71）　贝壳中型,螺塔很高,螺层数很多,壳厚质、坚固。壳口椭圆形,成熟个体外唇肥厚,壳轴滑层发达,前水管明显。口吻粗短,在足的两侧,具有成排的上足突起。在身体的右侧,有纤毛沟。厣椭圆形、角质。厣上的生长线是渐进线,逐渐延长。生活于低潮区沙滩上,杂食。

锥螺科 Turritellidae

棒锥螺 _Turritella terebra bacillum_（图 2-72）　壳口卵圆形,厣为多旋性的圆形。通常埋栖于海底沙泥中,为滤食者。足很小,在外套腔左侧的入水部,有发达的乳状突起。贝壳呈尖锥形,结实,黄褐色或紫红色。壳顶尖,螺旋部高,体螺层短。螺层 28 层,每一螺层的上半部平直,下半部较膨胀。螺旋部每一螺层有 5～7 条排列不均的螺肋,肋间还夹有细肋。主要分布在渤海,长江口,福建沿海,珠江口,香港,台湾,浙江中、南部海域的南麂列岛。

图 2-71　中华蟹守螺

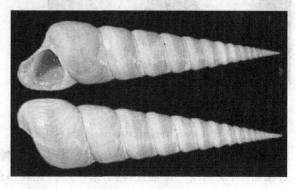

图 2-72　棒锥螺

鹑螺科 Doliidae

带鹑螺 *Tonna olearium*（图 2-73）　贝壳呈球状,壳质稍薄。壳高约 231 mm,壳宽约 175 mm。螺层约 6 层,缝合线深,呈沟状,螺层膨圆。各螺层的壳面有明显的粗大螺肋,壳面生有极细致的纵斜生长纹。壳表淡黄褐色,粗大的螺肋呈栗色,胚壳呈紫褐色。壳口半圆形。外唇边缘呈缺刻状,内唇先端与绷带相交夹成一延长的沟道。脐小,被内唇所遮盖。无厣。分布于我国台湾、浙江、福建、广东、海南及南沙群岛。

狭舌目 Stenoglossa

骨螺科 Muricidae

脉红螺 *Rapana uenosa*（图 2-74）　贝壳较大,近梨形,高 100～140 mm,壳质坚厚。螺层约 6 层,缝合线浅。壳面粗糙具螺肋和结节,在螺旋部中部及体螺层的上部形成肩角。壳表黄褐色,具棕褐色斑带。壳口大,内呈鲜艳橘红色,外唇具梭角。厣角质。生活于潮间带、浅海岩石岸及泥沙质海底。为我国沿海常见种。

图 2-73　带鹑螺　　　　　　　　　　图 2-74　脉红螺

疣荔枝螺 *Thais clauigera*（图 2-75）　贝壳小,高 20～30 mm,呈纺锤形,壳质坚厚。螺层约 6 层,螺旋部每层的中部有一环列疣状突起,在体螺层上有 5 列,上方的 2 列发达。壳口呈卵圆形,内常具粒状突起及肋。厣角质。壳表面为灰绿色和黄褐色,常杂以白色条纹。生活于中、低潮区的岩石缝间及石块下。为我国沿海常见种。

浅缝骨螺 *Murex trapa*（图 2-76）　螺层约 8 层,缝合线浅,每一螺层有 3 条纵肿肋。螺旋部各纵肿肋的中部有 1 尖刺;体螺层的纵肿肋上具有 3 支较长刺,其间有的还具 1 支短刺。体螺层纵肿肋之间有 5～7 条细弱的肿肋。壳面的螺肋细而高起。壳表面黄灰色或黄褐色。前沟很长,几乎呈封闭的管状,其上尖刺通常不超过前沟长度的 1/2。厣角质。暖海产。生活于数十米深的沙泥质海底。为海底拖网常见的种类。分布于我国浙江以南沿海。

核螺科 Pyrenidae

丽核螺 *Pyrene bella*（图 2-77）　贝壳小,呈长纺锤形。螺层约 9 层。缝合线明显,螺旋部较高。壳面光滑。壳黄白色,具褐色火焰状纵花纹。厣角质,长卵圆形。生活于潮间带及浅海的石块下。为我国沿海常见种。

多形核螺 *Pyrene uarians*（图 2-78）　壳为纺锤形,比丽核螺粗短。螺层约 9 层,体螺层明显膨大。壳表面光滑,壳面灰黄色,杂以棕褐色等各种花纹。生活在间带岩石间或石块下。为

图 2-75　疣荔枝螺

图 2-76　浅缝骨螺

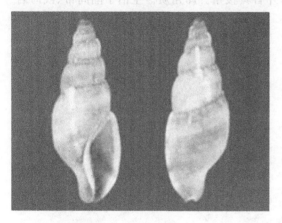

图 2-77　丽核螺

图 2-78　多形核螺

黄渤海沿岸常见种。

织纹螺科 Nassariidae

纵肋织纹螺 *Nassarius uariciferus*（图 2-79）　贝壳长锥形,壳顶尖锐。螺层约 9 层,壳面具显著的纵肋和细的螺旋纹,并交织成布纹状。壳表面淡黄白色,具数条棕色带纹。外唇边缘有厚的镶边,内缘通常有 6 个齿状突起,内唇薄。前沟短而深,后沟为一小的缺刻。生活于潮间带和浅海的沙质和泥沙质海底。为我国沿岸习见种。

涡螺科 Volutidae

瓜螺 *Cymbium melo*（图 2-80）　贝壳大,近圆球状。壳高约 154 mm,壳宽约 105 mm。螺旋部低小,成体时几乎完全沉没在体螺层中,体螺层极膨大。壳面有细的生长纹。全壳橘黄色,杂有棕色斑块,被有薄的污褐色壳皮。壳口大。外唇薄,弧形,内唇扭曲,下部具 4 个强大的褶叠。前沟短宽,足大。无厣。分布于我国台湾、福建、广东沿海。

芋螺科 Conidae

织锦芋螺 *Cylinder textile*（图 2-81）　螺长 40~150 mm,花纹清晰,贝壳厚实。贝壳纺锤形,壳口近基部较近肩部宽,肩部具角至浑圆,螺塔高度适中,缝合面扁平至微凹。外套膜的一部分包卷而形成水管。雌雄异体,雄性有交接器。厣角质。嗅检器为羽毛状,齿舌狭窄。为典型的热带种类,从潮间带、浅海至较深的沙、岩石或珊瑚礁海底均有栖息。国内分布于中国台湾、广东、海南岛及西沙群岛。

图 2-79 纵肋织纹螺

图 2-80 瓜螺

蛾螺科 Buccinidae

方斑东风螺 *Babylonia areolata*（图 2-82） 俗名：花螺、泥螺、南风螺、象牙风螺。贝壳长卵圆形,质坚固,壳高 72～84 mm,壳宽 40～46 mm,形状似泥东风螺但稍大。螺层约 9 层,缝合线处呈附梯或红褐色的四方形斑块,体螺层上有 3 行斑块,上面一行斑块较大。壳口呈半圆形,壳内面白色,可透视壳面斑块颜色。在中国主要分布在处于热带、亚热带的福建、广东、广西和海南等省沿海。

图 2-81 织锦芋螺

图 2-82 方斑东风螺

后鳃亚纲 Opisthobranchia
侧腔目 Pleurocoela
壳蛞蝓科 Philinidae

经氏壳蛞蝓 *Philine kinglipini*（图 2-83） 体长椭圆状,约 40 mm,前稍尖后截平。背凸腹平,乳白色。外套膜发达,包被整个贝壳使其成为内壳。壳卵圆形,高约 20 mm,白色,薄而脆,半透明,无螺旋。壳口大,全长开口。足大,约占体长 2/3。生活于潮间带及浅海的泥沙滩上。为黄渤海习见种。

阿地螺科 Atyidae

泥螺 Bullacta exarata（图 2-84）　体长方形,长约 40 mm,宽约 15 mm,呈灰黄色或红黄色。外套膜不发达。贝壳卵圆形,白色,略透明,薄而脆,为外壳。壳口大,全长开口。足肥大,占腹面 3/4,侧足较发达,遮蔽贝壳的一部分。生活于潮间带泥滩上,体表被一层细泥沙。以底栖藻类、有机碎屑、无脊椎动物的卵、幼体和小型甲壳类等为食。为我国沿海常见种。

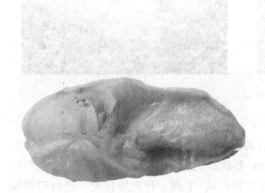

图 2-83　经氏壳蛞蝓　　　　　　　　　　图 2-84　泥螺

裸鳃目 Nudibranchia

石磺海牛科 Homoiodorididae

日本石磺海牛 Homoiodoris japonica（图 2-85）　体呈椭圆形,外套膜宽,掩盖足,成体贝壳完全消失。背中部有大小不等的疣状突起。皮肤有骨针。羽状鳃,5～9 叶。近前端两侧有一对指状触角。体背面呈橙黄色,稍带绿色,背中隆起有褐色阴影。生活于潮间带及潮下带礁石上,以海藻丛生处多见。为黄渤海沿岸常见种。

肺螺亚纲 Pulmonata

基眼目 Basommatophora

菊花螺科 Siphonariidae

日本菊花螺 Siphonaria japonica（图 2-86）　贝壳呈笠状,壳薄易碎。壳顶位于近中央,并向前下方倾斜。壳面粗糙,具许多带有皱纹的粗放射肋,具同心圆的生长线。壳缘呈锯齿状。壳表灰褐色,边缘带黄色。生活于高潮区岩石上。我国沿岸均有分布。

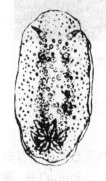

图 2-85　日本石磺海牛　　　　　　　　　　图 2-86　日本菊花螺

2.2.9.3　瓣鳃纲 Lamellibranchia

列齿目 Taxodonta

蚶科 Arcidae

泥蚶 *Tegillarca granosa*（图 2-87）　贝壳较小，两壳相等，壳质坚厚，相当膨胀。壳顶突出，位于偏前方。壳面白色，被棕色壳皮，易脱落。壳皮平滑无毛状物，有 18～20 条粗大的放射肋，肋上有大结节。铰合齿细密。生活于潮下带软泥滩中。为我国沿海常见种。

毛蚶 *Scapharca subcrenata*（图 2-88）　壳中等大，壳面膨胀呈卵圆形，坚厚膨胀，两壳不等，左壳大于右壳。壳表有发达的 30～34 条规则的放射肋。壳面白色，被棕色毛状壳皮。铰合齿小而密，约 50 枚。生活于低潮线以下泥沙的浅海中。为我国沿海常见种。

图 2-87　泥蚶

图 2-88　毛蚶

魁蚶 *Scapharca broughtonii*（图 2-89）　贝壳大，斜卵圆形，极膨胀，壳质坚实且厚，两壳略不等。壳表有 42～48 条放射肋，放射肋较扁平，无明显结节或突起。壳面白色，被棕色绒毛状壳皮，肋间隙有短而稀疏的毛；壳内面灰白色，边缘具齿。铰合齿约 70 枚。生活于浅海区的泥滩或泥沙滩中。为我国沿海常见种。

布氏蚶 *Arca boucardi*（图 2-90）　壳厚，左右相等，壳长约为壳高的 2 倍。壳中部极膨胀，腹缘及前、后急剧收缩。壳顶突出，相距甚远。放射肋细密，约 50 条。壳表面白色，具棕色壳皮及绒毛，易脱落。铰合齿约 50 枚。以足丝固着于低潮线附近浅海的岩石上生活。为我国北部沿海常见种。

图 2-89　魁蚶

图 2-90　布氏蚶

异柱目 Anisomyaria

贻贝科 Mytilidae

贻贝 *Mytilus edulis*（图 2-91）　俗名海虹。贝壳楔形，壳质薄，两壳相等。壳顶尖，位于贝壳的最前端，腹缘略直，背缘呈弧形，后缘圆。壳表黑褐色或黑紫色，光滑具有光泽，壳内面灰白色。左右壳以褐色韧带相连。足丝孔位于壳腹缘前方，不明显，足丝为细丝状，较发达。以足丝在低潮线的岩石上固着生活。为我国北方沿海常见种。

厚壳贻贝 *Mytilus coruscus*（图 2-92）　壳大，重厚，呈楔形。壳背缘弯，腹缘略直，后缘圆。壳面较凸，呈黑褐色，顶部表皮常脱落而呈白色，壳内面蓝紫色或灰白色，具珍珠光泽。生长线细而明显。铰合部窄，左壳有铰合齿两个，右壳一个。足丝细软。栖息低潮线以下浅海中。为我国沿海常见种。

图 2-91　贻贝

图 2-92　厚壳贻贝

黑荞麦蛤 *Vignadula atrata*（图 2-93）　壳小，壳长约 13 mm。壳质坚厚，略呈三角形。壳顶较凸，不位于最前端。壳前端圆，腹缘略弯。壳面前半部具明显的龙骨突起。壳面黑色，光滑。壳内面紫色。铰合部无齿，韧带细长。以足丝固着于潮间带的岩石或其他物体上，营群栖生活。广布于我国沿海各地高潮线稍下的岩石上。

凸壳肌蛤 *Musculus senhousei*（图 2-94）　壳小，壳长 17～24 mm。壳质薄，略呈三角形。两壳膨胀，壳顶位于近前端偏背侧。壳面自壳顶至腹缘中部有一明显的隆起，呈黄褐色或绿褐色，光滑有光泽，并有不规则的褐色波状花纹。生长线细密而均匀。壳前部及后部具有黄褐色放射纹。足丝细软，以足丝固着于低潮线的泥沙上生活。广布于我国沿海各地。

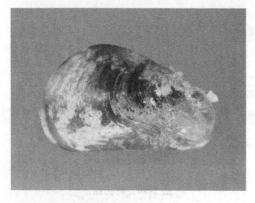

图 2-93　黑荞麦蛤

图 2-94　凸壳肌蛤

扇贝科 Pectinidae

栉孔扇贝 _Chlamys farreri_（图 2-95）　壳大,呈圆扇形,长约 75 mm。壳色浅褐色、紫色或橘黄色等。背缘较直,腹缘圆形。两壳不等,前大后小。左壳放射肋约 10 条,有间肋;右壳有肋约 20 条,上有小棘。足丝细,较发达,以足丝附着侧卧于附着基上。滤食海水中的单细胞藻类、有机碎屑等。为我国北部沿海常见种。

不等蛤科 Anomiidae

中国不等蛤 _Anomia sinensis_（图 2-96）　又称中国金蛤。壳形不规则,多近亚圆形,长约 36 mm。两壳及两侧均不等,壳质薄。左壳略凸,稍大于右壳。壳白色或金黄色,具珍珠光泽。壳前端具卵圆形的大足丝孔。用足丝固于浅海岩礁上。分布于我国北部沿海。

图 2-95　栉孔扇贝

图 2-96　中国不等蛤

牡蛎科 Ostreidae

僧帽牡蛎 _Ostrea cucullata_（图 2-97）　又称褶牡蛎。壳高 30～60 mm。形状有变化,多为三角形。左壳稍大、中凹,右壳小而平。右壳表面有同心环状翘起的鳞片层,无显著放射肋。左壳顶端有一较深的凹穴,表面凸出,顶部附着在岩石上。壳表多淡黄色,杂有紫褐色或黑色条纹,壳内面白色。生活于上、中潮区岩石上。全国沿海广泛分布。

密鳞牡蛎 _Ostrea denselamellosa_（图 2-98）　贝壳近圆形,壳大而坚厚,长约 138 mm。左壳稍大、中凹,背面为附着面,腹缘环生同心鳞片。右壳不明显的放射肋使鳞片和贝壳边缘成波纹状;右壳较平,近腹缘具较密的鳞片,薄而脆呈舌片状,似覆瓦状排列。广布于全国沿岸浅海岩石上。

图 2-97　僧帽牡蛎

图 2-98　密鳞牡蛎

猫爪牡蛎 *Ostrea Pestigris Hanley*（图 2-99） 贝壳小而薄，呈长卵形。壳高约 30 mm、长约 20 mm、宽约 7 mm。右壳小且平，表面光滑，鳞片宽稀而平伏，壳缘有较深的缺刻数个。壳表黄色或紫色，具有墨紫或褐色的放射带。左壳附着面小，有 5～8 条放射肋，肋常突出壳缘，肋面具短棘，形如猫爪。壳内面淡紫或白色，后缘有时为紫色，铰合部和韧带槽均小。固着在潮间带中、下区的沙滩或泥沙滩的小石块上。全国沿海广泛分布。

江珧蛤科 Pinnidae

栉江珧 *Atrina pectinata*（图 2-100） 俗称牛角蛤、牛角蚶、江珧蛤等，壳喙位于前端位置。壳薄。铰合齿缺乏。前闭壳肌痕小，位于前端，后闭壳肌大，位于中央。没有水管。用前端的足丝附着于底质，以后缘朝上的方式埋于底质。贝壳极大，一般长达 30 cm，呈直角三角形，从壳顶到背部平直，这平直线就是连接双壳的韧带。壳为黄绿色，壳上有生长轮。自壳顶有 15～20 条明显的放射肋。壳内面的背侧后端有不发达的珍珠层。主要分布于新加坡、马来西亚、韩国、中国大陆、中国台湾，常栖息在潮间带到 20 m 深的浅海的沙泥底质中。

图 2-99　猫爪牡蛎

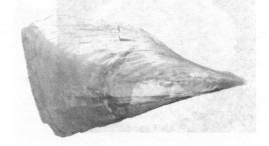

图 2-100　栉江珧

旗江珧 *Atrina vexillum*（图 2-101） 壳中型到大型，壳喙位于前端位置，壳薄。铰合齿缺乏。前闭壳肌痕小，位于前端，后闭壳肌大，位于中央。没有水管。用前端的足丝附着于底质，以后缘朝上的方式埋于底质。分布于福建、广东、海南、广西。

珍珠贝科 Pteriidae

马氏珠母贝 *Pinctada martensi*（图 2-102） 贝壳斜四方形，背缘略平直，腹缘弧形，前、后缘弓状。前耳突出，近三角形；后耳较粗短。边缘鳞片致密，末端稍翘起。左壳稍凸，右壳较平。右壳前耳下方有明显的足丝凹陷。足丝毛发状。壳内面铰合线较平直，铰合部有 1 主齿，沿铰合线下方有一长条齿片；韧带黑褐色，约与铰合线等长。珍珠层较厚，坚硬，有光泽。角质层灰黄褐色，间有黑褐色带。国内分布于广西、广东和台湾海峡南部沿海一带。

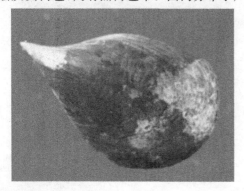

图 2-101　旗江珧

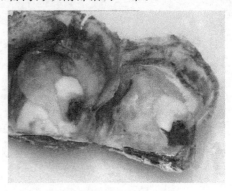

图 2-102　马氏珠母贝

丁蛎 T-shaped shellfish（图 2-103）　贝壳呈丁字形,壳质坚厚,一般高 121～186 mm,长 52～63 mm(不计翼状突起)。两壳相等,右壳较平,左壳稍凸,壳顶极小,位于中央,稍向前倾。壳顶前、后各具一翼状的大型突起,使整个贝壳呈丁字镐形。背腹两侧边缘具有大型的波状弯曲鳞片,生长线粗糙,但鳞片重叠不显著。两壳面颜色相同,均为黄白色。壳内面被内脏团所占的位置为棕黑色,具珍珠光泽。其余部分的颜色与外壳相似。生活于低潮线附近或潮下带的浅海泥沙质海底,壳顶埋在泥沙中,后端露出沙面,渔民拖网或干潮时均可采到。我国分布于南海。

真瓣鳃目 Eulamellibratichia
蛤蜊科 Mactridae

中国蛤蜊 Mactra chinensis（图 2-104）　贝壳近三角形,长约 60 mm,表面光滑无放射肋,生长线极明显,在中部和腹缘上方形成同心圆的凹线。壳面黄褐色或蓝褐色,壳顶向腹缘有深浅交替的放射状色带。壳内面白色或稍带紫蓝色。生活于潮间带及浅海泥沙中。为黄渤海常见种。

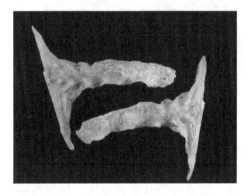

图 2-103　丁蛎

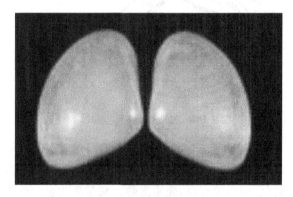

图 2-104　中国蛤蜊

四角蛤蜊 M. veneriformis（图 2-105）　壳表极凸,近四角形,长约 45 mm。壳表光滑,无放射肋。生长线明显粗大,呈同心环状。壳白色或黄白色,腹缘常有一黑色镶边。内韧带发达,呈三角形。左壳主齿"人"字形,右壳"八"字形。左壳侧齿单片,右壳侧齿双片。穴居于低潮区及浅海沙中。为我国沿海常见种。

樱蛤科 Tellinidae

异白樱蛤 Macoma incongrua（图 2-106）　壳略呈椭圆形,壳长可达 35 mm。两壳不等,壳前缘圆,后缘稍尖,壳后部稍向后弯曲。壳顶凸,偏后方。壳面白色,具灰或浅棕色壳皮。铰合部发达,两壳各有主齿两枚,无侧齿。穴居于潮间带泥沙中。我国北部沿海常见。

红明樱蛤 Moerella rutila（图 2-107）　壳薄,壳长可达 25 mm,近椭圆形。生长线细密。壳顶居中央,外韧带突出,黄褐色。壳后缘稍突,并略弯曲。壳表为白色、黄色或红色,光滑而具光泽。两壳各具主齿 2 枚,右壳有 1 个前侧齿。穴居于中、低潮区泥沙中。为我国沿海常见种。

紫云蛤科 Psammobiidae

紫彩血蛤 Nuttallia oliuacea（图 2-108）　壳薄而脆,呈卵圆形。两壳及两侧均略不等,右壳较扁平,左壳较凸。壳顶近中央。外韧带极突,深褐色。壳表具有紫褐色壳皮,光滑而具光泽。壳内紫色。两壳各具 2 枚主齿。穴居于潮间带沙中。为我国沿海常见种。

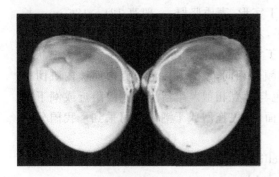

图 2-105　四角蛤蜊

图 2-106　异白樱蛤

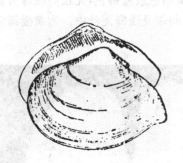

图 2-107　红明樱蛤

图 2-108　紫彩血蛤

竹蛏科 Solenidae

大竹蛏 Solen grandis（图 2-109）　贝壳相当长，可达 140 mm，体长为高的 4～5 倍，呈竹筒状，前后端开口，壳质薄脆。韧带黑褐色。壳表平滑，被一层光泽的黄褐色壳皮。铰合部短小，两壳各具 1 枚主齿。穴居于潮间带及浅海的泥沙中。为我国沿海常见种。

长竹蛏 Solen gouldii（图 2-110）　贝壳细长，约 120 mm，体长为壳高的 6～7 倍，呈圆筒状，壳质薄脆。韧带黄褐色。壳面平滑，被一层光泽的黄褐色壳皮。两壳各具 1 枚主齿。穴居于潮间带及浅海泥沙中。为我国沿海常见种。

图 2-109　大竹蛏

图 2-110　长竹蛏

缢蛏 Sinonouacula constricta（图 2-111）　贝壳长方形，壳薄，体长可达 85 mm。壳顶位于背缘近前端，约为全长的 1/3 处。韧带黑褐色，短小而突出于壳面。壳的中央稍靠前端有 1 条自壳顶至腹缘微凹的斜沟。被黄绿色壳皮。左壳主齿 3 枚,右壳 2 枚。穴居于潮间带的泥滩中。为我国沿海常见种。

帘蛤科 Veneridae

文蛤 *Meretrix meretrix*(图 2-112)　贝壳大,近三角形,长约 122 mm。腹缘圆形,表面光滑,被一薄层黄褐色壳皮,常布有不均匀的呈"W"或"V"字形褐色花纹。壳顶突出。左壳主齿 3 枚,前侧齿 1 枚;右壳主齿 3 枚,前侧齿 2 枚。穴居于低潮区细沙中,以微小的浮游硅藻、原生动物、有机碎屑等为食。为我国沿海常见种。

图 2-111　缢蛏

图 2-112　文蛤

日本镜蛤 *Dosinia japonica*(图 2-113)　贝壳近圆形,稍扁,质坚厚。小月面心脏形,极凹。壳顶小,尖端前弯。壳面白色。同心生长轮脉明显。无放射肋。两壳各有主齿 3 枚。穴居于潮间带及浅海的沙或泥沙中。为我国沿海常见种。

青蛤 *Cyclina sinensis*(图 2-114)　壳近圆形。壳顶近中央,尖端向前弯曲。无小月面。壳面膨圆,具明显的同心生长轮脉。壳淡黄色或棕红色,常沾染污黑色。两壳各具主齿 3 枚。穴居于潮间带泥沙中,为我国沿海常见种。

图 2-113　日本镜蛤

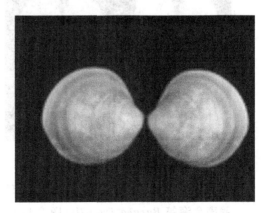

图 2-114　青蛤

菲律宾蛤仔 *Ruditapes philippinarum*(图 2-115)　贝壳卵圆形,壳质坚厚。壳顶在背缘前方。小月面椭圆形,楯面梭形,外韧带狭长、突出。壳面灰黄色或灰白色,但颜色及花纹有变化。壳面同心生长轮脉及放射脉细密,两端呈布纹状。两壳各具主齿 3 枚。以发达的斧足挖掘泥沙,穴居于潮间带及浅海的泥沙中。为我国沿海常见种。

江户布目蛤 *Protothaca jedoensis*(图 2-116)　贝壳近圆形,较膨胀,质坚厚。壳顶突出,先端尖,弯曲。位于背部前方。小月面心脏形,楯面窄。壳表具许多细放射肋及同心生长轮脉,交叉形成布纹状。壳面灰褐色,有棕色斑点。两壳各具主齿3枚。穴居于潮间带乱石块下泥沙中。为黄渤海常见种。

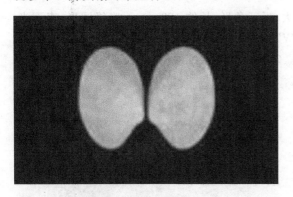

图 2-115　菲律宾蛤仔

图 2-116　江户布目蛤

等边浅蛤 *Gomphina ueneriformis* (图 2-117)　壳坚厚,略呈等边三角形。生长线明显,无放射肋。韧带粗短,黄褐色。壳表面灰白色或棕黄色,有斑纹,具瓷质光泽,有3～4条棕紫色放射状色带。壳表光滑美丽,壳内面具珍珠光泽。两壳各具主齿3枚。生活于潮间带中下带至浅海的沙质海底。为我国沿海常见种。

海螂科 Myidae

砂海螂 *Mya arenaria* (图 2-118)　贝壳大型,壳质坚厚,呈横卵圆形;壳前缘钝,后缘略尖;壳表具黄褐色壳皮,易脱落,表面的同心纹粗糙。两壳顶紧接,两壳不能完全闭合,前端、后端开口。水管极发达。穴居于潮间带泥沙中。为我国沿海常见种。

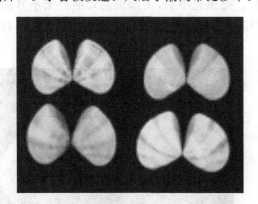

图 2-117　等边浅蛤

图 2-118　砂海螂

海笋科 Pholadidae

脆壳全海笋 *Barnea fragilis* (图 2-119)　贝壳中等大,白色,椭圆形。壳薄而脆,前端膨大,后端尖细。壳顶前端背缘向外卷转,形成原板的附着面。壳前、后端开口,腹面开口很大。腹缘前端凹入,构成一喙状尖角。左右两壳各具一个突起较大的交接面。穴居于潮间带风化的石灰石中。为我国沿海常见种。

船蛆科 Teredinidae

船蛆 *Teredo naualis* (图 2-120)　贝壳小,长约4 mm,壳薄脆,呈白色,两壳合抱时呈球形。壳表分前、中、后三区。在顶部及腹面有一个交接突起。铠呈桨状，柄细长，圆柱状，凿木材、木船穴居，严重危害码头木质建筑和木船。广布于我国各地沿海。

图 2-119　脆壳全海笋

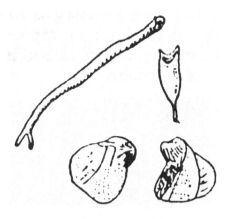

图 2-120　船蛆

鸭嘴蛤科 Laterulidae

渤海鸭嘴蛤 *Latimula snarilina*（图 2-121）　壳呈长椭圆形，白色而半透明，薄而易碎，闭合时前后端开口。两壳极膨胀，至腹缘急剧收缩。壳顶位于背缘中央，稍凸起。壳面灰白色，有环状生长轮脉，无放射肋。壳顶下方，具有小匙形韧带槽，其前面紧接着一个"V"字形石灰质片。穴居于潮间带及浅海泥沙中，滤食水中的浮游生物等。全国各地沿海均有分布。

图 2-121　渤海鸭嘴蛤

2.2.9.4　头足纲 Cephalopoda

十腕目 Decapoda

枪乌贼科 Loliginidae

日本枪乌贼 *Loligo japonica*（图 2-122）　胴部圆锥形，后部削直，胴长约 88 mm，约为胴宽的 4 倍。体表具大小相间的近圆形色素斑。胴背发达。鳍长为胴长的 1.5 倍，两鳍相接呈菱形。头部腕 5 对，触腕长约 110 mm，雄性右侧第四腕为茎化腕。腕有吸盘两行。内壳角质，披针叶形。浅海性种类，快速运动，捕食小的鱼虾等。广布于我国黄渤海及东海。

乌贼科 Sepiiuae

金乌贼 *Sepia esculenta*（图 2-123） 又名墨鱼。体大黄褐色，胴长约 139 mm，为胴宽的 1.5～2 倍。胴体卵圆形，肉鳍宽，最大限度约为胴宽的 1/4，位于胴部两侧全缘，在后端分离。头部腕 5 对，触腕长约 145 mm，雄性右侧第四腕为茎化腕。腕具吸盘 4 行。贝壳石灰质，长椭圆形。体黄褐色，雄胴背有波状条纹，具金黄色光泽。浅海性种类，快速运动，捕食小的鱼虾等。为我国沿海常见种。

图 2-122　日本枪乌贼　　　　　　　图 2-123　金乌贼

图 2-124　曼氏无针乌贼

曼氏无针乌贼 *Sepiella maindroni*（图 2-124） 胴长约 150 mm。胴部卵圆形，略瘦，胴长为宽的 2 倍。胴背具很多近椭圆形的白花斑。肉鳍前狭后宽，位于胴体两侧全缘，在后端分离。头部腕同上，腕长度相近，上有吸盘 4 行。内壳石灰质，椭圆形。浅海种类。其是产量最大的一种乌贼。为我国沿海常见种。

八腕目 Octopoda

蛸科（章鱼科）Octopodidae

短蛸 *Octopus ocellatus*（图 2-125） 俗名八带鱼。胴部卵圆形，长 35～80 mm，背面具很多颗粒状突起。在每一眼的前方，位于第 2 对和第 3 对腕之间，各生有一个近椭圆形的大金圈。背面两眼间生有一个明显的近纺锤形浅色斑块。头部腕 4 对，腕短，35～80 mm，各腕长度相近，其长为胴长的 4～5 倍，雄性右侧第三腕茎化。腕吸盘 2 行。浅海底栖种类。为我国沿海常见种。

长蛸 *Octopus uariabilis*（图 2-126） 胴部椭圆形，长约 65 mm，体表光滑，具极细的色素斑点。长腕型，腕长为胴长的 7～8 倍，各腕长度不等，腕数及雄腕同上。腕吸盘 2 行。浅海底栖种类。为我国沿海常见种。

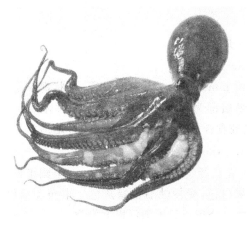

图 2-125　短蛸

图 2-126　长蛸

2.2.10　节肢动物门

2.2.10.1　肢口纲 Merostomata

剑尾目 Xiphosurida

鲎科 Limulidae

中国鲎 *Tachpleus tridentatus*（图 2-127）　别称鲎鱼、东方鲎、马蹄鲎、三刺鲎、海怪中国鲎，体似瓢形，深褐色，全长可达 70 cm，宽约 30 cm，雌性成体一般体重都在 2 kg 以上。由头胸部、腹部和尾剑三部分组成，全体覆以硬甲，背面圆突，腹面凹陷。头胸甲自前缘至左右两侧呈半圆形，雄性个体前缘两侧各有一凹陷处。头胸部背甲广阔略呈马蹄形，除第 6 对附肢外，雌体其他附肢末端皆为钳状。而雄性的第 2、3 对步足为强壮的钩爪，用以夹持雌体。第 6 对步足末端基部长有 5 个扁平、可活动的突起物，用以在泥沙中钻穴爬行。分布于中国长江口以南，东海、南海沿岸至马来半岛海域。

图 2-127　中国鲎

2.2.10.2 甲壳纲 Crustacea

蔓足亚纲 Cirripedia
围胸目 Thoracica

茗荷儿 *Lepas anatifera*（图 2-128） 体长可达 50 mm。体分头状部与柄部，头状部扁平，外被 5 块壳板。壳板表面光滑，呈灰白色;壳板间的膜质部为暗褐色。以柄部附于浮木、码头及船底上，营倒悬的漂浮生活。涨潮后由伸出的蔓足捕食浮游生物。分布于我国各地沿海。

小藤壶科 Chthamelidae

东方小藤壶 *Chthamalus challengeri*（图 2-129） 壳长径约 12 mm，高约 6 mm，呈圆锥形。缝合线因侵蚀，多不明显。壳口大，呈四边形。壳表灰白色，受侵蚀后呈暗灰色。密布于高潮线附近的岩石上。涨潮后由伸出的蔓足捕食浮游生物。分布于我国浙江以北沿海。

图 2-128 茗荷儿

图 2-129 东方小藤壶

藤壶科 Balanidae

白脊藤壶 *Balanus albicostatus*（图 2-130） 壳长径约 20 mm，高约 10 mm，呈圆锥形。6块壳板表面具显著的白色纵肋，肋间暗紫红色。壳口呈五角星状或菱形。栖于潮间带的岩石、贝壳、浮木、船底等处。涨潮后由伸出的蔓足捕食浮游生物。为我国各地沿海常见种。

纵条纹藤壶 *B. amphitrite amphitrite*（图 2-131） 壳长径约 10 mm，高约 5 mm，呈圆锥形。壳板表面光滑，底色为白色，具明显的紫红纵条纹，无横纹。壳口大，呈斜方形。栖于低潮线附近的岩石、贝壳、码头、船底及浮标等处，常密集成群，在船底常有固着者。涨潮后由伸出的蔓足捕食浮游生物。我国沿海各地均有分布。

泥藤壶 *B. uliginosus*（图 2-132） 壳长径约 15 mm，高约 20 mm，呈圆筒形。壳表幼体时光滑，成体粗糙，呈淡灰白色，纵纹较显。各壳板上端略向外反曲、楯板生长线显著，背板生长线呈波纹状。壳口大，略呈四边形。栖于潮间带或浅海，附于船底或贝壳上，多密集成群，盐度低的河口等海区常见。涨潮后由伸出的蔓足捕食浮游生物。我国沿海各地均有分布。

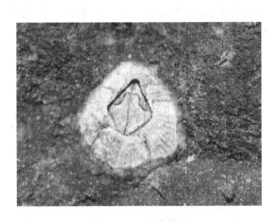

图 2-130　白脊藤壶

图 2-131　纵条纹藤壶

根头目 Rhizocephaia

蟹奴科 Sacculinidae

网纹蟹奴 *Sacculina confragosa*（图 2-133）　体长径约 11 mm，短径约 5 mm，呈扁平椭圆囊状。体外无壳板，不分节；体柔软，呈微黄色。以短柄附着于寄主（蟹类）腹部基部的腹面，并以根状突起伸到寄主体内的器官中，取得养分。体被外套膜，表面呈网纹状。被寄生的蟹腹部和腹肢在形态上有显著变化。寄生在近方蟹、平背蜞等蟹类的腹部。分布于我国沿海各地。

图 2-132　泥藤壶

图 2-133　网纹蟹奴

软甲亚纲 Malacostraca

等足目 Isopoda

盖鳃水虱科 Idotheidae

拟棒鞭水虱 *Cleantiella isopus*（图 2-134）　体长可达 30 mm，体扁平而长。头部前缘中凹。第 2 触角长大，鞭部的一节呈棒状。步足 7 对，末端具爪。腹 2 节，第 2 节约占体长的 1/3，其末端中央突出。体色淡黄、棕绿或灰褐色。栖息在岩岸石块下或海藻上，在养殖海带的绳索及扇贝的笼子上也可采到，常在海藻上爬行，并以藻类为食。大连、烟台、青岛等地均有分布。

海岸水虱科 Ligiidae

海岸水虱 *Ligia exotica*（图 2-135）　又名海蟑螂。体长可达 40 mm，呈扁椭圆形，背面为棕褐色或黄褐色，中间色浅。头部小，前缘半圆形，长度为宽度的 1/2，第 1 触角小，不明显；第

2 触角很长。尾节后缘中部稍尖,尾肢很长,末端分为等长的内外两肢。体呈黑褐色。生活在高潮线附近的岩石上,能快速爬行。大连、烟台、青岛等地均有分布。

图 2-134 拟棒鞭水虱

图 2-135 海岸水虱

端足目 Amphipoda

钩虾科 Gammairidae

异钩虾 *Anisogammarus* sp.（图 2-136） 体长约 20 mm,侧扁呈弧形向腹方弯曲,2 对触角等长,肾形复眼黑色,尾肢的外肢长于内肢。体为灰白、灰褐等色,常与所生存处藻类的颜色一致。生活于岩石环境的海藻丛中。大连、烟台、青岛等地均有分布。

跳虾科 Talitridae

跳虾 *Orchestra* sp.（图 2-137） 体长约 10 mm,侧扁。第 1 对触角短小,第 2 对触角长。胸节共 7 节,各具一对附肢,后 3 对胸足长,适于跳跃。体灰褐色。生活于潮间带沙滩,随潮水涨落而进退,营跳跃生活,落潮后沙岸的海藻中隐藏甚多。大连、烟台、青岛等地均有分布。

图 2-136 异钩虾

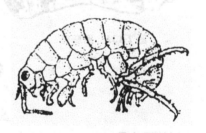

图 2-137 跳虾

麦秆虫科 Caprellidae

麦秆虫 *Caprella kroyeri*（图 2-138） 体长可达 50 mm,呈细长竹节状。运动时,身体弯成弓形,头尾接近,如尺蠖状。第 1 对触角长,约为体长的 1/2,第 2 对触角细小。前 2 对脚肢为鄂足,第 2 对强大。雄性胸部第 4~8 节背面各有 10 多个小棘,而雌性仅 4~6 个。生活于潮间带及浅海的海藻上,养殖海带的绳索上也多生存。大连、烟台、青岛等地均有分布。

口足目 Stomatopoda

虾蛄科 Squillidae

虾蛄 *Squilla oratoria*（图 2-139）　体长可达 100 mm，呈长扁平形。头胸甲仅覆盖头部和胸部的前 4 节，后 4 个胸节外漏。8 对胸足中的前 5 对是颚足，后 3 对为步足，第 2 对颚足大而呈螳臂状。末端扁平具锐齿，为捕食和御敌器官。尾节呈方形，与尾肢构成大的尾扇。穴居于沙质或泥沙质海底。穴为"U"字形，深约 500 mm，洞口圆形。我国沿海各地均有分布。

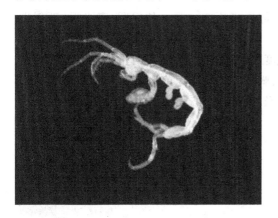

图 2-138　麦秆虫

图 2-139　虾蛄

十足目 Decapoda

游行亚目 Natantia

对虾科 Periaeidae

中国对虾 *Penaeus orientalis*（图 2-140）　体长雌性可达 250 mm，雄性可达 150 mm，体侧扁。额剑上缘齿 7～9 个，下缘齿 3～5 个。雄性第 1 对腹肢的内肢形成钟形交接器；雌性在第 4 和第 5 对步足基部之间的腹甲上，具 1 个圆盘状、中央有纵开口的交接器。生活时，雌虾呈淡青蓝色，称青虾；雄虾呈灰黄色，又称为黄虾。白天潜伏于泥沙中，夜晚活动频繁。主要分布于黄渤海。

鹰爪虾 *Trachypenaeus curuirostris*（图 2-141）　体长可达 110 mm。壳厚而粗糙。额剑上缘齿 5～7 个，无下缘齿。体棕红色，腹部各节后半部较浓。因其腹部弯曲，形如鹰爪而得名。生活于泥沙质的浅海，昼伏夜出。我国沿海各地均有分布，但以黄渤海产量较大。

图 2-140　中国对虾

图 2-141　鹰爪虾

樱虾科 Sergestidae

中国毛虾 *Acetes chinensis*（图 2-142）　体长可达 40 mm，体极侧扁。壳薄而透明。额剑小，上缘具两齿。第 2 触角长，有很长的红色触鞭，看似一根红毛，触角基部呈"S"形弯曲，自此折向体后方。尾肢内肢基部有 4～10 个红色斑点，排成一列。生活时体呈透明状，具红色小点。生活于泥沙质的浅海。我国沿海各地均产，以黄渤海产量最大。

鼓虾科 Alpheidae

鲜明鼓虾 *Alpheus distingucndus*（图 2-143）　体长可达 60 mm。体粗圆，壳光滑，额剑尖长。尾节背面中央纵沟两侧各有 2 个活动刺。第 1 对步足为螯肢，左右不等大；大螯宽扁，外缘厚，表面具小颗粒，可动指的指节长度比掌节宽度大；小螯短，指节长，两指尖合拢时中间有空隙及密毛。体表具鲜明、美丽的颜色和斑纹。头胸甲后有 3 个棕黄色半环状纹，腹部各节背面有棕黄色纵斑。多穴居于低潮线的泥沙中，遇敌时关闭大螯发出鼓声。广布于我国沿海各地。

图 2-142　中国毛虾

图 2-143　鲜明鼓虾

短脊鼓虾 *A. brenicristatus*（图 2-144）　体长可达 65 mm。体型似鲜明鼓虾。尾节背中央纵沟深而宽。左右螯肢不等大，大螯的掌节长，指节短，可动指基部具缺刻。掌的外缘近可动指处有一横沟。体色似鲜明鼓虾，但花纹不明显。栖于潮间带的泥沙滩碎石下，或穴居于泥沙中。广布于我国各地沿海。

图 2-144　短脊鼓虾

长臂虾科 Palaemonidae

脊尾白虾 *Palaemon carinicauda*（图 2-145）　体长可达 90 mm。额剑侧扁，基部呈鸟冠状突起，上缘具 6～9 齿，下缘 3～6 齿。腹部第 3～6 节背面中央有明显的纵脊。尾节背面两侧各具活动刺 2 个。尾肢外肢外缘 1/3 处具 1 个刺。体呈半透明状，具蓝色或红色小点，腹部各节后缘颜色较深。生活于泥沙质的浅海或河口附近。分布于我国沿海各地,为我国北方产量很大的经济虾类之一。

葛氏长臂虾 *Palaemon grauieri*(图 2-146)　体长可达 60 mm,较短。额剑约与头胸甲等长,上缘齿 12～17 个,下缘齿 5～7 个,末端 1/3 甚细,稍向上弯,尖端还具 1～2 个附加齿。头胸甲具较大的触角刺及鳃甲刺,都伸出前缘之外;鳃甲沟很明显。腹部第 3 和第 4 节间弯曲,第 3～5 节背中央有纵脊。尾节末端具长短刺。体透明,呈淡黄色,具棕红色斑纹,俗称红虾。生活于泥沙质的浅海。分布于黄渤海及东海。

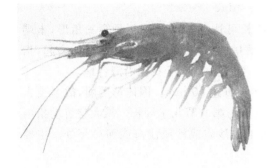

图 2-145　脊尾白虾

图 2-146　葛氏长臂虾

锯齿长臂虾 *Palaemon serrifer*(图 2-147)　体长 25～40 mm,稍小。体似葛氏长臂虾,但板角较短,额剑末端平直,上缘齿 9～11 个,末端附近还有 1～2 个附加小齿,下缘齿 3～4 个。末 3 对步足其掌节后缘有明显的 4～6 个活动刺。第 3 对步足指节长度约为掌节的 1/3,腹部背面光滑无脊。体透明,头胸甲有纵棕褐色细纹,腹部具棕色纵横条纹。生活于泥沙质的浅海或潮间带有水处的石隙间。易找到,为常见种类。分布于我国沿海各地。

藻虾科 Hippolytidae

长足七腕虾 *Heptacarpus rectirostris*(图 2-148)　体长可达 35 mm,粗短,腹部弯曲。额剑短于头胸甲,上缘齿 4～7 个,下缘前端具 2～3 个小齿。尾节细长,背面基部中央具丛毛,尾节侧缘内侧各有 4 个活动刺。雄性第 3 颚足粗大,稍大于体长,雌性仅为体长之半。头胸甲上具黄褐色和青绿色相间的斜斑,腹部具纵斑。生活于岩石或泥沙质的浅海中,广布于黄渤海。

图 2-147　锯齿长臂虾

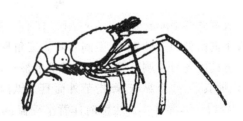

图 2-148　长足七腕虾

褐虾科 Crapgonidae

脊腹褐虾 *Crangon affinis*（图 2-149） 体长可达 70 mm。额剑窄长,末端与眼齐。头胸甲宽,体粗糙不平,且有短毛。腹部第 3～6 节背中央具明显的纵脊。第 6 节腹面具深纵沟,沟侧各生细毛 1 列。第 3 颚足较短,末节长度约为宽度的 6 倍,尾节背中央有纵沟,细而长。体具黑褐色小点,体侧色较浓,无固定花纹,极似海底沙砾。栖息于泥沙质的浅海。多产于黄渤海。

爬行亚目 Reptantia

美人虾科 Callianassidae

日本美人虾 *Callianassa japonica*（图 2-150） 体长可达 60 mm。额剑呈宽三角形,末端尖。尾节较第 6 腹节短。雄性大螯腕节较掌节大,可动指内缘基部稍凸,不具宽大的突起,指节不比掌节短。生活于沙滩高潮区或泥沙滩的中潮区,穴居。广布于我国沿海各地。

哈氏美人虾 *Callianassa harmandi*（图 2-151） 体长可达 50 mm。因体形美丽,故名美人虾。额剑不显著,末端圆形,不呈刺状。颈沟明显。尾节与第 6 节几乎等长。雄大螯可动指内缘具 2 个大突起,指节比掌节短。体无色透明。穴居于泥沙质或沙质浅海或河口等处。主要分布于黄渤海。

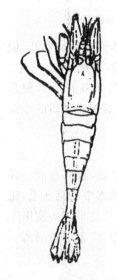

图 2-149 脊腹褐虾

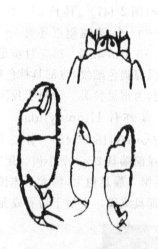

图 2-150 日本美人虾

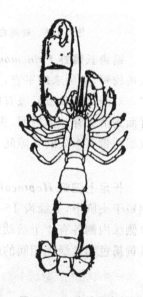

图 2-151 哈氏美人虾

蝼蛄虾科 Upogebiidae

大蝼蛄虾 *Upogebia major*（图 2-152） 体长可达 100 mm,头胸部略侧扁,腹部近扁平。头胸甲向前伸出三叶突起,中间一叶为三角形额剑,背面较平,具丛毛,中央具纵沟。头胸甲侧叶下方前缘各具 1 刺。第 1 对胸足呈半螯状,指节雌雄异形:雄性指节外面约有 10 个斜行长脊,内面具 3～4 个纵脊;雌指节外面具 1 纵沟,背缘具念珠状突起,腹缘为斜行脊状突起。第 1 腹肢雄性无,雌性小。生活时体背呈棕蓝色。常穴居于海湾低潮线的泥沙中,以小型甲壳动物为食。我国北方海域有分布,以大连湾、胶州湾的产量最高。

伍氏蝼蛄虾 *Upogebia wuhsienweni*（图 2-153） 体长可达 70 mm,体型似大蝼蛄虾,略小。额角较宽,腹缘具 2～4 个小刺。两侧叶腹缘各具小刺 2 或 3 个,自此小刺向下后方在头胸甲的前侧缘上具 4 或 5 个尖刺。雄性第 1 步足粗大,亚螯状;长节背缘基部有 1 个小刺;腕节背缘外面中部有 1 个尖刺,末部有 1 列小刺;掌节背缘有 1 列小刺,腹缘仅外面末端具 1 个大刺;不动指内缘具 1 个圆形突起,可动指外缘具隆起纵脊 2 条。雌性第 1 步足较细,掌节外面近腹缘密毛间无刺,不动指内缘无突起。体背呈浅棕蓝色。生活于泥沙质的浅海中。广布于黄渤海各地。

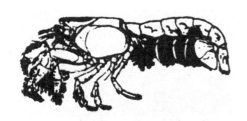

图 2-152　大蝼蛄虾

图 2-153　伍氏蝼蛄虾

活额寄居蟹科 Diogenidae

艾氏活额寄居蟹 *Diogenes edwardsii* (图 2-154)　头胸甲长可达 30 mm,体淡褐色。额剑尖刺状,能活动。头胸甲背腹扁平,表面有绒毛,两侧具横皱褶。第 2 触角触鞭腹侧具 2 列长毛。左螯足较右螯足长,左螯足无毛,上、下缘及指节具颗粒。右螯足掌节和指节具长毛。所寄住的螺壳外面常有小海葵附着共生。生活于潮间带,常在沙滩或泥沙上爬行,如遇危险,即缩入螺壳内。大连、烟台、青岛等地均有分布。

寄居蟹科 Paguridae

日本寄居蟹 *Pagurus jalionicus* (图 2-155)　体长约 80 mm。头胸甲背面颈沟显著,眼柄长。第 2 触角很长。右螯常较大,上密布短毛。腹部柔软,不分节,呈螺旋状,居于空螺壳中。体多为绿褐色。生活于浅水岩石滩环境。黄渤海沿岸均有分布。

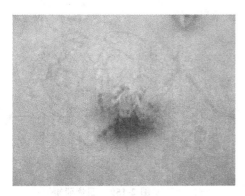

图 2-154　艾氏活额寄居蟹

图 2-155　日本寄居蟹

关公蟹科 Dorippidae

日本关公蟹 *Dorippe japonica* (图 2-156)　头胸甲略呈梯形,前半部窄而有短毛;头胸甲表面构成人面纹,似关公脸谱。螯肢雌性小而对称;雄性大常不对称,指节长,略弯曲,背腹缘具短毛。步足 2 对很长；后 2 对短小，位于背方呈弯钩状。生活于近岸浅水的泥沙质海底。为我国北方沿海常见种。

馒头蟹科 Calappidae

中华虎头蟹 *Orithyia sinica* （图 2-157）　原称乳斑虎头蟹。头胸甲近圆形，表面隆起，具颗粒。鳃区各有 1 个深紫红色圆斑，虎眼状，故名虎头蟹。鳃缘有 3 个壮刺，后侧缘具 3 个大刺。螯足不对称，左大右小。第 4 对步足指节呈叶片状，用以游泳。体深黄色，并有红色集团点。居于泥沙质的浅海。为我国特产，各地沿海均有分布。

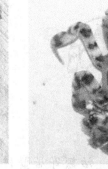

图 2-156　日本关公蟹　　　　　　　　图 2-157　中华虎头蟹

红线黎明蟹 *Matuta planipes* （图 2-158）　头胸甲近圆形，背面中部具 6 个不明显的突起，密布着由红点组成的网状花纹。侧缘中央向两侧各伸出 1 个粗的尖刺。体色浅黄。生活于净沙质的浅海中。广布于我国沿海。

蜘蛛蟹科 Majidae

四齿矶蟹 *Pugettia quadridens* （图 2-159）　头胸甲前窄后宽，似蜘蛛状。表面密布短绒毛。额棘 4 个，左右分开，内缘及背面有刚毛。步足具刚毛束。头胸甲背部显著隆起，呈黄褐色。生活于低潮带有水草的泥沙底，或岩岸的海藻丛中。我国沿海各地均有分布。

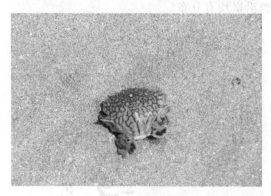
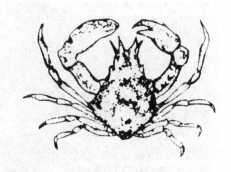

图 2-158　红线黎明蟹　　　　　　　　图 2-159　四齿矶蟹

玉蟹科 Leucosiidae

豆形拳蟹 *Philyra pisum* （图 2-160）　头胸甲呈圆球形，状如拳头，坚厚，表面隆起，具颗粒，雄性后缘较平直，雌性的稍突出。体背呈青色或浅褐色，腹面黄白色。生活于浅水或泥质的浅海底，潮间带泥沙滩或沙滩上也常见到。广布于我国各地沿海地区。

梭子蟹科 Portunidae

日本鲟 *Charybdis japonica* (图 2-161)　头胸甲呈扇形, 长 50～60 mm, 宽 80～90 mm, 表面隆起, 具软毛。头胸甲前侧缘具 6 齿, 额缘 6 齿。腹部雄性呈三角形, 雌性呈圆形。体背呈青、绿、棕等色, 两指外侧呈紫红色。末对步足为游泳足。生活于潮间带石块下。广布于我国各地沿海地区。

图 2-160　豆形拳蟹

图 2-161　日本鲟

三疣梭子蟹 *Portunus trituberculatus* (图 2-162)　头胸甲呈梭形, 表面有 3 个明显的疣状突起, 故名三疣梭子蟹。雄性长 75～80 mm, 宽 150～190 mm; 雌性长 60～100 mm, 宽 130～220 mm。前侧缘各有 9 个锯齿, 最后锯齿特别长且大。螯足发达, 前缘具 4 个锐刺。生活于沙质或泥沙质的浅海, 常隐于物体下或潜于沙内。广布于我国各地沿海地区。

扇蟹科 Xanthidae

特异大权蟹 *Macromedaeus distinguendus* (图 2-163)　曾称特异扇蟹。头胸甲呈扇形, 长约 17 mm, 宽约 26 mm, 表面隆起, 前半部具皱褶和颗粒, 后半部平滑。前侧缘有 4 个三角形齿。螯足粗大, 不对称, 长节背缘呈隆脊状, 具短毛和颗粒, 腕节背面具疣突, 掌节背缘有两条颗粒隆线。生活于潮间带岩岸的石下或沙滩的碎石下。广布于我国北方沿海地区。

图 2-162　三疣梭子蟹

图 2-163　特异大权蟹

豆蟹科 Pinnotheridae

青岛豆蟹 *Pinnotheres tsingtaoensis* (图 2-164)　头胸甲呈圆球形, 雌性长约 8 mm, 宽约

9 mm;额部稍突,前倾,后缘中部外突。螯足腕节内缘基部具短毛,掌节内侧腹部具1列短毛。步足各节具毛,第23步足腕节背面有1列毛。雄性较小,表面隆起,额部表面中央有1纵沟。生活于渤海鸭嘴蛤等的外套腔中,共生。黄渤海有分布。

方蟹科 Grapsidae

绒毛近方蟹 *Hemigrapsus penicillatus*(图 2-165)　头胸甲近方形,表面隆起,具小凹点。体色多为暗棕色或青绿色,腹面白色。眼窝下脊外侧具 3 枚突起,前侧缘具 3 齿。雄性螯足掌部内面在两指基部处有丛生绒毛,雌性及雄性幼体则无丛毛。生活在潮间带的岩石下或石隙间。广布于我国各地沿海地区。

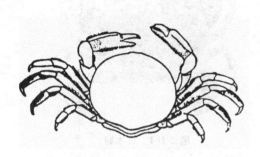

图 2-164　青岛豆蟹

图 2-165　绒毛近方蟹

肉球近方蟹 *Hemigrapsus sanguineus*(图 2-166)　头胸甲近方形,前半部稍隆起,表面具颗粒及红色斑点;后半部平坦,颜色亦浅。眼窝下脊长,由许多小颗粒排列而成。螯足各节背面具红色斑点,长节内侧腹缘近末端处有 1 发音隆脊。螯足雄性大,雌性小,雄性螯足两指基部有一膜质球,雌性无此球。步足各节间具红色斑点,指节具 6 条纵列黑色刚毛。生活于低潮线的岩石下或石缝中。为常见种类,我国各地沿海地区均有分布。

平背蜞 *Gaetice depressus*(图 2-167)　头胸甲光滑、低平,前部较后部宽,壳中部有一短而显著的横沟,前部两侧各有两条较浅的横沟。长约 20 mm,宽约 30 mm。前侧缘各具 3 齿,各齿边缘具颗粒。螯足雄性比雌性大,雄性两指间空隙较大,雌性可动指内缘近基部处有显著的齿状突起。体青灰色或灰褐色。生活于低潮线的石块下或石隙中。广布于山东半岛及其以南的各地沿海地区。

图 2-166　肉球近方蟹

图 2-167　平背蜞

沙蟹科 Ocgpodidae

日本大眼蟹 *Macrophthalmus japonicus*（图 2-168）　头胸甲呈长方形,表面具颗粒和软毛,体宽约为体长的 1.5 倍。眼柄细长,约为体长一半。前侧缘具 3 齿,后侧缘具颗粒隆线,雄性螯足长节的内侧面及腹面均密布短毛;两指尖合拢后,指间空隙很小。第 1～3 对步足的长节背、腹缘均具颗粒及短毛。体呈褐绿色。穴居于低潮线的泥沙滩上。我国各地沿海地区均有分布。

宽身大眼蟹 *Macrophthalmus dilatatus*（图 2-169）　头胸甲呈横长方形,体宽约为体长的 2 倍,表面具颗粒。眼柄细长,约与体长相等。前侧缘具 3 齿,有长毛。雄性螯足长大,两指尖相合拢时,指间空隙很大,雌性螯足小。体呈棕绿色,腹面和螯足呈棕黄色。穴居于低潮线附近的泥滩上。广布于我国各地沿海地区。

图 2-168　日本大眼蟹

图 2-169　宽身大眼蟹

痕掌沙蟹 *Ocypode stimpsoni*（图 2-170）　头胸甲略呈方形,表面隆起,密布颗粒。胃区两旁有细纵沟。额窄,前端向下弯曲。眼窝大而深,外眼窝齿锐而突。两性螯足都不对称,腕节表面具颗粒。步足除指节外,均具颗粒和褶襞。穴居于高潮线附近的沙滩上,洞口圆略扁,有泥粪。体色与沙色相近。广布于我国各地沿海地区。

弧边招潮蟹 *Uca arcuata*（图 2-171）　体厚,头胸甲前宽后窄,表面光滑。额小,中部有一细缝向后延伸。眼柄细长。前储缘末端向背后引入一斜行隆线,形成一凹入的后侧面。雄性螯足极不对称,大螯橘红色,掌节外侧面具粗糙颗粒,用于进攻和防御;小螯用于取食。穴居于近低潮线的泥沙滩中。分布于山东半岛及其以南各地沿海地区。

图 2-170　痕掌沙蟹

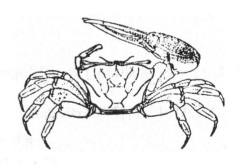

图 2-171　弧边招潮蟹

圆球股窗蟹 *Scopimera globosa*（图 2-172）　头胸甲呈球形,长约 10 mm,宽约 1 mm,背面

隆起,有颗粒。各对足的长节背腹面均具长椭圆形鼓膜,好似开了窗口一样。第1、2对步足约等长。主要栖于潮间带中、上区的细沙滩上。广布于我国各地沿海地区。

长趾股窗蟹 *Scopimera longidactyla*(图 2-173)　头胸甲长约 8 mm,宽约 10 mm。表面隆起具颗粒。螯足长节内外侧有鼓膜,可动指内缘近基部具 1 大齿;步足长节也均有鼓膜。第 2 对步足最长,明显长于第 1 对步足,第 4 对步足的指节长度约为掌节长度的 1.5 倍,穴居于潮间带的沙滩上,洞口常覆盖许多细沙。数量多,较前种常见。分布于黄渤海沿岸。

图 2-172　圆球股窗蟹

图 2-173　长趾股窗蟹

菱蟹科 Parthenopidae

强壮菱蟹 *Parthenope validus*(图 2-174)　头胸甲呈菱形,甲面隆起,上有许多疣状突起。螯足强大,多棘,两指末部黑色。步足弱小。生活于浅海泥沙底,有时在潮间带也能见到。我国各地沿海地区均有分布。

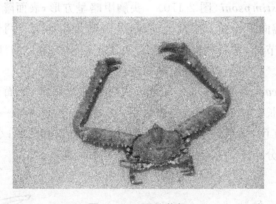

图 2-174　强壮菱蟹

2.2.11　腕足动物门 Bracliiopoda

2.2.11.1　有铰纲 Articulata

有铰目 Testicardines

酸浆贝科 Terebratellidae

酸浆贝 *Terebratella coreanica*(图 2-175)　外壳略呈圆形,背腹两壳,腹壳大而凸起,壳顶部突起稍弯呈鸟喙状,其顶端有一圆形小孔,肉柄即由此孔伸出,固于其他物体上;背壳小而稍平。壳间有 2 个铰合齿,无韧带。壳表平滑,有细致的生长线,壳边缘呈波浪形。壳呈棕红色或紫红色。生活于低潮线以下的浅水中,以肉柄固于岩石或贝壳上。分布于我国各地沿海地区。

图 2-175　酸浆贝

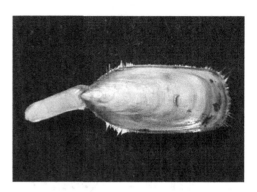

图 2-176　海豆芽

2.2.11.2　无铰纲 Inarticulata

无铰目 Ecardines

海豆芽科 Lingulidae

海豆芽 *Lingula anatina*(图 2-176)　形似豆芽。壳呈长方形,薄而透明。壳表面平滑,生长线细致均匀。两壳借肌肉相连,无铰合部。壳周有由外套膜边缘伸出的刚毛,以前端两侧角处的刚毛最长。柄呈细柱状,能伸缩,后端部分能分泌黏液,以固于泥沙中,壳为绿褐色。生活于潮间带泥沙滩中。大连、烟台、青岛等地均有分布。

2.2.12　苔藓动物门 Bryozoa

裸唇纲 Gymnolaemata

唇口目 Cheilostomata

拟小孔苔虫科 Microporellidae

马氏拟小孔苔虫 *Microporella malusii*(图 2-177)　虫体呈六角形,大小为 0.5～0.6 mm,排成棋盘状。虫体前壁薄,带有星形孔。口半圆形,下缘平直,常具 2～5 个小刺。前壁中央有 1 个半月形的囊孔。卵室大,凸起很高,末端扩大,近虫体的口部渐小,卵室末端边缘有 1 行孔,孔间有不甚明显的细长放射肋。群体呈白色,附于多毛类管上或贝壳上生活。烟台、浙江、福建等地的沿海有分布。

粗胞苔虫科 Scrupocellariidae

西方三胞苔虫 *Tricellaria occidentalis*(图 2-178)　虫体约 0.5 mm,呈长椭圆形。虫室前缘有 2～3 个棘,听侧缘具 2 个棘,内侧缘具 2 个棘。有的虫室外侧有无柄的鸟嘴体。群体呈树枝状,高可达 40 mm。群体基部具丝状根,附着于船底或潮间带的岩石及海藻上。大连、烟台、青岛、浙江及厦门等地的沿海均有分布。

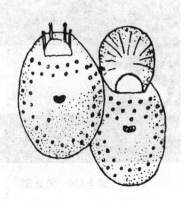

图 2-177 马氏拟小孔苔虫

图 2-178 西方三胞苔虫

2.2.13 棘皮动物门 Echinodermata

2.2.13.1 海星纲 Asteroidea

有棘目 Spinulosa

海燕科 Asterinidae

海燕 *Asteriaa pectinifera*（图 2-179） 体呈五角星形，体盘大，一般有 5 条短腕。腕内有 1 条步带沟，内有 2 行管足，末端具吸盘。生活时反口面为深蓝色或红色，或两者交错分布。口面为橘黄色。栖息于岩岸潮间带的海藻间。为我国北方沿海常见种。

钳棘目 Forcipulata

海盘车科 Asteriidae

罗氏海盘车 *Asterias rollestoni*（图 2-180） 体呈五角星形，腕 5 条，基部宽，末端窄，与体盘分界明显。反口面具许多短棘、叉棘和皮鳃。各腕末端变细并翘起，内有 1 条步带沟，沟内有 4 行具吸盘的管足。生活时反口面为紫色、淡红色及黄白色相间，口面为淡黄褐色。栖于潮下带的泥沙质或砾石底部，以藻类茂盛处居多。大连、烟台、青岛等地沿岸均有分布。

图 2-179 海燕

图 2-180 罗氏海盘车

显带目 Phanerozonia

砂海星科 Luidiidae

砂海星 *Luidia quinaria*（图 2-181）　体型较大,体盘较小,有 5 个长而扁的腕,腕长可达 140 mm。反口面密生小柱体,腕边缘的 3～4 行小柱体较大,呈方格状。生活时反口面为黄褐色,口面为橘黄色。栖于潮间带以下的浅海中,以沙滩、泥沙滩及砾石海底多见。我国各地沿海地区均有分布。

图 2-181　砂海星

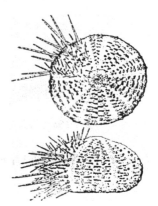

图 2-182　细雕刻肋海胆

2.2.13.2　海胆纲 Echinoidea

拱齿目 Camarodonta

刻肋海胆科 Temnopleuridae

细雕刻肋海胆 *Temnopleurus toreumaticus*（图 2-182）　壳径可达 50 mm,形状近半球形或高圆锥形。步带稍隆起,宽度约为间步带的 2/3,赤道部各步带板有 1 个大疣、1 个中疣和数个小疣。管足孔每 3 对排成一弧形。反口面的大棘短小、尖锐,呈针状;口面的大棘长而略弯曲。赤道部的大棘最长,末端扁宽,成截形。壳为黄褐、灰绿等色;大棘在黄褐色、灰绿色底子上有许多条紫褐色横斑。生活在潮间带到水深 45 m 的沙泥底,常群栖。我国各地沿海均有分布。

球海胆科 Strongylocentrotidae

马粪海胆 *Hemicentrotus pulcherrimus*（图 2-183）　壳为低半球形,直径可达 60 mm,似马粪球,故得名。步带区到围口部附近逐渐变窄,比间步带区略宽。管足孔每 4 对排列成较斜的弧形。棘短而尖,最大长度不超过 6 mm。颜色变化大,为暗绿色、灰褐色、棕灰色或赤褐色,棘尖呈白色。栖于潮间带或浅海的沙砾质海底,以海藻繁茂的岩礁间为多,常藏于石块下。黄渤海沿岸极为多。

拉文海胆科 Loveniidac

心形海胆 *Echinocardium cordatum*（Pennant）（图 2-184）　壳呈心脏形,薄而脆,壳长 30～50 mm,前部 1/3 处最宽,围口部稍偏于前方。反口面棘细,内带线范围内的大棘弯曲,构成一特殊的棘丛。棘为鲜明的浅黄色。胸板上的大棘强大,且弯曲,末端扁平成匙状,便于掘泥沙。栖息于潮间带或浅海沙底,潜伏在深约 100 mm 的沙中。分布于我国华北沿海,烟台、威海等地常见。

图 2-183 马粪海胆

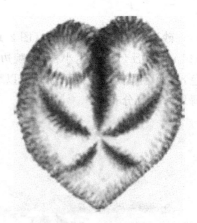

图 2-184 心形海胆

2.2.13.3 蛇尾纲 Ophiuroidea

蛇尾目 Ophiurac

刺蛇尾科 Ophiotrichidae

图 2-185 马氏刺蛇尾

马氏刺蛇尾 *Ophiothrix marenzelleri*（图 2-185） 体盘直径约 10 mm。反口面体盘上密生小刺,各小刺末端有 3～4 个细刺。腕细长弯曲,末端细尖,背面密生短粗的圆柱状小刺。生活时体色变化大,有蓝、褐、绿、紫等色,并杂有黑、白等色,腕上常有深浅不同的斑纹。生活于潮间带及浅海的岩石下、海藻间和石缝内。为我国沿岸浅海常见种类。

阳遂足科 Amphiuridac

阳遂足 *Amphiura korreae*（图 2-186） 体盘近圆形,直径可达 8 mm,5 条腕细长。反口面褐色,腕末端呈灰褐色;口面为灰白色。背腕板宽呈三角形,腹腕板呈五角星形,腕棘 3 个。潜居于潮间带的泥沙滩中。分布于华北沿海。

滩栖蛇尾 *A. vadicola*（图 2-187） 又称滩栖阳遂足。体盘直径 7～11 mm。体盘上辐盾周围有数列鳞片,其他部位裸露,口棘每侧 2 个。腕多为 5 条,腕长可达 180 mm。穴居于潮间带的中、下区泥沙滩。华北沿海分布普遍。

2.2.13.4 海参纲 Holothuroidea

楯手目 Aspidochiroia

刺参科 Stichopodidae

刺参 *Stichopus japonicas*（图 2-188） 体长可达 400 mm,呈圆筒形。背面隆起,有 4～6 行大小不等、排列不规则的肉刺;腹面平坦,3 行步带区内密集着管足,口位于前端腹侧,周围具 20 个围口触手。体色黄褐、黑褐、绿褐等。栖于波浪平缓、海藻丰盛的岩石下及海藻丛生的

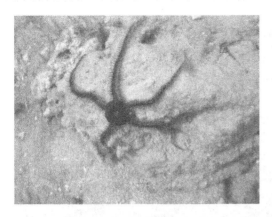

图 2-186 阳遂足

图 2-187 滩栖蛇尾

细泥沙底。广布于黄渤海沿岸。

无足目 Apoda

锚参科 Synaptidae

钮细锚参 *Leptosynapta ooplax*（图 2-189） 体细长，呈蠕虫状。体长约 100 mm。口周围有 12 个羽状触手。体壁薄，半透明，从体表可透视其 5 条纵肌。体呈肉红色。栖息于潮间带的泥沙滩中，洞口常有一堆细沙。大连、烟台、青岛、厦门等地均有分布。

图 2-188 刺参

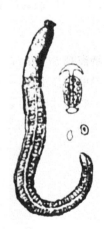

图 2-189 钮细锚参

棘刺锚参 *Protankyra bidentata*（图 2-190） 体长约 150 mm，呈蠕虫状。体前后粗细匀称。口周围有 12 个触手，各触手上端有 4 个指状小枝，触手基部之间有 12 个黄褐色眼点。幼体为黄白色，成体为淡红色或赤紫色。栖于潮间带及浅海的泥沙滩中。为黄渤海及东海沿岸的常见种。

芋参目 Molpadonia

芋参科 Molpadiidae

海老鼠 *Paracaudina chilensis*（图 2-191） 又名海棒槌。体呈纺锤形，后端为细长的尾部。口周围有 15 个触手，每触手末端有 4 枚指状小枝。肛门周围有 5 组小疣。体壁薄，柔软光滑，浅肉色或灰紫色，略透明。穴居于潮间带的泥沙滩中。穴口附近有一凹陷，靠近尾处的穴口聚有一堆由排泄物形成的泥沙。黄渤海及东海沿岸均有分布。

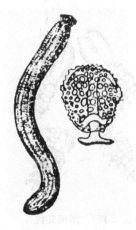

图 2-190　棘刺锚参

图 2-191　海老鼠

2.3　海滨实习常见脊索动物

2.3.1　尾索动物亚门

海鞘纲 Ascidiacea

柄海鞘 *Styela clava*（图 2-192）　柄海鞘的成体呈长椭圆形,基部以柄附着在海底或被海水淹没的物体上,另一端有两个相距不远的孔:顶端的一个是入水孔,孔内通消化管而中间有一片筛状的缘膜,可以滤去粗大的物体,只容许水流和微小食物进入消化道;位置略低的一个是出水孔,两孔之间是柄海鞘的背部,对应的一侧为腹部。分布遍及世界各地海洋。

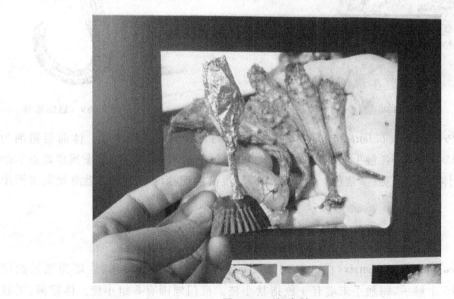

图 2-192　柄海鞘

2.3.2　头索动物亚门

头索纲 Ephalahorda

鳃口科 Branchiostomidae

白氏文昌鱼 *Branchiostoma belcheri*（图2-193）体侧扁,两端尖细,脊索从身体的最前端贯穿至最后端,平均体长 25 mm;肌节平均为 65 节,出水孔前 38 节,出水孔后至肛门 17 节,肛门后 10 节;体背中央有 1 条低的背鳍褶,尾鳍矛状;腹部有 1 对腹褶,其会合处有腹孔;肛门接近尾鳍;全体半透明。雄性的生殖腺白色,雌性的柠檬黄色。主要分布于厦门、青岛、秦皇岛、汕头、阳江、茂名和湛江等地沿海,生活在水深 8～15 m、水质澄清、潮流缓慢、底质为沙的海区,营潜居生活;潜沙时,倒卧潜入疏松的沙滩里,然后再把前端露出滩面。植食性,摄食硅藻,主要种类有圆筛藻、小环藻、舟形藻等。

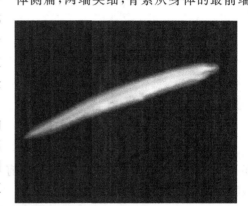

图 2-193　白氏文昌鱼

2.3.3　脊椎动物亚门

鱼类 Pisces

2.3.3.1　软骨鱼纲 Chondrichthyes

板鳃亚纲 Elasmobranchii

鲨目 Selachiformes

六鳃鲨科 Hexanchidae

扁头哈那鲨 *Notorhynchus platycephalus*（图 2-194）　六鳃鲨科哈那鲨属的一种。成体长 2～3 m。鳃孔 7 个,头宽扁,吻广圆,眼侧位,喷水孔细小,口宽大,弧形。上颌无正中齿,每侧 6 齿,细长外斜,外缘具 1～3 小齿头;下颌具 1 正中齿,每侧 6 齿,宽扁梳状,具 5～6 齿头,第 3 齿头最大,其余较小。背鳍 1 个,后位;尾鳍长,尾椎轴低平;臀鳍小;腹鳍约与背鳍等大;胸鳍较大,后缘微凹,外角钝尖。体灰褐色,具不规则暗色斑点。主食小型鱼类及甲壳动物。卵胎生。为东海、黄海常见底栖鱼类,黄海产量较大,为渔业捕捞对象之一。

双髻鲨科 Sphyrnidae

路氏双髻鲨 *Sphyrna lewini*（图 2-195）　头平扁,前部两侧扩展成锤状突出,眼在突出的两端。吻前缘波曲状,中间凹入。口弧形,口宽小于口吻长。食小型鱼类。暖水性中小型鲨鱼,性凶猛,卵胎生,为中国沿海常见种。分布于太平洋西部、南海、东海和黄海。

鳐目 Batoiformes

犁头鳐科 Rhinobatidae

许氏犁头鳐 *Rhinobatos schlegelii*（图 2-196）　吻长而钝尖。眼径约为吻长的 2/9,比眼间隔稍长。口宽约等于口前吻长的 2/7,鳃孔小,5 个。体具细小鳞片,背面正中及眼眶上的结刺

图 2-194　扁头哈那鲨

图 2-195　路氏双髻鲨

弱小。体褐色,无斑纹,腹面白色,吻前部有一黑斑。分布于日本、朝鲜以及南海、东海等海域。该物种的模式产地在日本长崎。

鳐科 Rajidae

孔鳐 *Raja porosa*（图 2-197）　俗名劳板鱼、锅盖鱼。体扁平,略呈亚圆形。尾平扁狭长,侧褶发达。尾背部的结刺,幼体为 1 纵行,雌鱼为 5 纵行,雄鱼为 3 纵行。头后第一结刺前面正中,具椭圆形或直条状的黏液孔一群,腹面、腹腔两侧各具黏液孔一横群。体长 0.5 m 左右。分布于北太平洋西部,我国东海、南海及黄渤海均产之,但产量不集中,渔期不明显。

图 2-196　许氏犁头鳐

图 2-197　孔鳐

魟科 Trygonidae

赤魟 *Dasyatis akajei*（图 2-198）　俗称鲂鱼、草帽鱼。重达 15 kg 左右。体平扁呈圆盘状。体盘中间微向前方略宽,后端略窄。喷水孔大小为眼的 3 倍,斜位于眼的紧后方。口很小,上下颌齿皆呈铺石状,上颌齿 34 行。鳃孔前 4 对等大,后一对较小。尾长约为体盘宽的1.5 倍,其前端粗,自硬棘后渐成鞭状。尾与体盘中间为深棕色,眼的周围和喷水孔内侧为橘黄色。尾棘有毒,能伤人。主要以小鱼、小虾及软体动物为食。底栖鱼类,常居住于底质为泥沙的深潭中,多在夜间活动,卵胎生,分布于我国南海和东海,长江口咸、淡水中亦有。

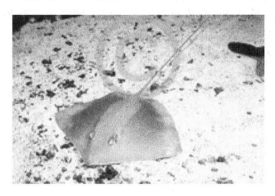

图 2-198　赤魟

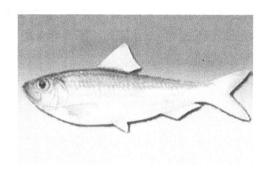

图 2-199　青鳞鱼

2.3.3.2　硬骨鱼纲 Osteichthyes

辐鳍亚纲 Actinopterygii

鲱形目 Clupeiformes

鲱科 Clupeidae

青鳞鱼 *Harengula zunasi*（图 2-199）　俗称青皮。长达 180 mm,体近长方形而侧扁。下颌稍长于上颌,无侧线。除头外,全体被大圆鳞,D. 16；A. 20-22；P. 17；V. 7。体上部灰黑色,下部银白色。分布于北太平洋西部。我国产于东海、黄海和渤海。

鳓鱼 *Ilisha elongata*（图 2-200）　D. 15-17；A. 48-50；P. 17；V. 7。体被圆鳞,无侧线。腹部有锯齿状棱鳞 36～42 个。体银白色。分布于印度洋和太平洋西部。我国黄渤海、东海、南海均产之,其中以东海产量最高。

鲦 *Clupanodon punctatus*（图 2-201）　体长而侧扁。长达 270 mm。口小,下位,上颌较下颌长,口内无齿,无侧线。腹部自胸鳍至肛门间有锯齿形棱鳞。背鳍最后一鳍条最长,呈丝状,其长为第三鳍条的 2 倍多。鳃盖上有一明显的大黑点,体侧鳞片由黑点连接成行。体上部淡黑色,下部银白色。为我国沿海常见鱼类。

图 2-200　鳓鱼

图 2-201　鲦

鳀科 Engraulidae

凤鲚 *Coilia mystus*（图 2-202）　又称凤尾鱼。胸鳍上部有丝状游离鳍条 6 根,臀鳍鳍条 79～123 根。体被圆鳞,无侧线,纵列鳞 71～83 个。体银白色。我国产于东海、黄渤海及浅海河口。

黄鲫 *Setipinna gilberti*（图 2-203）　俗名黄鲦。体长极侧扁,腹部自胸鳍下起至臀鳍前为锯齿形棱鳞。口大而斜,下颌较上颌短,无侧线。除头外,全体被有圆形大鳞。胸鳍第一鳍条特别长,超过腹鳍的末端,腹鳍很小。体背侧暗灰色,下方银白色。肉食性,主要摄食浮游甲壳类,还摄食箭虫、鱼卵、水母等。洄游性鱼类,分布于印度洋和太平洋西部。我国南海、东海、黄渤海均有分布。

图 2-202 凤鲚

图 2-203 黄鲫

鲑形目 Salmoniformes

银鱼科 Salangidae

大银鱼 *Protosalanx hyalocranius* (图 2-204) 个体小,常见个体体长为 15 cm 左右。体细长。头部上下扁平。吻尖,呈三角形。下颌长于上颌。背鳍起点至尾鳍基部的距离大于至胸鳍基部。体透明。两侧腹面各有 1 行黑色色素点,性成熟时雄鱼臀鳍呈扇形,基部有 1 列鳞片,胸鳍大而尖。分布自山东至浙江沿海和江河中下游及附属湖泊中。

鳗鲡目 Anguilliforme

海鳗科 Muraenesocidae

海鳗 *Muraenesox cinereus* (图 2-205) 俗称狼牙鳝。体细长,前部为圆筒状,尾部侧扁。两颌齿强大,每侧上、下颌齿均有 3 行,下颌第 1 行齿向外倾斜,体无鳞,有侧线,有胸鳍。以食小鱼、蟹、虾和水生昆虫为主。降河性洄游鱼类。海中产卵。仔鱼为透明的叶鳗,春季当仔鱼发育成幼鳗时,成群游入江河,在支流或湖泊中肥育,成熟后降河洄游至海中繁殖,一般夜间活动,生长迅速。为重要海产食用鱼类,分布于我国各海区。

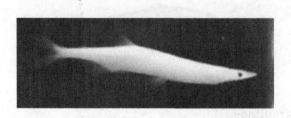

图 2-204 大银鱼

图 2-205 海鳗

颌针鱼目 Beloniformes

鱵科 Hemirhamphidae

鱵 *Hemirhamphus sajori* (图 2-206) 又称单针鱼。上颌尖锐,呈三角形。下颌延长呈喙状。鳞小,鳞式 102-112,9-10/4-5。背鳍与臀鳍相对,尾鳍叉形,下叶长于上叶。体银白色,背面暗绿色,体背中央自后颈起有一淡黑色线条。体侧各有一银灰纵带。我国见于黄渤海。

飞鱼科 Exocoetidae

燕鳐鱼 Cypsilurus agoo(图 2-207)　又名飞鱼、燕鱼。胸鳍特长,可达臀鳍末端。腹鳍长,后位。尾鳍叉形,下叶长于上叶。具圆鳞,侧线位低。鳞式:54-66,8-10/4。体背面青黑色,下部银白色。分布于东海、黄渤海。

图 2-206　鱵　　　　　　　　　　　　　图 2-207　燕鳐鱼

鳕形目 Gadiformes

鳕科 Gadidae

鳕鱼 Gadus macrocephalus(图 2-208)　各鳍均无硬棘,完全由鳍条组成。背鳍 3 个,臀鳍2 个。下颌颏部有一须,须长等于或略长于眼径。鳞很小,侧线鳞不显著。体背侧淡黑色,具棕黑色及黄色小斑点,体下灰白色。分布于黄渤海和东海北部。

海龙目 Syngnathiformes

海龙科 Syngnathidae

海龙 Syngnathus acus(图 2-209)　俗称杨枝鱼、钱串子。鳍式:D. 39-45;A. 4;P. 12-13;C. 9-10。头与体轴在同一直线上。体无鳞,完全包被于骨环中。吻细长,呈管状,口在吻的尖端,无齿。尾鳍为扇形,尾部不能卷曲。体灰褐色。喜欢栖息于沿海藻类繁茂之处。分布于我国北部各海区。

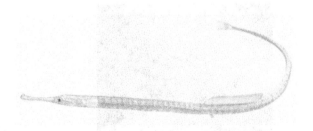

图 2-208　鳕鱼　　　　　　　　　　　　图 2-209　海龙

海马 Hippocampus japonicus(图 2-210)　鳍式:D. 16-17;A. 4;P. 11-12。无尾鳍,尾部可卷曲。头部弯曲与躯干部垂直。体无鳞,完全为骨环所包被。吻短,不及眼径的 2 倍。顶冠低。喜欢生活在珊瑚礁的缓流中,不善于游水,常用尾部紧紧勾住珊瑚的枝节、海藻的叶片,将身体固定,以使不被激流冲走。受精卵在雄鱼腹部的育儿袋中发育。我国各海区均有分布。

图 2-210 海马

图 2-211 鲻鱼

鲻形目 Mugiliformes

鲻科 Mugilidae

鲻鱼 *Mugil cephalus* (图 2-211)　体粗壮,前部平扁,自胸鳍后渐侧扁。脂眼睑很发达。鳃耙细密。体被圆鳞,无侧线。A. Ⅲ-8;C. 14。纵列鳞 37～43。背鳍前方具有纵列鳞 14～15 个。体背黑色,有 7 条黑纵条纹,各条纹间有银白色斑点,腹白色。生活于咸水或半咸水中,常见于沿岸浅水带,以挖取泥沙中的微小动植物和其他食物为生。我国沿海均产。

梭鱼 *Mugil soiuy* (图 2-212)　脂眼睑不甚发达,仅遮盖眼边缘,眼上缘红色。体被圆鳞,无侧线。A. Ⅲ-9;C. 14。纵列鳞 38～44。背鳍前方纵列鳞 22 个。喜爱群集生活,以水底泥土中的有机物为食,生活在沿海、江河的入海口或者咸水中,我国沿海均产。

鲈形目 Perciformes

石首鱼科 Sciaenidae

小黄鱼 *Pseudosciaena polyactis* (图 2-213)　尾柄长为尾柄高的 2 倍余。臀鳍第二鳍棘长小于眼径。鳞式:58-62,5-6/8。鲜鱼背侧黄灰色,侧线下方鳞多呈金黄色,鳍灰黄色。分布于黄渤海和东海。

图 2-212 梭鱼

图 2-213 小黄鱼

大黄鱼 P. crocea（图 2-214）　尾柄长为尾柄高的 3 倍余。臀鳍第二鳍棘长等于或大于眼径。鳞式：52-56，8-9/8-9。鲜鱼背侧灰黄色，侧线下方金黄色。背鳍、尾鳍灰黄色，其他鳍黄色。幼鱼主食桡足类、糠虾、磷虾等浮游动物；成鱼主食各种小型鱼类及甲壳动物，暖温性近海集群洄游鱼类，主要栖息于 80 m 以内的沿岸和近海水域的中下层。黎明、黄昏或大潮时多上浮，白昼或小潮时下沉，分布于我国南海、东海和黄海南部。

黄姑鱼 Nibea albiflora（图 2-215）　尾柄长为尾柄高的 2.3～3 倍。颏部有 5 个小孔。臀鳍第二鳍棘长约为第一鳍棘长的 4 倍。腹鳍第一鳍条突出为丝状。鳞式：50-53，8-9/14-15。体背侧灰黄色且有许多细波状斜纹，腹黄白色。主要摄食底栖动物，暖水性中下层鱼。具有发声能力，特别是生殖盛期。越冬场在黄海南部及东海北部外海。我国沿海均产。

图 2-214　大黄鱼　　　　　　　　　　　图 2-215　黄姑鱼

白姑鱼 Argyrosomus argentatus（图 2-216）　口前位，斜形。上颌外行齿与下颌内行齿较大。颏部有 3 对小孔。鳞式：48-52，6/8-10。臀鳍第二鳍棘长约等于眼径。体背侧淡灰色，下侧银白色。鳃盖上部有一大黑点。第一背鳍黄灰色，后背鳍有一白纵纹。分布于印度洋和太平洋西部。我国沿海均产之。

叫姑鱼 Johnius belengerii（图 2-217）　俗称小白鱼、小叫姑。口下位。颏部有 5 个小孔，中央孔内有一小核突。鳞式：44-51，4-6/7-9。臀鳍第二鳍棘长为第一鳍棘长的 2 倍多。尾鳍尖楔状。背侧淡灰，下侧银白。第一背鳍上端黑色，其他鳍淡黄白色。鳃盖上部黑色。肉食性，主要以多毛类为食，生活于 1～40 m 海域，喜栖息于混浊度较高的水域，有昼夜垂直移动的习性。以鱼鳔发声。产于黄渤海的沿海地区。

图 2-216　白姑鱼　　　　　　　　　　图 2-217　叫姑鱼

鲷科 Sparidae

黑鲷 Sparus macrocephalus（图 2-218）　俗称黑加吉。体长椭圆形，侧扁。鳍式：D. XI-11-12；A. III-8；P. 18；V. I-5。背鳍鳍棘强大，以第四或第五鳍棘最长。臀鳍起点在背鳍第二鳍条之下。体青灰色，发银光，鳞片上有斑点，成许多纵纹。侧线起点处有一斑点。肉食性鱼类，成鱼以贝类和小鱼虾为主要食物。喜在岩礁和沙泥底质的清水环境中生活。为广温、广盐性鱼类。为我国沿海常见经济鱼类。

真鲷 Pagrosomus major（图 2-219）　又名红加吉。鳍式：D. XⅢ-9；A. Ⅲ-8；P. 15；V. Ⅰ-5。体长椭圆形。眼间隔狭，圆凸。体被弱栉鳞，鳞式：56-60,8/16。背鳍棘较强。臀鳍起点在最末背鳍棘之下。体赤色，散布有碧蓝色斑点。近海暖温性小型珊瑚礁鱼类。为名贵经济鱼类，我国沿海均产。

图 2-218　黑鲷　　　　　　　　　　　　　　　　　图 2-219　真鲷

带鱼科 Trichiuridae

带鱼 Trichiurus haumela（图 2-220）　体甚侧扁。上下颌前方均具钩状尖齿，两侧为扁尖齿。侧线在胸鳍上方处向下弯曲，折向腹部向后延伸。无腹鳍，臀鳍仅棘尖外露。体银白色。属于洄游性鱼类，有昼夜垂直移动的习性，白天成群栖息于中、下水层，晚间上升到表层活动，带鱼的产卵期长，一般以 4—6 月为主，其次是 9—11 月，一次产卵量在 2.5 万～3.5 万粒，产卵最适宜的水温为 17～23℃。我国主要经济鱼类之一。

鲅科 Cybiidae

蓝点鲅 Scomberomorus niphonius（图 2-221）　两背鳍距离近，第一背鳍有 19～20 个鳍棘，第二背鳍和臀鳍后各有小鳍 8～9 个。尾柄上有 3 条隆起崤，中央崤长而高。侧线稍弯曲，在第二背鳍下不显著下弯。体背部蓝褐色，体侧有不规则黑斑。主要产于渤海、黄海和东海，其中以山东沿海产量最高。

图 2-220　带鱼　　　　　　　　　　　　　　　　图 2-221　蓝点鲅

鲳科 Stromateidae

银鲳 Stromateoides argenteus（图 2-222）　体呈卵圆形，侧扁。头小，背面隆凸，吻短。体被细小圆鳞，易脱落。侧线鳞 94～100。背鳍与臀鳍同形，成鱼鳍棘埋于皮下。体背部青灰色，腹部银白色。肉食性，以水母及浮游动物为主。生活于 5～110 m 海域，幼鱼喜躲藏在漂浮物下面，成鱼则常与金线鱼、鳓鱼或对虾等混游。繁殖期由冬天到翌年夏天，成群于沿岸的中水层产下浮性卵。分布于印度洋和太平洋西部。我国沿海均产,东海与南海较多。

鲂鮄科 Triglidae

红娘鱼 *Lepidotrigla microptera*(图 2-223)　体被中等大栉鳞,鳞式:64-68,5-6/18-19。头部背面及侧面均被骨板。胸鳍下侧有 3 条指状游离鳍条。体鳍均红色,体背侧红色,腹侧淡白色。为近海底层鱼类,常栖息于泥沙质海区。能用胸鳍游离鳍条在海底匍匐爬行。分布于印度西太平洋热带及暖温带海域。为东海、黄海拖网捕捞的主要对象。

图 2-222　银鲳

图 2-223　红娘鱼

鲽形目 Pleuronectiformes

鲆科 Bothidae

牙鲆 *Paralichthys oliuaceus*(图 2-224)　体略延长,长圆形。两眼均在头左侧。有眼侧深褐色,被栉鳞;无眼侧白色,被圆鳞。侧线前部弓起,侧线鳞 103～130。两侧口裂等长,上、下颌各具 1 行大尖齿。体被有黑色斑点。底栖,卵生,肉食性,我国沿海均产。

鲽科 Pleuronectielae

高眼鲽 *Cleisthenes herzensteini*(图 2-225)　体长圆形,甚侧扁。两眼均在头右侧,凸出很高。有眼侧深褐色,被弱栉鳞,有时杂有圆鳞;无眼侧白色,被圆鳞。侧线鳞 76～88,侧线在胸鳍上方高起,不呈弓曲状。食性广,捕食小鱼、虾类、头足类、棘皮类和多毛类。近海冷温性底层鱼类。3 龄左右性成熟。黄海北部为主要产卵场之一。为黄渤海常见种。

图 2-224　牙鲆

图 2-225　高眼鲽

黄盖鲽 *Pseudopleuronectes yokohamae*(图 2-226)　体卵圆形。两眼均在头右侧。有眼侧深褐色,有暗色斑,被栉鳞;无眼侧白色,被圆鳞。侧线弓曲部至背鳍基底间有鳞 22～26 行。为黄渤海常见种。

鳎科 Soleidae

条鳎 Zebrias zebra（图 2-227） 体舌状。两眼均在头右侧。无眼侧胸鳍呈退化状，有眼侧淡黄褐色，有略呈平行的深褐色横带。体两侧均被小栉鳞。肉食性，以小型底栖无脊椎动物为食，多栖息于沙滩上，将鱼体埋于沙泥中，露出两眼，略能改变体色。主要分布于太平洋西部，我国沿海一带均产，尤以东海产量最高。

图 2-226　黄盖鲽　　　　　　　　　　　　　　　　图 2-227　条鳎

舌鳎科 Cynoglossidae

半滑舌鳎 Cynoglossus semilaeuis（图 2-228） 俗称牛舌。体长而侧扁。两眼均在头左侧。鳞片小，有眼侧为栉鳞，无眼侧为圆鳞。有眼侧有侧线 3 条。无眼侧无侧线。背鳍基底至上侧线间有鳞 9～10 行，上中侧线间有鳞 22～25 行，中下侧线间有鳞 24～33 行，下侧线至臀鳍基底间有鳞 10～12 行。背鳍及臀鳍均与尾鳍相连，无胸鳍，仅在有眼侧有腹鳍，以膜与臀鳍相连。为黄渤海广布的大型舌鳎。

鲀形目 Tetraodontiformes

革鲀科 Aluteridae

绿鳍马面鲀 Nauodon modestus（图 2-229） 鳞细小，鳞面绒状。无侧线。口小，齿门齿状。第一背鳍有 2 个鳍棘，第一鳍棘强大，有 3 行倒刺。腹鳍只有 1 个，成为一短棘。体蓝灰色，各鳍绿色。分布于太平洋西部。我国主要产于东海及黄渤海，东海产量较大。

图 2-228　半滑舌鳎　　　　　　　　　　　　　　图 2-229　绿鳍马面鲀

鲀科 Tetrodontidae

虫纹东方鲀 *Fugu uermicularis*（图 2-230） 体光滑无刺，上半部褐色，有许多圆形或蠕虫状淡蓝色斑纹，在胸鳍后上方有一具淡色缘的褐色花斑。臀鳍和尾鳍下缘白色。为暖温性底层鱼类。栖息于近海及河口。血液和内脏毒性较小，经加工处理后肉可食用。主要分布于北太平洋西部，我国沿海均产之。

图 2-230 虫纹东方鲀

图 2-231 黄鮟鱇

鮟鱇目 Lophiiformes

鮟鱇科 Lophiidae

黄鮟鱇 *Lophius litulon*（图 2-231） 体前端扁平呈圆盘状，向后尖细呈圆柱形。体柔软，无鳞，头和体的边缘有许多皮质突起。口宽大，下颌有可倒伏尖齿 1~2 行。第一背鳍有 6 个鳍棘，第一鳍棘位于吻背部，顶端有膨大的皮质穗。胸鳍臂状。体背面暗褐色，腹面白色。分布于印度洋及北太平洋西部。我国产于东海北部以及黄渤海。

2.3.3.3 爬行纲 Reptilia

龟鳖目 Testudinata（或 Chelonia）

海龟科 Cheloniidae

海龟 *Chelonia mydas*（图 2-232） 亦称绿海龟。长 1 m 以上。背棕黄色，腹黄色。颈盾宽短，正中微凹，椎盾 5 枚，肋盾 4 对；腹甲有下缘盾 4 对，胯盾 1 枚，肋盾多枚，间喉盾基部有一短裂缝；背腹甲之间以韧带相连。头部前额鳞 1 对，额鳞 1 枚，呈六角形。上颌无钩曲。四肢有两爪。雄龟尾长，雌龟尾短不超出背甲。取食海藻，分布于全球各地沿海的温暖水域，国家二级保护动物。分布于黄海、东海、南海。

玳瑁 *Eretmachelys imbricata*（图 2-233） 体大者长为 1 m。吻略长，上颌钩曲，前额鳞 2 对，后 1 对大。背甲嵴棱明显，盾片复瓦状排列。从第五枚缘盾起边缘成锯齿状，臀盾左右不愈合，尾甚短。背甲棕褐色，具褐色和淡黄色相间的花纹，头部栗色，每个鳞缝间黄色。以动物和植物为食，遍布全球海洋温暖水域。国家二级保护动物，分布于黄海、东海、南海。

棱皮龟科 Dermochelidae

棱皮龟 *Dermochelys coriacea*（图 2-234） 现代龟鳖中最大的一种，长 2 m 余。背面外被平滑的革质皮肤，无角质盾片，上有 7 条纵棱，棱内微凹；体背漆黑色或暗褐色，微带黄斑；腹甲骨化不完全，有 5 条纵棱。前肢长大，后肢短小。以小鱼、甲壳动物、软体动物和海藻为食。主要栖息于热带海域的中上层，偶见于近海和港湾地带。国家二级保护动物。

图 2-232　海龟

图 2-233　玳瑁

图 2-234　棱皮龟

图 2-235　黑尾鸥

2.3.3.4　鸟纲 Aves

鸥形目 Lariformes

鸥科 Laridae

黑尾鸥 *Larus crassirostris*（图 2-235）　长约 480 mm。背灰腹白；尾白，但尾端具黑宽纹；嘴缘黄色，具红端，并于先端处具黑斑；腿黄色；爪黑色。以鱼虾、螺蚌为食，也常尾随船只，取食废弃食物。栖息于近海岛屿和岩石裸露的海滨以及内陆海域。繁殖期 5—7 月，在悬崖岩石上或草丛间筑巢。每窝产卵 2~4 枚。除西北地区外，其他省区均有分布。

海鸥 *Larus canus*（图 2-236）　长约 460 mm。嘴黄绿色，无红斑；头颈白色，肩羽、背腰上部淡青灰色；初级飞羽杂以白斑，次级飞羽具宽阔白端斑；尾和下体白色。海鸥以海滨昆虫、软体动物、甲壳类以及耕地里的蠕虫为食，也捕食岸边小鱼，拾取岸边及船上丢弃的剩饭残羹。除西北地区外，其他大部分省区有分布。

银鸥 *Larus argentatus*（图 2-237）　长约 550 mm。嘴黄色，下嘴基部红色或黑色；头和颈白色；背腰深灰色；肩羽具宽阔的白色羽端；初级飞羽褐黑色，端部白色；尾和下体白色；脚淡红色。取食水中死鱼或残留物，也吃啮齿类及昆虫。栖息于港湾、岛屿、岩礁和近海沿岸，喜欢群居。每群可达百只以上，繁殖期 5—8 月。广布于我国沿海和江河流域。

红嘴鸥 *Larus ridibundus*（图 2-238）　中型。嘴赤红色，先端黑色；脚赤红，冬季转为橙黄色；爪黑色；头颈棕褐色，体羽淡灰白色。以鱼虾、昆虫为食，栖息于沿海、内陆河流、湖泊，常 3~5 只成群活动，在海上浮于水面或立于漂浮木、固定物上，或与其他海洋鸟类混群，在鱼类上

图 2-236　海鸥

图 2-237　银鸥

空盘旋飞行。沿海常见种类。分布于全国大部分省区。

燕鸥 *Sterna hirundo*（图 2-239）　长约 350 mm。额、头顶和后颈均黑；背灰腹白；腰、尾上覆羽和尾均白；嘴黑，腿黑。外侧尾羽最长，超过翅长的一半。尾深叉形。主食甲壳动物和小鱼，也吃昆虫。喜群栖，常成群在岛屿的地面筑巢，数百万只形成繁殖群落。大多数种类产 2～3 枚卵，少数仅产 1 枚。见于海岸及内陆大型水域。分布于全国大部分省区。

图 2-238　红嘴鸥

图 2-239　燕鸥

2.3.3.5　哺乳纲 Mammalia

鲸目 Cetacea

须鲸科 Balaenopteridae

小须鲸 *Balaenoptera acutorostrata*（图 2-240）　又名小鳁鲸。长 10 m 以下。前肢鳍状，长约为体长的 1/8。尾鳍呈水平状分左右两叶。腹前部有 50～60 条纵长褶沟，其后端达到鳍肢后缘与生殖孔间的一半之处。口内无齿而生须，称鲸须。尾鳍及鳍肢背面为灰黑色，腹面为乳白色。其鳍肢背面基部 1/3 处有一条纯白色横纹为其种的主要特征。主食太平洋磷虾和糠虾，也食群游性鳀鱼、玉筋鱼、青鳞鱼等小型鱼类。妊娠期约 10 个月，有的可每年产仔 1 次，1 胎，偶有双胎。国家二级保护动物。每逢 12 月进入黄渤海，于 7 月先后离开。

鼠海豚科 Phocaenidae

江豚 *Neonteris phocaenoides*（图 2-241）　又名江猪、海豚。长 1.3 m 左右。头近圆形，额前凸，吻部短宽。鳍肢锋刀形。全身铅黑色。腹面略浅而亮，唇和喉部略呈黄灰色，腹部有时具花斑。食性较广,以鱼类为主,也取食虾类和头足类动物。多栖于暖海或近海,亦能上溯至江中生活。国家二级保护动物。分布于湖南、湖北、江苏等省的长江沿岸湖泊及山东、福建、广东、中国台湾沿海。

图 2-240 小须鲸　　　　　　　　　　　　　　　　　　图 2-241 江豚

鳍脚目 Pinnipedia

海豹科 Phocidae

海豹 *Phoca uitulina*(图 2-242)　体纺锤形,长约 1.5 m,体表密生短毛。背部灰黄色,具许多不规则的棕黑色或黑色斑点。腹部乳黄色。以鱼类为主要食物,也食甲壳类及头足类。生活于温寒带海洋中,除产仔、休息和换毛季节需到冰上、沙滩或岩礁上外,其余时间都在海中游泳、取食。为水族馆常见观赏动物。国家二级保护动物。见于渤海湾内。

图 2-242 海豹

拓展与提高

1. 就实习地岩石滩环境的生物多样性进行调查,撰写论文。

2. 就实习地泥沙滩环境的生物多样性进行调查,撰写论文。

3. 就实习地岩石滩、泥沙滩环境中高潮线优势种进行调查,并对其分类。

4. 随渔民出海一次,就实习地海域近海甲壳类、鱼类资源的多样性进行调查。

第 **3** 章　内陆无脊椎动物实习

3.1　原生动物门

3.1.1　原生动物门分类检索表

自由生活的原生动物分纲检索表

1. 成体或幼体的体表具纤毛 ··· 纤毛纲 Ciliata
   任何生活时期体表都不具纤毛 ··· 2
2. 具鞭毛 ··· 鞭毛纲 Mastigophora
   具伪足 ··· 肉足纲 Sarcodina

常见淡水鞭毛虫检索表

1. 群体,细胞镶嵌在胶质中 ··· 2
   单体 ··· 5
2. 群体呈平面排列,呈方形 ··· 盘藻属 *Gonium*
   群体不呈平面排列,呈球形或椭球形 ··· 3
3. 群体内细胞排列紧密,集中在群体中央 ················ 实球藻属 *Pandorina*
   群体内细胞排列不紧密,不集中在群体中央 ··· 4
4. 群体小,细胞数目少(8～32 个) ················ 空球藻属 *Eudorina*
   群体大,细胞数目多(数百个以上) ················ 团藻属 *Volvox*
5. 体中部有一横沟,具 2 根鞭毛 ··· 6
   体中部无横沟,具 1～2 根鞭毛 ··· 8
6. 体具外壳 ··· 7
   体无外壳 ················ 裸甲腰鞭虫属 *Gymnodinium*
7. 壳扁平,具 1 前、2～3 后长角状突起 ················ 角鞭毛虫属 *Ceratium*
   壳不扁平,双锥形或五边形,无突起 ················ 多甲鞭毛虫属 *Peridinium*
8. 具色素体 ··· 9
   不具色素体 ··· 11
9. 鞭毛 2 根,杯状叶绿体 1 个 ················ 衣滴虫属 *Chlamydomonas*
   鞭毛 1 根,叶绿体不呈杯状 ··· 10

10. 体梭形,可变形 ……………………………………………… 眼虫属 *Euglena*
    体扁圆形,不变形 ……………………………………………… 扁眼虫属 *Phacus*
11. 鞭毛 2 根,前鞭毛显著,运动时仅尖端摆动;体末端呈截形 ……… 袋鞭虫属 *Peranema*
    鞭毛 1 根;体末端不呈截形,体可变形 ……………………… 漂眼虫属 *Astasia*

常见淡水肉足虫检索表

1. 体球形,伪足呈轴状 ……………………………………… 2 辐足亚纲 Actinopoda
   体非球形,可变形,伪足呈叶状、指状、丝状 ……………… 3 根足亚纲 Rhizopoda
2. 体大,颗粒状肉质与泡状外质分界明显,多核 ……………… 辐球虫属 *Actinosphaerium*
   体小,内、外质分界不明显,单核 …………………………… 太阳虫属 *Actinophrys*
3. 无外壳,体可变形 ……………………………………………………………… 4
   有外壳,伪足自壳口伸出 …………………………………………………… 5
4. 具一宽的伪足 ……………………………………………… 简变虫属 *Vahlkampfia*
   具多个伪足 ………………………………………………………… 变形虫属 *Amoeba*
5. 壳瓶形,由沙粒等外物构成 ………………………………… 砂壳虫属 *Difflugia*
   壳扁圆,由几丁质构成 …………………………………………… 表壳虫属 *Arcella*

常见淡水纤毛虫检索表

1. 不具口缘带,纤毛等长 ……………………………………… 2 全毛目 Holotricha
   具口缘带 …………………………………………………………………………… 8
2. 胞口在体表 ……………………………………………………………………… 3
   胞口在口沟内 …………………………………………………………………… 7
3. 胞口在体前端或近前端 …………………………………………………… 4
   胞口不在体前端或近前端 ………………………………………………… 6
4. 胞口在体顶端,体呈桶形,具一至数圈纤毛带 ……………… 栉毛虫属 *Didinium*
   胞口不在体顶端 ………………………………………………………………… 5
5. 体被规则排列的外质板 …………………………………………… 榴弹虫属 *Coleps*
   体无板,体前端伸长如颈 ………………………………………… 长吻虫属 *Lacrymaria*
6. 胞口在凸出的腹面,为一长裂缝 ………………………………… 漫游虫属 *Lionotus*
   胞口圆形 …………………………………………………………………… 长颈虫属 *Dileptus*
7. 体呈倒鞋底形,口沟自前左侧伸向右侧 ……………………… 草履虫属 *Paramecium*
   体肾形,胞口在体侧面中央 ……………………………………… 肾形虫属 *Colpoda*
8. 口缘带自左向右旋转,体呈钟形具柄 ……… 缘毛目 Peritricha,钟虫属 *Vorticella*
   口缘带自右向左旋转 …………………………………………… 9 旋唇目 Spirotricha
9. 纤毛存在于体表各处,体呈喇叭形 …………………………… 喇叭虫属 *Stentor*
   纤毛只存在于体表一部分,并形成小膜或棘毛 ………………………… 10
10. 纤毛形成小膜,存在于口缘带,具跳跃的长棘毛,体球形 ……… 弹跳虫属 *Halteria*
    棘毛只存在于腹面 ……………………………………………………………… 11
11. 体一般呈长圆形,具 3 条不动的尾棘毛 ……………………… 棘尾虫属 *Stylonychia*
    体近圆形,具 4 条尾棘毛 ………………………………………… 游仆虫属 *Euplotes*

3.1.2　原生动物门常见种类

3.1.2.1　鞭毛纲 Mastigophora

原生动物门(Protozoa)分为植鞭亚纲(Phytomastigina)和动鞭亚纲(Zoomastigina),前者含叶绿素,能进行光合作用,植鞭毛虫和藻类之间无明显区别,某些植鞭毛虫类在植物分类学上置于藻类中;而后者体内无色素体存在,异养。多为寄生种类,少数种类自由生活。

内陆水域常见的植鞭毛虫主要有以下属种。

(1) 眼虫属 *Euglena*:隶属植鞭亚纲眼虫目 Euglena 眼虫科 Euglenaceae,是具有植物和动物两种特征的单细胞生物。其特点为一狭长形细胞(15~500 μm),内有一细胞核、多数叶绿体(有的种为无色)、一个伸缩泡、一个眼点和一根鞭毛。其名字的来源是因为它们有眼斑,它与趋光性有关。它们主要生活在淡水,会聚集起来使水坑看上去成一片绿色。在不流动的、腐殖质较多或排有生活污水的小河沟、池塘或临时积有污水的水坑中,尤其是带有臭味、发绿色的水中常可采到。其大量繁殖时,水呈绿色。常见种类有绿眼虫 *Euglena viridis*、膝曲眼虫 *E. geniculata*、尖尾眼虫 *E. oxyuris*、血红眼虫 *E. sanguinea*、梭形眼虫 *E. acus*、三星眼虫 *E. tristella* 等(图 3-1)。

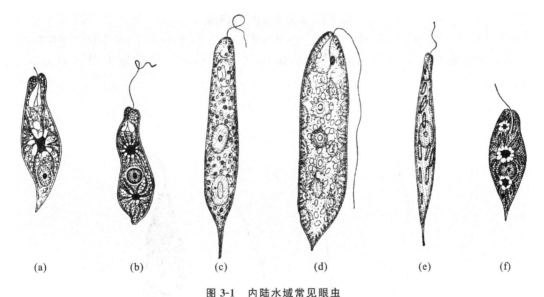

图 3-1　内陆水域常见眼虫

(a) 绿眼虫;(b) 膝曲眼虫;(c) 尖尾眼虫;(d) 血红眼虫;(e) 梭形眼虫;(f) 三星眼虫

(2) 扁眼虫属 *Phacus*:隶属植鞭亚纲眼虫目 Euglena 眼虫科 Euglenaceae。体呈宽卵圆形,扁平如叶片状,后端尖刺状,鞭毛与身体等长,少数种类有些扭曲。其构造与眼虫 *Euglena* 大体相同。为环境指示生物、江河鱼类饵料。常见种类有宽扁眼虫 *Phacus longicauda*、长尾扁眼虫 *P. longicauda*、具瘤扁眼虫 *P. suecicus*、扭曲扁眼虫 *P. tortus*、旋形扁眼虫 *P. helicoides*、瓜形眼虫 *P. oryx*、哑铃扁眼虫 *P. peteloti* 等(图 3-2)。

(3) 袋鞭虫属 *Peranema*:无色素体和眼点,表质柔软具螺旋形线纹,细胞易变形,前端具杆状器。鞭毛 2 根不等长,长的 1 根鞭毛较粗、易见,短的那根伸向后端,紧贴体表不易见到。分布广,往往出现在有机物较多的水体中。常见种类有楔形袋鞭虫 *Peranema*

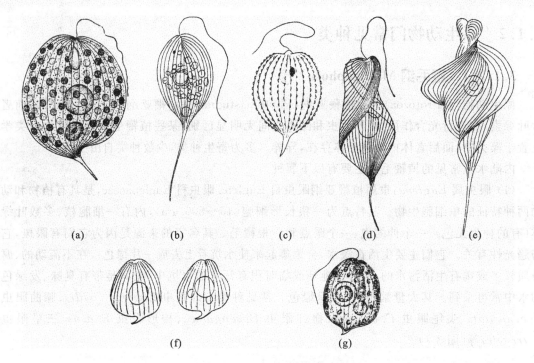

图 3-2　内陆水域常见扁眼虫

（a）宽扁眼虫；（b）长尾扁眼虫；（c）具瘤扁眼虫；（d）扭曲扁眼虫；（e）旋形扁眼虫；（f）瓜形眼虫；（g）哑铃扁眼虫

cuneatum、弯曲袋鞭虫 *P. deflexum*、叉状袋鞭虫 *P. furcatum*、三角袋鞭虫 *P. trichophorum* 等（图 3-3）。

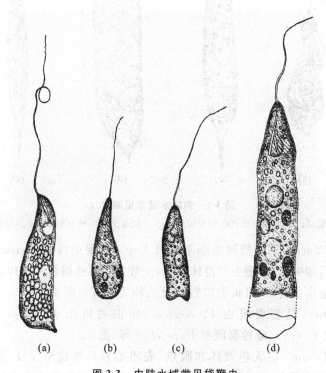

图 3-3　内陆水域常见袋鞭虫

（a）楔形袋鞭虫；（b）弯曲袋鞭虫；（c）叉状袋鞭虫；（d）三角袋鞭虫

（4）衣滴虫属 *Chlamydomonas*：亦称衣藻，隶属植鞭亚纲团藻虫目 Volvocida。具 2 根鞭毛，色素体呈杯状、片状、星状等；蛋白核 1 个；眼点位于细胞前、中部。生长在土壤、淡水池塘或肥料污染的沟渠中，常使水变成绿色，是环境指示生物、江河鱼类饵料。常见种类有球衣滴虫 *Chlamydomonas globosa*、莱哈衣滴虫 *C. reinhardi*、简单衣滴虫 *C. simplex*、卵形衣滴虫 *C. ovalis*、小球衣滴虫 *C. microsphaera*、逗点衣滴虫 *C. komma*、星芒衣滴虫 *C. stellata*、德巴衣滴虫 *C. debaryana* 等（图 3-4）。

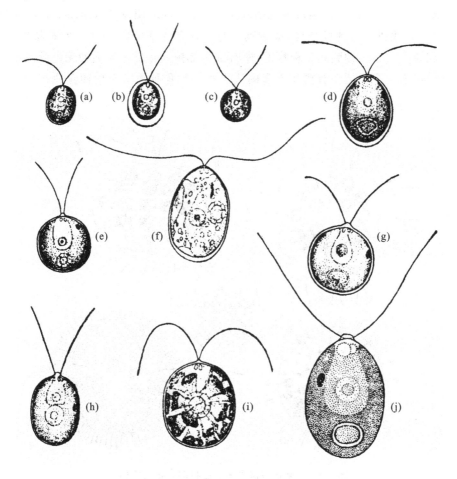

图 3-4　内陆水域常见衣滴虫

(a)～(c) 球衣滴虫；(d) 莱哈衣滴虫；(e) 简单衣滴虫；(f) 卵形衣滴虫；
(g) 小球衣滴虫；(h) 逗点衣滴虫；(i) 星芒衣滴虫；(j) 德巴衣滴虫

（5）盘藻虫属 *Gonium*：隶属植鞭亚纲团藻虫目 Volvocida 团藻科 Volvocaceae。体由 4、16 或 32 个细胞排列成一平板，埋藏在 1 个共同胶被之内的定型群体；每个细胞有 1 个细胞核、1 个含有蛋白核的色素体、1 个眼点、1 对等长的鞭毛和 2 个伸缩泡；细胞与细胞之间有原生质联系。分布于全世界，多生活于较小的，尤其是营养物较丰富的淡水水体中。常见种类有胸状盘藻虫 *Gonium pectorale*（图 3-5(a)）。

（6）空球藻虫属 *Eudorina*：隶属植鞭亚纲团藻虫目 Volvocida 团藻科 Volvocaceae。通常由 16、32 或 64 个细胞组成球形或椭圆形的空心群体，有共同的胶被。多生活在有机质丰富的小水体或湖泊中。常见种类有空球藻虫 *Eudorina elegans*（图 3-5(b)）。

(7) 实球藻虫属 *Pandorina*：隶属植鞭亚纲团藻虫目 Volvocida 团藻科 Volvocaceae，由 16 或 32 个细胞（少有 4 或 8 个细胞）组成球形或椭圆形的实心群体，并有共同的胶被。多生活在有机质丰富的小水体或湖泊中。常见种类有实球藻虫 *Pandorina morum*（图 3-5(c)）。

(8) 杂球藻虫属 *Pleodorina*：隶属植鞭亚纲团藻虫目 Volvocida 团藻科 Volvocaceae，由 64 或 128 个细胞无规则地排列成球形或椭圆形的群体，有胶被。多生活在有机质丰富的小水体或湖泊中。常见种类有杂球藻虫 *Pleodorina californica*（图 3-5(d)）。

(9) 团藻虫属 *Volvox*：隶属植鞭亚纲团藻虫目 Volvocida 团藻科 Volvocaceae，体呈球形，直径约 5 mm。团藻外面有薄胶质层，能游动。每个团藻由 1000～50000 个衣藻型细胞在球体表面成单层排列。每个细胞有 2 根鞭毛，所有细胞都排列在球体表面的无色胶被中，球体中央为充满液体的腔。多生活在有机质丰富的浅水中。常见种类有美丽团藻虫 *Volvox aureus*（图 3-5(e)）。

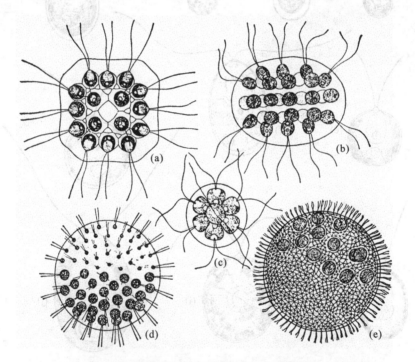

图 3-5　内陆水域常见团藻虫科部分属代表种

(a) 胸状盘藻虫；(b) 空球藻虫；(c) 实球藻虫；(d) 杂球藻虫；(e) 美丽团藻虫

3.1.2.2　肉足纲 Sarcodina

内陆水域或土壤常见的肉足虫主要有以下属种。

(1) 变形虫属 *Amoeba*：隶属变形虫目 Amoebina，常常生活在较为洁净、缓流的小河或池塘的静水中，通常集中在水底泥渣烂叶中或水生植物水下部分的茎叶上，主要取食硅藻等藻类，也取食腐败的水生植物叶片等。采集时可捞取水底物质，如呈黄褐色的碎屑（含硅藻较多），或剪下水生植物水下部分带有黏稠物的茎叶带回实验室，还可在水边或潮湿处挖取带根的禾本科植物（不要去除根上的土）。变形虫种类很多，分布广，常见种类有大变形虫 *Amoeba proteus*、多足变形虫 *A. polypodia*、绒毛变形虫 *A. villosa*、池沼多核变形虫 *A. palustris*、无恒变形虫 *A. dubia*、泥生变形虫 *A. limicola*（图 3-6(a)～(d)）。

（2）表壳虫属 *Arcella*：隶属表壳虫目 Arcellinida，胞体被膜状几丁质外壳，背腹面观圆形似表壳，背面圆弧形，腹面平或内凹、中央有一圆形壳孔，伪足从壳孔伸出。主要分布于淡水静水的污水中。常见种类有普通表壳虫 *Arcella vulgaris*（图 3-6(e)）。

（3）砂壳虫属 *Difflugia*：隶属表壳虫目 Arcellinida，体外壳由细胞分泌的胶质与微细的沙砾或硅藻空壳黏合而成。壳形多样，近球形至长筒形。壳孔在壳体一端的中央，指状伪足从壳孔伸出。主要分布于大型湖泊或深水水库中。常见种类有球形砂壳虫 *Difflugia globulosa*、壶形砂壳虫 *D. lebes*（图 3-6(g)，(h)）。

（4）鳞壳虫属 *Euglypha*：隶属网足虫目 Gromiida，外壳由大小排列整齐的硅质鳞片镶嵌形成，鳞片呈六角形、卵圆形等。壳呈宽阔或长卵圆形，壳口位于前端中央，丝状伪足伸出壳外，有的分支互相交织成网状。草食性，主要生活于淡水沉水植物或漂浮水生植物体上。常见种类有有棘鳞壳虫 *Euglypha acanthophora*（图 3-6(l)）、结节鳞壳虫 *E. tuberculata*。

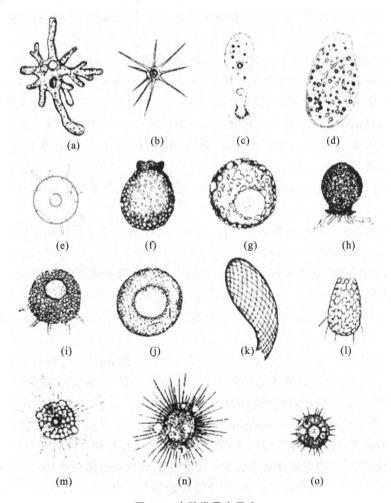

图 3-6　内陆常见肉足虫

(a) 大变形虫；(b) 多足变形虫；(c) 绒毛变形虫；(d) 池沼多核变形虫；(e) 普通表壳虫；(f) 杂葫芦虫；

(g) 球形砂壳虫；(h) 壶形砂壳虫；(i) 针棘匣壳虫；(j) 半球法帽虫；(k) 坛状曲颈虫；

(l) 有棘鳞壳虫；(m) 放射太阳虫；(n) 艾氏辐球虫；(o) 针棘棘胞虫

（5）太阳虫属 *Actinophrys*：隶属太阳虫目 Actinophryida，生活在淡水中，身体呈球形，细胞质呈泡沫状，伪足细长，在伪足中央生有富于弹性的轴丝，这种伪足形状较固定，称轴伪足。轴伪足从球形身体周围伸出，较长，有利于增加身体的浮力，适于过漂浮生活。太阳虫是鱼类的饵料。常见种类有放射太阳虫 *Actinophrys sol*（图 3-6(m)）。

（6）棘胞虫属 *Acanthocystis*：隶属太阳虫目 Actinophryida，具胶质膜，硅质骨针是细长的棘刺，自身体周围放射状伸出，骨针末端常分叉。常见种类有针棘棘胞虫 *Acanthocystis aculeata*（图 3-6(o)）。

3.1.2.3　纤毛纲 Ciliata

内陆水域常见的纤毛虫主要有以下属种。

（1）草履虫属 *Paramecium*：隶属全毛目 Holotricha，多生活在湖沼、池塘、水田以及城市生活用水的下水沟中，以细菌、藻类和其他腐败的有机物为食。在水底沉渣表面浮有灰白色絮状物、有机物质丰富的水体中，有大量草履虫生活。采集方法是将广口瓶系上绳，沉入水底连同沉渣一块捞起。

常见种类：大草履虫 *Paramecium caudatum*、尾草履虫 *P. caudatum*（图 3-7(n)）、双小核草履虫 *P. Aurelia*、多小核草履虫 *P. multi-micromuleatum*、绿草履虫 *P. bursaria*。

（2）喇叭虫属 *Stentor*：隶属旋毛目 Stylonychia，一种大型的纤毛虫，身体呈喇叭状，附着在池塘和缓慢流动的小溪的水草上。在喇叭口内具有胞口，全身有规律地长着纤毛，它们依次不停地打着周围的水，使水按一定方式流动、旋转，最终到达胞口所在的地方。这时随水流而来的细菌等就被带进口中。

常见种类：多态喇叭虫 *Stentor polymorphus*（图 3-7(o)）、天蓝喇叭虫 *S. coeruleus*、多形喇叭虫 *S. Multiformis*。

（3）棘尾虫属 *Stylonychia*：隶属旋毛目 Stylonychia，体一般呈长圆形，具 3 条不动的尾棘毛。是环境指示生物、江河鱼类饵料。

常见种类：弯棘尾虫 *Stylonychia curvata*（图 3-7(q)）、背状棘尾虫 *S. notophora*。

（4）游仆虫属 *Euplotes*：隶属旋毛目 Stylonychia。体近圆形，小膜口缘区十分发达，无波动膜，无侧缘纤毛，具 6～7 根前棘毛、2～3 根腹棘毛、5 根臀棘毛、4 根尾棘毛。常见于有机质丰富的水体中。

常见种类：土生游仆虫 *Euplotes terricola*（图 3-7(r)）、黏游仆虫 *E. muscicola*。

（5）钟虫属 *Vorticella*：隶属缘毛目 Peritrichida。体呈吊钟形，钟口盘状口区周围有一肿胀的镶边，其内缘着生三圈逆时针旋转的纤毛（他处概无纤毛）。口盘与镶边均能向内收缩。生活在淡水中，是一种有柄的纤毛虫，它用长柄附着在植物上，成排的纤毛由胞口向外盘旋，胞口位于深凹处的底部，它借助纤毛的活动，从持续流动的水体中捕获细菌为食。当它受到振动或被触动时，能够突然把柄缩短并盘卷成为一个紧密的螺旋来迅速地收缩全身，这是一种逃避敌害和危险的有效措施。当危险过去后，它便缓慢地伸长其柄，并轻轻地摇动着，一切又恢复了常态。

常见种类：小口钟虫 *Vorticella microstoma*、沟钟虫 *V. convallaria*、领钟虫 *V. aequilata*、似钟虫 *V. similis* 等。

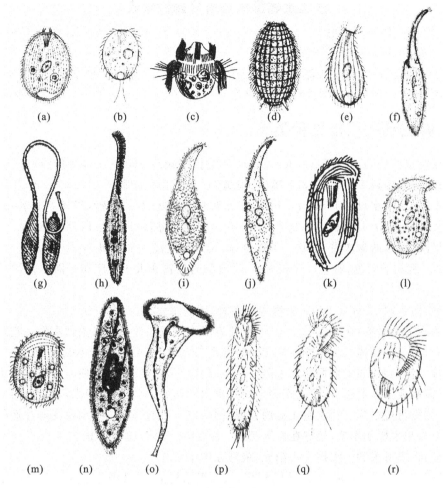

图 3-7　内陆常见纤毛虫

（a）卵圆前管虫；（b）双叉尾毛虫；（c）滚动焰毛虫；（d）毛板壳虫；（e）胃形斜口虫；（f）双核长颈虫；
（g）天鹅长吻虫；（h）片状漫游虫；（i）薄片漫游虫；（j）猎半眉虫；（k）钩刺斜管虫；（l）食藻斜管虫；
（m）河流斜管虫；（n）尾草履虫；（o）多态喇叭虫；（p）尖毛虫；（q）弯棘尾虫；（r）土生游仆虫

3.2　腔肠动物门

3.2.1　腔肠动物门分类检索表

腔肠动物分纲检索表

1. 性细胞由外胚层产生；水螅型无口道，水母型具缘膜；大多海产 ………… 水螅纲 Hydrozoa

　　性细胞由内胚层产生；水螅型发达或退化，水母型发达或无；全为海产 ………… 2

2. 水螅型非常退化；水母型发达，且不具缘膜 ……………… 钵水母纲 Scyphozoa

　　只有水螅型，且口道发达；无水母型 ……………… 珊瑚纲 Anthozoa

淡水水螅常见类群分属检索表

1. 触手短于体长,体呈淡绿色 ·· 绿水螅属 *Chlorohydra*
   触手长于体长,体呈褐色或灰褐色 ·· 2
2. 雌雄异体,柄部明显,刺丝纵卷 ·· 柄水螅属 *Pelmatohydra*
   雌雄同体,柄无,刺丝前 3 圈横卷,其余纵卷 ·· 水螅属 *Hydra*

3.2.2 腔肠动物门常见种类

生活在淡水的腔肠动物门(Coelenterata)种类仅水螅纲 Hydrozoa,在我国已发现的有螅形目 Hydroida 水螅科 Hydridae 3 个属(水螅属 *Hydra*、柄水螅属 *Pelmatohydra* 和绿水螅属 *Chlorohydra*),淡水水母目 Limnomedusae 笠水母科 Olindiadae 桃花水母属 *Craspedacusta*。

(1) 水螅属 *Hydra*:体长由几毫米至 15 mm,但能收缩得极小,呈白色、粉红色、绿色或褐色。螅体呈圆筒状,通常透明,柔软。不成群体,无水母世代。水螅属 *Hydra*(图 3-8(a))约有 14 种,主要区别在于颜色、触手长度和数目、生殖腺的位置和大小。广布于淡水湖泊、河流、池沼中。

常见种:褐水螅 *Hydra fusca* 为世界广布种,普通水螅 *H. vulgoris*。

水螅的观察与采集:在清澈、缓流且水草茂盛的小溪或池塘中可采集到水螅。它附着于水草、石块和水中其他物体上。水螅身体伸展时体色较淡,受惊后或离开水后常缩成一团,成一褐色小颗粒。采集时,如果直接在水中附着物上寻找较为困难,比较方便的办法是采集大量水草,置于广口瓶或大玻璃缸中,带回实验室后放室内向阳处,加入一些清水,静置。第二天用放大镜检查,往往可观察到一些水螅在缸内。或者数日后,可看到有一些水螅在向光面的玻璃缸壁上爬动。采集水螅的季节,最好在春天(3—4 月)和秋天(8—9 月),因为这时正是水螅繁殖的旺盛季节,很容易采到。水螅喜欢阳光,最好在中午采集。

(2) 柄水螅属 *Pelmatohydra*:体的柄部,从组织结构上看,其细胞组成与体部的组成细胞有明显差异,且柄部不生芽体,也无生殖腺发生。常见种为强壮柄水螅 *Pelmatohydra robusta*。

(3) 绿水螅属 *Chlorohydra*:因其内胚层中有共生的绿藻 *Chlorella*,体呈淡绿色。体较粗壮,长 5~9 mm,少数个体长于 10 mm,触手 6~7 条,其长度短于体长。曾在河南嵩县伊河畔一水塘中采得绿水螅 *Chlorohydra viridissima*。

(4) 桃花水母属 *Craspedacusta*:俗称“桃花鱼”(图 3-8(b),(c)),体态晶莹透明。其水母世代个体呈伞形或钟形,伞缘有一水平缘膜;伞边缘有许多细线状的触手,触手的数目因种而异,50~500 条,分 3~7 级排列;口朝向伞体下方,位于一条管子的末端,具 4 片唇,食物由此吞入。水螅世代个体呈圆筒柄状,或分枝群体,没有触手,借助口区刺细胞摄食。在冬季,水螅体收缩分泌硬质保护外套,适应恶劣环境。

桃花水母是世界上珍稀的水生生物物种之一,也是我国的珍稀动物,100 多年来全世界仅发现 11 种,其中 9 种分布在我国。它生活在水质优良的淡水中,如池塘、沟渠和小型水库。由于生态失去平衡、自然环境被污染和破坏,已威胁到桃花水母的生存。尽管我国有 18 省 76 市(县)有桃花水母的分布,时至今日,常年有桃花水母生存的地方仅有几处。常见种有中华桃花水母 *Craspedacusta sinensis*、信阳桃花水母 *C. xinyangensis*、索氏桃花水母 *C. Sowerbyi*。

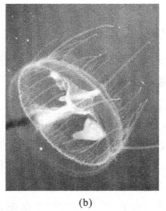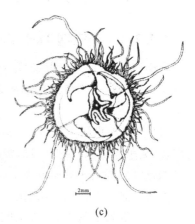

（a）　　　　　　　　（b）　　　　　　　　（c）

图 3-8　内陆常见腔肠动物

（a）水螅；（b）、（c）桃花水母

3.3 　扁形动物门

3.3.1　扁形动物门分类检索表

　　扁形动物共分 3 个纲，包括涡虫纲（营自由生活）、吸虫纲和绦虫纲（两纲全部营寄生生活）。

我国内陆涡虫纲的分目检索表

简单的咽，盲囊状不分支的肠；无卵黄腺 ……………………………… 大口虫目 Macrostomida

折叠的咽，肠分 3 支（1 支向前，2 支向后）；具分支的卵黄腺 ……… 三肠目 Tricladida

内陆三肠目涡虫分科检索表

1. 头部呈扇形，体相对较长，多生活在阴暗潮湿的石块下或土壤中 ……… 笄蛭科 Bipaliidae

　头部不呈扇形，体相对较短，多生活在较清澈、流动的溪流、水沟或洞穴中 …………… 2

2. 咽内肌带由环肌和纵肌混合组成，或厚的内纵肌和薄的外环肌组成 …………………

　……………………………………………………… 枝肠涡虫科 Dendrocoelidae

　咽内肌带由厚的内环肌和薄的外纵肌组成，或厚的内环肌和薄的纵肌与环肌混合组成的外

　层 ……………………………………………………………………………………… 3

3. 体乳白色或半透明，无眼或盲眼，吸着器官发达 ……………… 洞穴涡虫科 Kenkiidae

　体非乳白色或半透明，有眼点，无吸着器官 ……………………………………………… 4

4. 头部呈三角形 ………………………………………… 三角涡虫科 Dugesiidae

　头部呈截顶状或弓形 ………………………………………… 扁涡虫科 Planariidae

3.3.2 扁形动物门常见种类

3.3.2.1 涡虫纲 Turbellaria

扁形动物门(Platyhelminthes)大部分种类营自由生活,多数种分布于海洋,少数分布于淡水以及在热带及亚热带潮湿的陆地。分布于我国淡水或土壤的涡虫目前已知有 6 科 10 属 21 种。

(1)大口涡虫属 *Macrostomum*:大口虫目 Macrostomida 大口虫科 Macrostomidae。身体乳白色,无色素细胞;眼点一对,肾形;肠位于咽后,呈长袋形;角质阴茎位于虫体尾部,呈鱼钩型。如帆大口涡虫 *Macrostomum saifunicum*,在北京、安徽、湖南、江西、广东均有分布。另外有中国大口涡虫 *M. Sinensis*、微口涡虫 *Microstomum*。

(2)三角涡虫属 *Dugesia*:隶属三肠目 Tricladida 三角涡虫科 Dugesiidae,喜生活在较清澈、流动的溪流、水沟中,以活的或死的小型蠕虫、甲壳类动物及昆虫的幼虫等为食。涡虫避强光,昼间潜伏于石块、落叶下。我国目前仅发现 1 种,即日本三角涡虫 *Dugesia japonica*(图 3-9(a)),除西部高原外,在我国从南至北均有分布。

涡虫的观察和采集:发现有涡虫时,可将新鲜动物肝脏(或肌肉)切成小块,系上细绳吊着放入水中。1~2 h 后会诱来较多的涡虫附着在诱饵上,提起诱饵放入装有水的广口瓶中,用毛笔蘸水将涡虫刷入瓶内水中。可同时在附近多设几处诱饵,以采到更多涡虫。

(3)多目涡虫属 *Polycelis*:隶属三肠目 Tricladida 扁涡虫科 Planariidae,头呈截顶状或弓形,耳突不显著,眼点 10~300 个,呈八字形或弧形,排列于头的背部两侧。我国有 9 种,在中西部 10 省区有分布,如五台山多目涡虫 *Polycelis wutaishanica*、西藏多目涡虫 *P. tibetica*(图 3-9(c))。

(4)枝肠涡虫属 *Dendrocoelopsis*:隶属三肠目 Tricladida 枝肠涡虫科 Dendrocoelidae。涡虫体乳白色或褐色,头的腹侧凹洼处黏着器官有或无,没有肌腺器,眼点不是很多,肠树枝状,精巢位于卵巢至交配器官后面。我国有 2 种,分布于黑龙江,如乳白枝肠涡虫 *D. lactea*(图 3-9(d))、中华枝肠涡虫 *D. sinensis*。

(5)笄蛭涡虫属 *Bipalium*:隶属三肠目 Tricladida 笄蛭科 Bipaliidae。头部呈扇形,一般

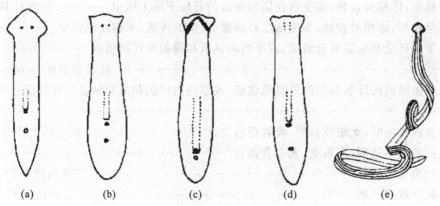

(a)   (b)   (c)   (d)   (e)

图 3-9　内陆常见涡虫

(a)日本三角涡虫;(b)山地细涡虫;(c)西藏多目涡虫;(d)乳白枝肠涡虫;(e)笄蛭涡虫

体长 20～30 cm,长的可达 60 cm 以上。多生活在阴暗潮湿的地方,如砖石块下、土壤中,水多了它也会不适应,而转移到其他地方。平时多在夜间活动,所以我们不常见到,会藏到青苔里,阴雨天会出来。以土壤中的小动物和有机物为食,有个外号叫蚯蚓杀手。一般笄蛭涡虫 *Bipalium kewense*(又名土蛊、陆涡虫,图 3-9(e))在香港有分布,而坎氏笄蛭涡虫 *B. cantori* 在江苏和山西有分布。

3.4　原腔动物

3.4.1　原腔动物分类检索表

自由生活的原腔动物主要为线虫门和轮虫门动物。

线虫动物分纲和目检索表

1. 有侧尾腺孔,无尾腺,侧器开口小,常呈孔状,位于唇区 ················ 2 泄管纲 Secernentea
   无侧尾腺孔,常具尾腺,侧器开口大杯状、螺旋状或圆形,位于唇区之后 ········
   ··· 3 泄腺纲 Adenophorea
2. 无口针 ·· 小杆目 Rhabditida
   有口针 ·· 垫刃目 Tylenehida
3. 头部无刚毛 ·· 4
   头部有刚毛 ·· 5
4. 食道呈圆管形,基部稍宽,口腔壁角化,至少有 1 个粗大的背齿 ········ 单齿目 Mononchida
   食道前部细长,后部扩大呈圆筒形或梨形,口腔内常有 1 个轴针或壁齿 ········
   ··· 矛线目 Dorylaimida
5. 食道一部分,呈圆筒形,少数种类趋向二部分,有端球 ················ 6
   食道二或三部分,前部圆筒形,其后有峡部或端球 ················ 7
6. 侧器圆形,食道不包围口腔;口腔漏斗状或管状,无齿 ········ 单宫目 Monhysterida
   侧器杯状,食道包围口腔;口腔多变化,通常有齿 ········ 嘴刺目 Enoplida
7. 体表层无刻点,口腔窄,管状,齿罕见 ········ 窄咽目 Araeolaimida
   体表层有刻点,口腔多变化,通常有齿 ········ 色毛目 Chromadorida

轮虫动物分纲和目检索表

1. 卵巢成对。咀嚼器枝形。无侧触手。身体纵长呈蠕虫形,"假分节"能够像望远镜样做套筒式伸缩。雄体从未发现过 ················ 双巢纲 Digononta 蛭态目 Bdelloidae
   卵巢仅 1 个。咀嚼器呈各种不同形式,但绝不会是枝型。一般有侧触手。身体虽能伸缩变动,但决不会做套筒式伸缩。不少种类雄体已发现过 ·········· 2 单巢纲 Monogonta
2. 咀嚼器为槌枝形。头冠呈巨腕轮虫或聚花轮虫的形式 ········ 簇轮虫目 Flosculariacea
   咀嚼器为钩形。头冠呈胶鞘轮虫的形式 ················ 胶鞘轮虫目 Collothecacea

常见轮虫分属检索表

1. 无被甲 ·· 11
   有被甲 ·· 2

2. 被甲薄 ……………………………………………………………………………… 10

　　被甲厚,明显 …………………………………………………………………… 3

3. 被甲仅围绕躯干部 ……………………………………………………………… 4

　　被甲不仅仅围绕躯干部,背腹扁平,足分3节 ………………… 鞍甲轮虫 *Lepadella*

4. 无足 …………………………………………………………………………… 8

　　有足 …………………………………………………………………………… 5

5. 足长超过趾长3倍 ……………………………………………………………… 6

　　足长不超过趾长3倍或短于趾 ………………………………… 腔轮虫 *Lecane*

6. 足自被甲腹面的中央伸出,被甲上有网状和肋状的结构 ………… 皱甲轮虫 *Ploesoma*

　　足自被甲后端伸出 ……………………………………………………………… 7

7. 足在后部分叉,被甲长度大于宽度 ………………………………… 裂足轮虫 *Schizocerca*

　　足不分叉,伸出时可自由伸缩摆动 ………………………………… 臂尾轮虫 *Brachionidae*

8. 被甲前端有显著的棘刺,后端有时也有刺 ……………………………………… 9

　　被甲前端无明显的棘刺 ……………………………………… 泡轮虫 *Romopholyx*

9. 被甲较厚,是由许多有规则的小板嵌成;后端如有刺,则刺较长 ……… 龟甲轮虫 *Keratella*

　　被甲较薄而光滑,但有许多纵条纹,后端如有刺,则刺较短 ………… 叶轮虫 *Notholca*

10. 两趾极不等长,长趾超过体长1/2,短趾不超过长趾的1/3 ……… 异尾轮虫 *Trichocerca*

　　两趾等长或不等长,但长趾不超过体长1/2,短趾总超过长趾的1/3 …………
　　……………………………………………………………… 同尾轮虫 *Diurella*

11. 身体蠕虫形,假体节能做套筒式伸缩,卵巢左右各一 ………… 轮虫 *Rotoria*

　　身体不能做套筒式伸缩,卵巢单一 …………………………………………… 12

12. 体上无特殊的附肢 …………………………………………………………… 15

　　体上有特殊的附肢 …………………………………………………………… 13

13. 附肢6个,粗大,末端具刚毛 ………………………………… 巨腕轮虫 *Pedaliw*

　　附肢细长,末端不具刚毛 ……………………………………………………… 14

14. 附肢12个,左右各6个 ……………………………………… 多肢轮虫 *Polyarthra*

　　附肢3个 ……………………………………………………… 三肢轮虫 *Filinia*

15. 体后端无足,体透明似灯泡 ………………………………… 晶囊轮虫 *Asplanchna*

　　体后端有足 …………………………………………………………………… 16

16. 足等于或大于躯干部之长,常形成群体 ………………………… 聚花轮虫 *Conochilus*

　　足小于躯干部之长,不形成群体 ……………………………………………… 17

17. 头盘具4条长而粗的刚毛,左右两侧各有1个显著的耳状突,其上纤毛很发达,易变形,咀嚼器杖形 ………………………………………… 疣毛轮虫 *Synchaeta*

　　头盘无上述构造,咀嚼器槌形 ………………………………… 水轮虫 *Epiphanes*

3.4.2　原腔动物常见种类

3.4.2.1　线虫动物门

　　线虫是动物界中仅次于昆虫的一个庞大类群,而自由生活的种类又占其中的大部分,广泛分布于全球各类生境。土壤线虫按照其取食类型分为植物寄生类线虫、食细菌类线虫、食真菌类线虫和杂食(捕食)类线虫等四大类营养类群。

(1) 植物寄生类:它们以植物汁液和组织为食。如根结线虫、胞囊线虫、剑线虫、茎线虫、短体线虫、纽带科线虫等,它们通常寄生在多种植物的体表或组织内,而雄虫和幼虫在土壤中生活。

(2) 食细菌类:如最常见的小杆目线虫等生活在腐殖层土壤、污水、有机质丰富的土壤中。

(3) 食真菌类:如真滑刃属、滑刃属等以真菌和放线菌等为食。

(4) 杂食(捕食)类:如矛线目中的矛线科以藻类为食,单齿线虫、库曼线虫等以其他线虫、小型寡毛类、轮虫、熊虫和原生动物等为营养源。

我国土壤线虫有 600 种左右,隶属于 2 纲 8 目。常见种类主要如下。

(1) 单子宫真矛线虫 *Eudorylaimus monohystera*(图 3-10(a)):隶属矛线目 Dorylaimida 矛线科 Dorylaimidae,头部突出,较其毗连的体区宽。导环呈单环,虫体前端前缘小于头宽。角质层光滑,无纵脊。在全国广泛分布。

(2) 乳突单齿线虫 *Mononchus papillatus*(图 3-10(b)):隶属单齿目 Mononchida,背齿在口腔前部,齿尖向前;口腔腹面具一腹脊,与背齿相对;食道肠瓣非结节状。分布于北京、吉林、山东、福建、浙江、云南和海南等地。

(3) 乳突三孔线虫 *Tripyia papillata*(图 3-10(c)):隶属嘴刺目 Enoplida,体表角质层光滑。头不突出,由 3 个大而扁圆的唇片组成。在全国广泛分布。

(4) 粒状绕线虫 *Plectus granulosus*(图 3-10(d)):隶属窄咽目 Araeolaimida,体表具环纹和细刚毛。头部具 6 枚唇片,头刚毛 4 条。侧器横裂状。口腔长,前部膨大呈球形,后部管状。在全国广泛分布。

(5) 丝状垫刃线虫 *Tylenchus filiformis*(图 3-10(e)):隶属垫刃目 Tylenehida,蠕虫状线虫,尾部从细长圆锥形至丝状,常向腹面弯曲或呈钩状。口针具明显的基部球。阴门无侧膜,位于体后部或中部。分布于全国各地。

(6) 遍迹头叶线虫 *Cephalobus persegnis*(图 3-10(f)):隶属小杆目 Rhabditida,食道前部呈长圆筒形,峡部稍窄,后食道圆球形具瓣膜。侧带超过侧尾腺孔至尾部末端。分布于北京、青海、河北、山东、山西、江苏、安徽、云南和海南。

3.4.2.2　轮虫动物门

(1) 臂尾轮虫属 *Brachionus*:隶属单巢纲游泳亚目 Ploima 臂尾轮科 Brachionidae,种类甚多,主要营浮游生活。但也常用足末端的趾,附着在其他物体上,营底栖生活。在池塘、湖泊中,往往靠近岸的地方多于离岸的地方。常见种有萼花臂尾轮虫 *Brachionus calyciflorus*(图 3-11(a))、壶状臂尾轮虫 *B. urceus*(图 3-11(b))、剪形臂尾轮虫 *B. forficula*(图 3-11(c))。

(2) 龟甲轮虫属 *Keratella*:隶属单巢纲游泳亚目 Ploima 臂尾轮科 Brachionidae,典型浮游种类,分布于淡水、内陆盐水中。常见种有曲腿龟甲轮虫 *Keratella valga*(图 3-11(f))、矩形龟甲轮虫 *K. quadrata*。

(3) 腔轮虫属 *Lecane*:隶属单巢纲游泳亚目 Ploima 腔轮科 Lecanidae。常见种有月形腔轮虫 *Lecane luna*(图 3-11(g))。

(4) 晶囊轮虫属 *Asplanchna*:隶属单巢纲游泳亚目 Ploima 晶囊轮科 Asplanchnidae,典型浮游种类。常见种有前节晶囊轮虫 *Asplanchna priodonta*(图 3-11(k))、盖氏晶囊轮虫 *A. Girodi*。

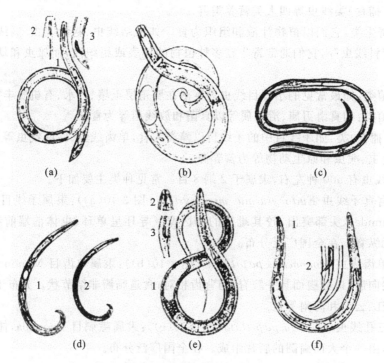

图 3-10 内陆常见土壤线虫

（a）单子宫真矛线虫；（b）乳突单齿线虫；（c）乳突三孔线虫；（d）粒状绕线虫；（e）丝状垫刃线虫；（f）遍迹头叶线虫

1—雌虫；2—头部；3—雄虫尾部

（5）同尾轮虫属 *Diurella*：隶属单巢纲游泳亚目 Ploima 鼠轮科 Trichocercidae，多为底栖种类，常见种有韦氏同尾轮虫 *Diurella weberi*（图 3-11(m)）。

（6）三肢轮虫属 *Filinia*：隶属单巢纲簇轮亚目 Flosculariacea 镜轮科 Testudinellidae，常见种有较大三肢轮虫 *Filinia major*（图 3-11(o)）、长三肢轮虫 *F. longiseta*。

3.5 环节动物门

3.5.1 环节动物门分类检索表

环节动物分纲和目检索表

1. 具疣足，刚毛数目多；无生殖带，绝大多数为海产 ························· 多毛纲 Polychaeta

   疣足退化，如有刚毛则数目少；有生殖带，绝大多数栖息于陆地或淡水中 ················· 2

2. 周身有刚毛，无吸盘 ································· 3 寡毛纲 Oligochaeta

   无刚毛（或仅前端有刚毛），有吸盘 ································· 4 蛭纲 Hirudinea

3. 雄孔 1 对，位于精漏斗后半节以内 ································· 近孔目 Plesiopora

   雄孔 1 对，少数有 2 对，位于精漏斗后 1 节或数节 ················· 后孔目 Opisthopora

   或

3. 生殖带在第 11 节之前，♂孔在♀孔之前，常有无性生殖 ················· 水蚓目 Limnicolae

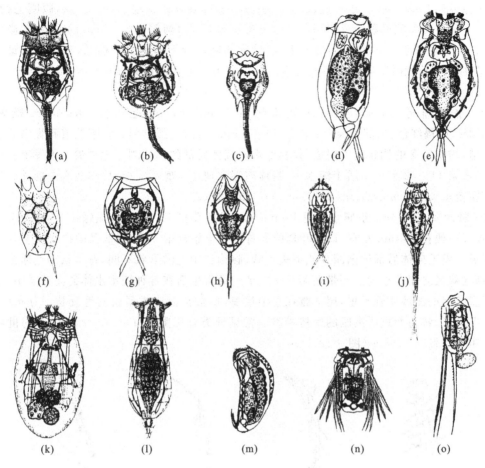

图 3-11　内陆水域常见轮虫

(a) 萼花臂尾轮虫；(b) 壶状臂尾轮虫；(c) 剪形臂尾轮虫；(d) 腹棘管轮虫；(e) 大肚须足轮虫；
(f) 曲腿龟甲轮虫；(g) 月形腔轮虫；(h) 囊形单趾轮虫；(i) 小巨头轮虫；(j) 高跷轮虫；(k) 前节晶囊轮虫；
(l) 耳叉椎轮虫；(m) 韦氏同尾轮虫；(n) 针簇轮虫；(o) 较大三肢轮虫

生殖带在第 11 节之后，♂孔在♀孔之后，没有无性生殖 ·················· 陆蚓目 Terricolae

4. 有 15 个体节，体长通常不到 1 cm ··························· 鳃蛭目 Branchiobdellida

体节数大于 30 个 ··· 5

5. 体节 30 个，只有后吸盘 ································· 棘蛭目 Acanthobdellida

体节 33 个，具前、后吸盘（个别种类无前吸盘）······· 水蛭目 Hirudinida　6

6. 前端有一能伸缩的吻 ································· 吻蛭亚目 Rhynchobdellae

前端无吻 ····································· 无吻蛭亚目 Arhynchobdellae

3.5.2　环节动物门常见种类

3.5.2.1　寡毛纲 Oligochaeta

寡毛纲种类有 6700 多种，少数水生，多数陆生。

（1）尾鳃蚓属 *Branchiura*：隶属水蚓目 Limnicolae 或近孔目 Plesiopora 颤蚓科 Tubificidae，体很大，体长达 15 cm 以上，体色淡红甚至淡紫色。从身体约 2/3 处开始直至尾端,每个体节均有鳃一对,位于背、腹面。前端背刚毛每束有针状刚毛 5～10 条,腹刚毛钩状,每束 5～8 条。交配腔可翻转成假阴茎。多分布在沟渠流水两侧的 3～5 cm 的泥层中,尚属喜氧种类。生活时淡红色的尾鳃伸出泥土,以伸展的鳃丝为平面做上下摇动,其频率达每分钟 100 次左右。受惊扰时尾鳃立刻缩入泥中。常见种类有苏氏尾鳃蚓 *Branchiura sowerbyi*(图 3-12(d))。

(2) 水丝蚓属 *Limnodrilus*:隶属水蚓目 Limnicolae 或近孔目 Plesiopora 颤蚓科 Tubificidae,体褐红色,后部黄绿色;体长 35～65 mm,口前叶圆锥形。背刚毛束和腹刚毛束始自第 2 节,均由双叉的钩状刚毛组成,仅异毛水丝蚓体后部的钩状刚毛为单尖。无发毛。环带指环状,占第 11～12 节。生活于淡水中,身体前端常埋在水底污泥中,后端在水中摇动。常见种类有霍甫水丝蚓 *Limnodrilus hoffmeisteri*(图 3-12(e))。

(3) 颤蚓属 *Tubifex*:隶属水蚓目 Limnicolae 或近孔目 Plesiopora 颤蚓科 Tubificidae,体微红,体长一般在 10 mm 左右,口前叶稍圆。背刚毛束始自第 2 节,由双叉的钩状刚毛和发状刚毛组成。发毛向体后部逐渐减少或消失。背、腹钩状刚毛的形状不同,背钩状刚毛通常为栉齿状,即在双叉之间有小齿。环带在第 9～12 节。通常生活在各种淡水水体的泥沙质中,前端藏在垂直突出的泥沙质管子里,尾部露在水中摇曳,也常常盘绕成紧密的螺旋状。分布广,能耐受高度缺氧,常为严重污染区的优势种群。常见种类有正颤蚓 *Tubifex tubifex*(为世界广布种)、中华颤蚓 *T. sinicus*(图 3-12(f))。

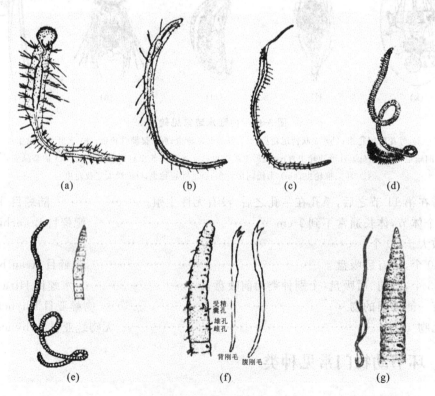

图 3-12　内陆常见水蚯蚓

(a) 红斑颚体虫;(b) 参差仙女虫;(c) 尖头杆吻虫;(d) 苏氏尾鳃蚓;(e) 霍甫水丝蚓;(f) 中华颤蚓;(g) 夹杂带丝蚓

(4) 白线蚓属 *Fridericia*:隶属陆蚓目 Terricolae 或后孔目 Opisthopora 线蚓科 Enchytraeidae。体色常灰白,背孔约从第 7 节起。刚毛配对排列,两边的一对最长,中间的一对最短,受精囊一对,连食道,囊腔简单或有盲囊。多陆生,我国广泛分布。常见种类有多节白线蚓 *Fridericia multisegmenta*、银灰白线蚓 *F.alba*(图 3-13(a))。

(5) 裸线蚓属 *Achaeta*:隶属陆蚓目 Terricolae 线蚓科 Enchytraeidae。体色常灰白,刚毛完全退化,但在刚毛束位置有时具毛囊。食道连肠处或多或少突然膨胀,常具食道盲囊。受精囊 1 对,不连食道。多陆生,分布于浙江、湖北、湖南和北京等地。常见种类有印度裸线蚓 *Achaeta indica*、短管裸线蚓 *A.Brevivasa*(图 3-13(b))。

(6) 腔环蚓属 *Metaphire*:隶属陆蚓目 Terricolae 或后孔目 Opisthopora 巨蚓科 Megascolecidae。口前叶 2/3 上叶型。背孔从 12/13 节间起。环带栗色,占 14~16 节,腹面可见刚毛。刚毛较细,均匀,背腹面均较明显。受精囊孔 3 对,6/7~8/9 节间,背面,横裂缝状,宽约 1 毛间距,前后缘唇状。3 对受精囊孔在体背面排列成倒梯形。雄孔在 18 节腹侧的交配腔底部。交配腔是体壁内陷入腔内形成,较深,内壁有纵纹,无乳突。我国广泛分布。常见种类有湖南腔蚓 *Metaphire hunanensis*、二孔腔蚓 *M.biforatum*、双叶腔蚓 *M.bifoliolare*、威廉腔蚓 *M.guillelmi*(图 3-13(c))。

(7) 杜拉蚓属 *Drawida*:隶属陆蚓目 Terricolae 或后孔目 Opisthopora 链胃蚓科 Moniligastridae。刚毛短而密,对生,每体节 4 对。雄孔一对,在 10/11 节间。雌孔一对,在 11/12 节间。受精囊孔一对,位于 7/8 节间,近腹外侧。受精囊小而圆,在 7~8 节隔膜后方,膨部呈拇指状。无背孔。背面呈青灰或橄榄色,背中线紫青色,环带马鞍形,位于 10~13 节,呈肉红色,10 或 11 节腹面无腺表皮。在 7~12 节的腹面,常有排列不规则、数目不等的圆形乳头突。我国广泛分布。常见种类有日本杜拉蚓 *Drawida japonica*(图 3-13(d))。

(8) 爱胜蚓属 *Eisenia*:隶属陆蚓目 Terricolae 或后孔目 Opisthopora 正蚓科 Lumbricidae。口前叶为上叶型。背孔自 4~5(有时 5~6)节间开始。环带马鞍形,位于 25~33 节。雄孔一对,在 15 节,有大腺乳突。受精囊 2 对,开口在 9~10 和 10~11 节间背中线附近。身体呈圆柱形,体色多样,一般为紫色、红色、暗淡色或淡红褐色。在背部色素较少的节间有时有黄褐色交替的带。主要分布于黑龙江、吉林、辽宁、北京、山西、陕西、四川、新疆等地。常见种类有赤子爱胜蚓 *Eisenia foetida*(图 3-13(e))。

(9) 远盲蚓属 *Amynthas*:隶属陆蚓目 Terricolae 或后孔目 Opisthopora 巨蚓科 Megascolecidae。口前叶为上叶型,背孔自 11~12 节间始。体背面呈草绿色,背中线为紫绿色带深橄榄色,腹面青灰色,环带为乳黄色。环带占 3 节。腹面有刚毛,其他各体节上的刚毛细而密,每节 70~132 条,环带后较疏。背腹中线几乎紧接。雄孔一对,各在 18 节腹面两侧的一个平顶乳头突上,很明显。在 17/18 和 18/19 节间沟的两侧,还各有一对大而呈椭圆形的乳头突。受精囊孔 3 对,位于 6/7~8/9 节间沟后侧一小突起上。我国广泛分布。常见种类有湖北远盲蚓 *Amynthas hupeiensis*(图 3-13(f))。

3.5.2.2　蛭纲 Hirudinea

世界已知约 600 种,隶属于 4 目 10 科。中国已知约 70 种,隶属于 3 目 5 科 25 属。常见种类如下。

(1) 舌蛭属 *Glossiphonia*:隶属水蛭目 Hirudinida 吻蛭亚目 Rhynchobdellae 舌蛭科 Glossiphoniidae,分布广,常栖息于湖泊、池塘以及河川等流动水体里,主要附着于水中石块或水草上,也见于两栖类以及螺类体上。如扁舌蛭 *Glossiphonia complanata*(图 3-14(a)),俗名腹平扁蛭。

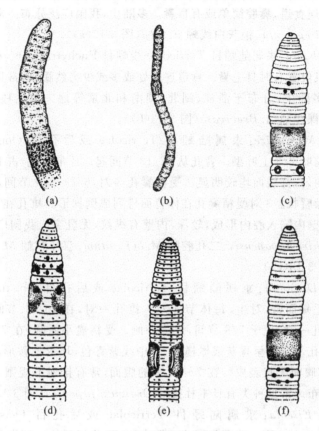

图 3-13 常见陆生蚯蚓
(a) 银灰白线蚓;(b) 短管裸线蚓;(c) 威廉腔蚓;(d) 日本杜拉蚓;(e) 赤子爱胜蚓;(f) 湖北远盲蚓

(2) 山蛭属 *Haemadipsa*:隶属水蛭目 Hirudinida 无吻蛭亚目 Arhynchobdellae 山蛭科 Haemadipsidae,俗称山蚂蟥,体一般为中型,背面常有纵纹和斑点。眼 5 对,位于 2~6 环或 2、3、4、6、9 环上。感觉器在体背面 6 列,在腹面 4 或 6 列。肾孔 17 对,均开口于体侧。肛门区域有耳状突。后吸盘腹面有放射肋。为陆地上主要吸血蚂蟥,危害人和牛、马等。如天目山蛭 *Haemadipsa tianmushana*、花山蛭 *H. picta*。

(3) 医蛭属 *Hirudo*:隶属水蛭目 Hirudinida 无吻蛭亚目 Arhynchobdellae 医蛭科 Hirudinida,体多为中型,体背通常有纵纹。雄孔和雌孔间隔 5 环。前、后吸盘均发达。3 个颚上各有锐刺 1 列,35~100 个。颚上无唾液腺乳突,或仅有一些非常小的乳突。水生种类,多集中在水田的四角或田边,有时也钻入田埂的泥土中。原仅分布于欧、亚、非三洲,后引入美洲作医用。如日本医蛭 *Hirudo japonica*(图 3-14(c)),是中国分布最广、危害最大的一种吸血水蛭。

(4) 金线蛭属 *Whitmania*:隶属水蛭目 Hirudinida 无吻蛭亚目 Arhynchobdellae 黄蛭科 Haemopidae,前吸盘小。颚小,无齿或通常两列钝齿,或是一几丁质薄板。不能割破宿主皮肤,不吸血,而取食螺类及其他无脊椎动物。后吸盘直径不超过体宽的 1/2。无嗉囊,或仅有最后一对侧育囊。为常见的淡水蛭,分布于中国、日本、印度等国。如宽体金线蛭 *Whitmania pigra*(图 3-14(e))(又称宽身蚂蟥)、光润金线蛭 *W. laevis*。

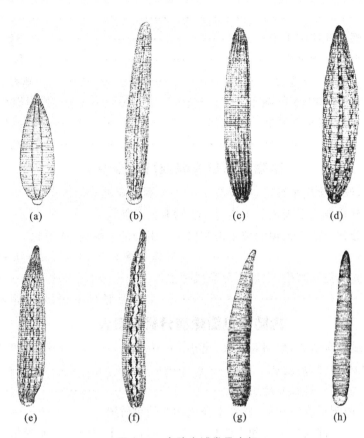

图 3-14   内陆水域常见水蛭

（a）扁舌蛭；（b）日本医蛭；（c）日本医蛭；（d）丽医蛭；（e）宽体金线蛭；（f）尖细金线蛭；（g）八目石蛭；（h）巴蛭

3.6   软体动物门

3.6.1   软体动物门分类检索表

内陆腹足纲分亚纲和目检索表

1. 有厣；鳃呼吸，个别种类用肺呼吸 …………………………………… 2 前鳃亚纲 Prosobranchia
   无厣；肺呼吸 ………………………………………………………… 4 肺螺亚纲 Pulmonata
2. 栉鳃通常 1 对，少数为 1 个或无；心耳 1 对 ……………… 原始腹足目 Archaeogastropoda
   栉鳃 1 个；心耳 1 个 ……………………………………………………………… 3
3. 齿舌每排有 7 个齿 ……………………………………………… 中腹足目 Mesogastropoda
   齿舌每排仅 1~3 个齿 ……………………………………………… 新腹足目 Neogastropoda
4. 触角 1 对；眼位于触角的基部，无柄；多生活于淡水 ………… 基眼目 Basommatophore
   触角 2 对；眼位于后触角的顶端，有柄；陆生或海产 ………… 柄眼目 Stylommatophore

内陆常见腹足类分科检索表

2. 贝壳多为中到大型 ………………………………………………………………… 3

　　贝壳多为小型 ·· 4
3. 贝壳一般呈陀螺形或卵圆锥形 ·································· 田螺科 Viviparidae
　　贝壳一般呈塔形或长圆锥形 ·································· 黑螺科 Melaniidae
4. 贝壳呈卵圆形或圆锥形;有鳃 ·································· 觿螺科 Hydrobiidae
　　贝壳呈圆锥形;无鳃和真正的触角 ·························· 拟沼螺科 Assimineidae
5. 贝壳呈螺旋形旋转,外形呈耳状或圆锥形 ·················· 椎实螺科 Lymnaeidae
　　贝壳在一个平面上旋转,呈盘状 ···························· 扁卷螺科 Planorbiidae

瓣鳃纲常见亚纲和目检索表

1. 铰合齿数很多,或退化成小结节,或没有 ········· 翼形亚纲 Pterimorphia 贻贝目 Mytiloida
　　铰合齿分裂或分化成位于壳顶的主齿(拟主齿)和前后侧齿 ···························· 2
2. 铰合齿分裂或分化成位于壳顶的拟主齿和向后方引伸的长侧齿,或退化 ············
　　························· 古异齿亚纲 Palaeoheterodonta 蚌目 Unionoida
　　铰合齿通常分成主齿和侧齿,主齿不分裂成拟主齿 ·······························
　　························· 异齿亚纲 Heterodonta 帘蛤目 Veneroida

内陆常见瓣鳃纲分科检索表

1. 前闭壳肌较小或完全消失,后闭壳肌大;足小 ················ 贻贝科 Mytilidae
　　前、后闭壳肌大小相似;足发达 ·· 2
2. 贝壳形态多变,发育经过钩介幼虫阶段 ·· 3
　　贝壳呈三角形、卵圆形或圆柱形,发育不经过钩介幼虫阶段 ·························· 4
3. 贝壳呈椭圆形,铰合部仅具主齿和不明显的侧齿;卵在 4 个鳃瓣中均能受精发育,钩介幼虫
　　无钩 ·· 珍珠蚌科 Margaritanidae
　　贝壳变异较大,铰合部变化大,或具拟主齿、侧齿或无齿;卵仅在外鳃瓣中能受精发育,钩介
　　幼虫无钩 ·· 蚌科 Unionodae
4. 贝壳呈三角形,壳质坚硬;每个壳上有 2～3 枚主齿,侧齿锯齿状 ····· 蚬科 Corbiculidae
　　贝壳呈卵圆形,壳质薄;右壳 3 枚主齿、左壳 2 枚主齿,侧齿光滑 ······· 球蚬科 Sphaeriidae

3.6.2　软体动物门常见种类

3.6.2.1　腹足纲

　　(1) 圆田螺属 *Cipangopaludina*:隶属中腹足目 Mesogastropoda 田螺科 Viviparidae,俗称田螺、螺蛳,贝壳近宽圆锥形,具 6～7 个螺层,每个螺层均向外膨胀。螺旋部的高度大于壳口高度,体螺层明显膨大,壳顶尖。缝合线较深。壳面光滑无肋,呈黄褐色。壳口近卵圆形,边缘完整、薄,具有黑色框边。厣为角质的薄片,小于壳口,具有同心圆的生长纹,厣核位于内唇中央。中国各淡水水域均有分布,生活在水草茂盛的湖泊、水库、沟渠、稻田、池塘内。常见种有中国圆田螺 *Cipangopaludina chinensis*、中华圆田螺 *C. cathayensis*(图 3-15(a)、(b))。

　　(2) 环棱螺属 *Bellamya*:隶属中腹足目 Mesogastropoda 田螺科 Viviparidae,螺壳圆锥形。螺环面近于平。体环大,具旋棱。壳口卵圆形,口缘薄,上端角状,脐小。常见种有梨形环棱螺 *Bellamya purificata*(图 3-15(c))。

　　(3) 钉螺属 *Oncomelania*:隶属中腹足目 Mesogastropoda 觿螺科 Hydrobiidae,贝壳较小,

尖圆锥形,有 6~9 个螺层。壳质厚,较坚硬,壳面光滑或有粗的或细弱的纵肋,底螺层较膨大。壳面淡灰色,壳口卵圆形,具有黑色框边,外唇背侧有 1 条粗隆起的唇嵴。水陆两栖的螺类。幼体多喜欢生活在水中,成体一般喜欢生活在水线以上潮湿地带的草丛中。我国内地仅有湖北钉螺 *Oncomelania hupensis*(图 3-15(e))。

(4) 沼螺属 *Parafossarulus*:隶属中腹足目 Mesogastropoda 觽螺科 Hydrobiidae,壳高一般 10 mm 以上。壳坚厚,壳面具有螺旋纹或螺棱,壳口周缘厚,有深色框边。厣为石灰质薄片,与壳口同大小。沼螺雌雄异体,雄性交接器官位于颈部背侧。常见种有纹沼螺 *Parafossarulus striatulus*(图 3-15(g))。

(5) 萝卜螺属 *Radix*:隶属基眼目 Basommatophore 椎实螺科 Lymnaeidae,贝壳薄,卵圆形,右旋,螺旋部短小而尖,体螺层极其膨大,壳口大。分布较广,多见于稻田、池塘、湖泊沿岸、浅水的小溪以及沟渠。常见种有耳萝卜螺 *Radix auricularia*、椭圆萝卜螺 *R. Swinhoei*(图 3-16(b))。

(6) 土蜗属 *Galba*:隶属基眼目 Basommatophore 椎实螺科 Lymnaeidae,呈膨胀卵圆形。有 4~5 个螺层,皆外凸,各螺层呈阶梯状排列。螺旋部呈宽圆锥形,体螺层膨大。栖息于各种静水和缓流水域,中国各地皆见。为肝片吸虫的主要中间宿主,亦为引起皮炎的程氏鸟毕吸虫、包氏毛毕吸虫和卷棘口吸虫的中间宿主。常见种有小土蜗 *Galba pervia*(图 3-16(h))。

(7) 旋螺属 *Gyraulus*:隶属基眼目 Basommatophore 扁卷螺科 Planorbiidae,壳小,有 4~5 个螺层,体螺层在壳口附近宽度及高度增长迅速,周缘具有钝的龙骨。分布较广,多栖息于沼泽、池塘、沟渠、小溪和稻田中,常附着于水草上。常见种有白旋螺 *Gyraulus albus*、扁旋螺 *G. Compressus*(图 3-16(i),(j))。

(8) 圆扁螺属 *Hippeutis*:隶属基眼目 Basommatophore 扁卷螺科 Planorbiidae,贝壳上部可看到全部螺层,壳顶凹入。多生活于小型水体,如池塘、沼泽、稻田、小溪和沟渠中,喜多水生植物处。常见种有大脐圆扁螺 *Hippeutis umbilicalis*、尖口圆扁螺 *H. cantori*(图 3-16(l),(m))。

(9) 巴蜗牛属 *Bradybaena*:隶属柄眼目 Stylommatophore 巴蜗牛科 Bradybaenidae,陆生,分布较广,危害多种蔬菜和花草。常见种有同型巴蜗牛 *Bradybaena similaris*(图 3-17(i))、灰巴蜗牛 *B. ravida*。

(10) 华蜗牛属 *Cathaica*:隶属柄眼目 Stylommatophore 巴蜗牛科 Bradybaenidae,壳黄褐色,呈低圆锥形,体螺层有一条黄褐色带。陆生,分布全国。常见种有条华蜗牛 *Cathaica fasciola*。

(11) 野蛞蝓属 *Agriolimax*:隶属柄眼目 Stylommatophore 蛞蝓科 Limacidae,别名鼻涕虫,分布很广,常生活于山区、丘陵、农田、住宅附近以及寺庙、公园等阴暗潮湿、多腐殖质处。最喜食萌发的幼芽及幼苗,造成缺苗断垄。常见种有野蛞蝓 *Agriolimax agrestis*(图 3-17(l))。

(12) 嗜黏液蛞蝓属 *Phiolomycus*:隶属柄眼目 Stylommatophore 蛞蝓科 Limacidae,分布较广,主要危害蔬菜、花卉、草莓、农作物、食用菌等。常见种有双线嗜黏液蛞蝓 *Phiolomycus bilineatus*(图 3-17(m))。

3.6.2.2　瓣鳃纲

淡水的贻贝目 Mytiloida 贻贝科 Mytilidae 仅 1 属。

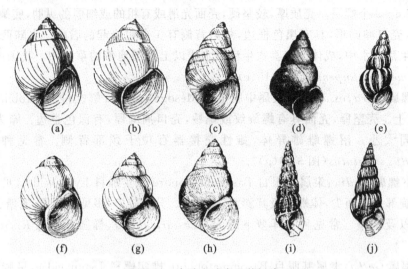

图 3-15　内陆水域常见前鳃类

(a) 中国圆田螺；(b) 中华圆田螺；(c) 梨形环棱螺；(d) 铜锈环棱螺；(e) 湖北钉螺；

(f) 赤豆螺；(g) 纹沼螺；(h) 长角涵螺；(i) 方格短沟蜷；(j) 色带短沟蜷

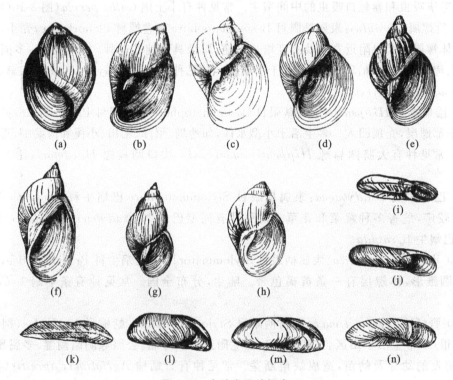

图 3-16　内陆常见肺螺类

(a) 泉膀胱螺；(b) 椭圆萝卜螺；(c) 折叠萝卜螺；(d) 卵萝卜螺；(e) 狭萝卜螺；(f) 尖萝卜螺；(g) 截口土蜗；

(h) 小土蜗；(i) 白旋螺；(j) 扁旋螺；(k) 凸旋螺；(l) 大脐圆扁螺；(m) 尖口圆扁螺；(n) 半球多脉扁螺

股蛤属 *Limnoperna*：贝壳小、质薄。以足丝附着于他物上，营固着生活。常见种有湖沼股蛤 *Limnoperna lacustris*（图 3-18(a)），又称淡水壳菜，在湖泊、河流中常大量繁殖，常密集于养鱼的竹泊上，阻碍水流。

蚌目 Unionoida（或真瓣鳃目 Eulamellibranchia）分为 2 个科，即珍珠蚌科 Margaritanidae

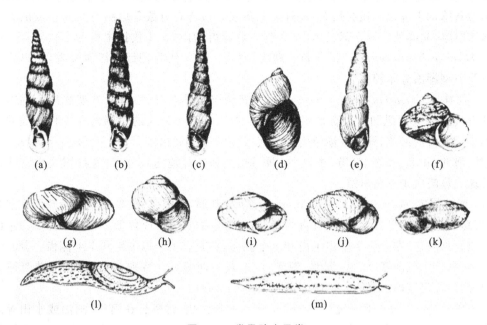

图 3-17　常见陆生贝类

(a) 大青丽管螺;(b) 尖真管螺;(c) 北碚真管螺;(d) 中国琥珀螺;(e) 四川钻螺;(f) 褐带环口螺;(g) 中华巨楯蛞蝓;

(h) 细纹灰巴蜗牛;(i) 同型巴蜗牛;(j) 假穴环肋螺;(k) 暗黑带蜗牛;(l) 野蛞蝓;(m) 双线嗜黏液蛞蝓

和蚌科 Unionodae。淡水常见经济种类如下。

(1) 珍珠蚌属 *Margarita*:珍珠蚌科 Margaritanidae,壳长卵圆形,坚厚,珍珠层发达,壳顶部刻纹常为同心圆形。铰合部有大的中央齿。无鳃水管。鳃与肛门的开口间无明显的区分。两对鳃都形成有育儿囊。钩介幼虫无钩。淡水产,主要分布在黑龙江、吉林等省,在大连的部分河段中也有一定数量的分布,能产珍珠。如珍珠蚌 *Margarita margaritifera*(图 3-18(b))。

(2) 珠蚌属 *Unio*:贝壳中等大小,壳质较薄,但坚硬,外形呈长椭圆形,长度大于高度的 2 倍,贝壳两侧不对称,壳前部短而圆,后不伸长,末端稍窄扁。背缘略弯曲,后背缘长,稍弯,后部与腹缘相连成不明显的钝角。背缘与腹缘接近平行,壳顶部大,略突出于背部,位于壳前部及壳长的 1/4~1/3 处,壳面生长线粗大,呈同心圆状。壳面呈黑褐色或黑色,幼壳多呈黄绿色、绿色或灰褐色。分布广,见于湖泊、河流、水库以及池塘沿岸带。如圆顶珠蚌 *Unio douglasiae*(图 3-18(c))。

(3) 矛蚌属 *Lanceolaria*:蚌科 Unionodae,贝壳中等大小。壳顶位于壳前端。前端短膨胀,后端延长并逐渐削尖。贝壳外形似剑状。背缘略弯,腹缘略直,中部微凹,后部向上与背缘呈尖角。壳表具短褶。生长纹细密。壳表颜色为灰绿色、褐色、灰褐色。壳内面珍珠层乳白色,具珍珠光泽。左壳具拟主齿、侧齿各 2 枚,右壳具拟主齿 2 枚,侧齿 1 枚。栖息于我国湖泊、河流及池塘的沙泥底。如剑状矛蚌 *Lanceolaria gladiola*(图 3-18(d))。

(4) 无齿蚌属 *Anodonta*:蚌科 Unionodae,无齿蚌又称河蚌,生活在淡水、湖泊、池沼、河流等水底,半埋在泥沙中,体后端的出入水管外露,水可流入、流出外套腔,借以完成摄食、呼吸、排出粪便及代谢产物等机能。河蚌滤食水中的微小生物及有机质颗粒等。如背角无齿蚌 *Anodonta woodiana woodiana*(图 3-18(e))及背圆无齿蚌 *A. woodiana pacifica* 在我国分布很广。

(5) 帆蚌属 *Hyriopsis*:蚌科 Unionodae,壳大而扁平,壳面黑色或棕褐色,厚而坚硬,长近

20 cm,后背缘向上伸出一帆状后翼,使蚌呈三角状。后背脊有数条由结节突起组成的斜行粗肋。珍珠层厚,光泽强。铰合部发达,左壳有 2 枚侧齿,右壳有 2 枚拟主齿和 1 枚侧齿。如三角帆蚌 *Hyriopsis cumingii*,广泛分布于湖南、湖北、安徽、江苏、浙江、江西等省,尤以我国洞庭湖以及中型湖泊分布较多。

(6)冠蚌属 *Cristaria*:蚌科 Unionodae,前背缘突出不明显,后背缘伸展成巨大的冠。壳后背部有一列粗大的纵肋。铰合部不发达,左、右壳各有 1 枚大的后侧齿及 1 枚细弱的前侧齿。栖息于缓流的河流、湖泊及池塘内的泥底或泥沙底。如褶纹冠蚌 *Cristaria plicata*,黑龙江、吉林、河北、山东、安徽、江苏、浙江、江西、湖北、湖南等地均有分布,为我国淡水育珠蚌之一。珍珠质量略次于三角帆蚌。

(7)丽蚌属 *Lamprotula*:蚌科 Unionodae,贝壳甚厚,壳质坚硬,外形呈长椭圆形。前端圆窄,后端扁而长,腹缘呈弧状,背缘近直线状,后背缘弯曲稍突出成角形。壳内层为乳白色的珍珠层。铰合部发达,左壳有 2 个拟主齿和 2 个侧齿,右壳有 1 个拟主齿和 1 个侧齿。分布于我国河北、安徽、江苏、浙江、江西、湖北、湖南、广东及广西等地。特别在长江中、下游流域的大型、中型湖泊及河流内产量高。如背瘤丽蚌 *Lamprotula leai*。

(8)蚬属 *Corbicula*:隶属蚬科 Corbiculidae,俗称沙蚬,常栖息在河川、湖泊或水田等淡水环境中,喜沙泥质底的环境,亦出现于河口。河蚬 *Corbicula fluminea*(图 3-18(g))为世界广布种。

(9)湖球蚬属 *Sphaerium*:隶属球蚬科 Sphaeriidae,俗名饭蚬,湖球蚬 *Sphaerium lacustre* 是中国的特有物种,常栖息于沼泽地区、水塘、沟渠、河流以及湖泊的淤泥底。

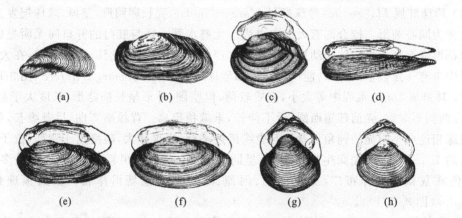

图 3-18 淡水常见瓣鳃类

(a)湖沼股蛤;(b)珍珠蚌;(c)圆顶珠蚌;(d)剑状矛蚌;(e)背角无齿蚌;(f)舟形无齿蚌;(g)河蚬;(h)刻纹蚬

3.7 节肢动物门

3.7.1 节肢动物门类检索表

3.7.1.1 鳃足纲

淡水种类有枝角目(枝角类),通常称水蚤,俗称红虫。体长 0.3~3 mm,体短而左右侧扁,分节不明显,体被有两瓣透明的介壳,大多数种类的头部有显著的黑色复眼,第二触角发达呈枝角状,胸肢 4～6 对,体末端有一爪状尾叉。

枝角目分科检索表

1. 躯干部与胸肢裸露于甲壳之外 ··· 2
   躯干部与胸肢全为甲壳所包被 ··· 3
2. 尾突比尾毛稍长,无尾爪,第一胸肢比第二胸肢稍长·············· 大眼溞科 Polyphemidae
   尾突比尾毛长得多,有尾爪,第一胸肢明显比第二胸肢长 ·········· 棘溞科 Cercopagidae
3. 胸肢 6 对,同形,均呈叶片状 ··· 4
   胸肢 5～6 对,前 2 对呈执握肢,其余各对呈叶片状 ······························· 5
4. 第二触角不分性别,均为双肢型,具多数游泳刚毛 ················· 仙达溞科 Sididae
   第二触角雌溞单肢型,只有 3 根游泳刚毛 ······························· 单肢溞科 Holopedidae
5. 第二触角内、外肢均为 3 节,肠管盘曲,其后部大多有一个盲囊 ····· 盘肠溞科 Chydoridae
   第二触角外肢 4 节、内肢 3 节,肠管大多不盘曲,其后部无盲囊 ······················ 6
6. 第一触角呈吻状尖突,不能活动,嗅毛位于靠近第一触角基部前侧 ····························
   ·· 象鼻溞科 Bosminidae
   第一触角不呈吻状尖突,嗅毛位于第一触角的末端 ····································· 7
7. 壳弧非常发达,雌溞的第一触角短小,不能活动 ····················· 溞科 Daphniidae
   壳弧不发达或缺失,雌雄两性溞的第一触角长,能活动 ····························· 8
8. 后腹部上肛刺的周缘有羽状毛,最末一个肛刺分叉 ··············· 裸腹溞科 Moinidae
   后腹部上肛刺的周缘无羽状毛,肛刺不分叉·············· 粗毛溞科 Macrothricidae

3.7.1.2　颚足纲

淡水种类有桡足亚纲,称桡足类。身体纵长,分节明显,头胸部具附肢,腹部无附肢,末端有 1 对尾叉,雄性个体头部第一触角左或右,或左右都变形为执握肢(器),雌性腹部两侧或腹面常附有卵囊。淡水浮游桡足类分为 3 个目。

淡水浮游桡足类分目检索表

1. 头胸部与腹部之间通常无明显分界。雌性个体第一触角很短,最多 8 节 ·····················
   ··· 猛水蚤目 Harpacticoida
   头胸部呈圆筒形或卵圆形,较腹部为宽,分节明显。雌性个体第一触角至少 8 节,大多数分
   节更多 ·· 2
2. 头胸部与腹部之间有一活动关节。雌性个体第一触角很长,其末端通常可接近或超过尾叉
   的末端。雄性个体第一右触角变为执握肢 ····························· 哲水蚤目 Calanoida
   头胸部的第 4、5 胸节之间有一活动关节。雌性个体第一触角最多为 17 节,较头胸部为短。
   雄性个体第一触角左、右均形成执握肢 ····························· 剑水蚤目 Cyclopoida

3.7.1.3　软甲纲 Malacostraca

分布于内陆的软甲纲类群主要包括等足目的鼠妇类(陆地)和十足目的淡水虾类、蟹类。

淡水十足目有真虾下目两科(匙指虾科 Atyidae 和长臂虾科 Palaemonidae)、螯虾下目一科(螯虾科 Astacidae)、短尾下目两科(溪蟹科 Potamidae 和方蟹科 Grapsidae)。

淡水十足目真虾下目分科属检索表

1. 前两对步足钳之指略呈匙状,末端具丛毛;大颚无触须,切齿部和臼齿部间不完全裂开 ……
…………………………………………………………………… 匙指虾科 Atyidae

2. 前两对步足钳之指不呈匙状,末端也不具丛毛;大颚触须有或无,切臼齿深深分离 ………
…………………………………………………………………… 3 长臂虾科 Palaemonidae

3. 头胸甲有肝刺,无鳃甲刺 …………………………………………… 沼虾属 *Macrobranchium*
头胸甲无肝刺,具鳃甲刺;大颚有触须 ……………………………… 白虾属 *Exopalaemon*

淡水十足目短尾下目分科属检索表

1. 头胸甲呈四方形,两侧缘平行;海、淡水产 ………………………… 方蟹科 Grapsidae

2. 头胸甲略呈方圆形,两侧缘不平行;淡水产 ……………………… 3 溪蟹科 Potamidae

3. 第四、五胸甲缝内端之间的距离,小于腹锁突之间距离的1/3;雄性第一腹肢末节多呈三角
形锥状 …………………………………………………………………… 溪蟹属 *Potamon*
第四、五胸甲缝内端之间的距离,约为腹锁突之间距离的1/3;雄性第一腹肢末节圆钝、钝
或凹入 …………………………………………………………… 华溪蟹属 *Sinopotamon*

3.7.1.4 蛛形纲 Arachnida

蛛形纲常见目检索表

1. 腹部通常不分节,或分节不明显 …………………………………………………… 2
腹部明显分节 …………………………………………………………………………… 3

2. 头胸部与腹部间以细的腹柄相连;腹末具纺器 …………………… 蜘蛛目 Araneida
头胸部与腹部愈合,身体由颚体和躯干部组成;体微小 ………… 蜱螨目 Acarina

3. 步足通常数倍于体长;螯肢钳状,触肢末端非钳状 …………… 盲蛛目 Phalangida
步足短;螯肢和触肢的末端均呈钳状 ………………………………………………… 4

4. 腹部具长圆柱状的后腹部,尾的末端具蜇刺 …………………… 蝎目 Scorpionida
腹部无后腹部,无尾、无蜇刺 ………………………………… 伪蝎目 Pseudoscorpionida

蜘蛛目常见科的分类检索表

1. 螯肢上的螯爪(并列着生)上下活动,前端有螯耙(密生小刺);8眼密集一丘;常栖浅土中
…………………………………………………………………… 螳蟹科 Ctenizidae
螯肢上的螯爪(相对着生)左右活动,无螯耙;8眼一般分开;结网或游猎 …………… 2

2. 步足3爪 ………………………………………………………………………………… 3
步足2爪 ………………………………………………………………………………… 8

3. 腹部末端纺器为圆锥形,密集成一丛;腹部都有各色斑纹;一般结圆形网,且与地面垂直布
网 ……………………………………………………………………… 圆蛛科 Araneidae
6个纺器彼此散列,呈圆筒状,不密集成丛 ………………………………………… 4

4. 螯肢特别发达且呈长形;齿堤上的齿多而强;体型一般细长,足更细长 ………………
…………………………………………………………………… 肖蛸科 Tetragnathidae
螯肢正常;齿堤齿一般;体型多样,足不显细长,网型不一 ……………………… 5

5. 第4对步足跗节的腹面有毛梳(1行弯曲的毛);螯肢后齿堤上无齿;8眼的前中眼黑色,余
为白色 ………………………………………………………………… 球蛛科 Theridiidae

　　第 4 对步足跗节上无毛梳；螯肢前后齿堤上均有齿 ································ 6

6. 8 个单眼排成 4 列，前中眼较小，其他 6 眼显大，排成六角形；腹末端尖削 ·················
　　·· 猫蛛科 Oxyopidae
　　8 个单眼排成 2～3 列；腹末端不显尖削而钝圆 ································· 7

7. 8 眼排列成 2 列，结漏斗形密网（网中有孔），后纺器 2 节较长 ······· 漏斗蛛科 Agelenidae
　　8 眼排成 3 列，前列眼均小，后 2 列眼大，均为黑色，游猎不结网 ····· 狼蛛科 Lycosidae

8. 步足左右伸展，似蟹状，前 2 对足粗而长，后 2 对足细而短，可横行或后退·················
　　·· 蟹蛛科 Thomisidae
　　步足前后伸展（2 个稍长的前纺器相互靠近或接触，不明显分开） ················· 9

9. 8 眼排列成 3 列，均为黑色，前中眼较大、着生于头前似车灯状，游猎不结网 ···········
　　·· 跳蛛科 Salticidae
　　8 眼排列成 2 列，均为白色，前中眼正常，产卵时常用蛛丝卷叶成粽状 ············
　　··· 管巢蛛科 Clubionidae

3.7.1.5　多足亚门

　　常见多足类可分为唇足纲 Chilopoda、倍足纲 Diplopoda 和综合纲 Symphyla。

多足类分纲科的分类检索表

1. 每体节有足 1 对 ·· 2
　　每体节有足 2 对 ·· 倍足纲 Diplopoda

2. 气门每体节 1 对；第 1 节步足粗大，末端为毒爪 ·········· 唇足纲 Chilopoda
　　气门仅 1 对，位于头部两侧；第 1 节步足正常，末端无毒爪 ······· 综合纲 Symphyla（幺蚣）

唇足纲常见目的分类检索表

1. 气门不成对，位于背面；足和触角特长 ·················· 蚰蜒目 Scutigeromorpha
　　气门成对，位于侧面；足和触角正常 ·· 2

2. 成体有步足 15 对 ·· 石蜈蚣目 Lithobiomorpha
　　成体有步足 21 对以上 ·· 3

3. 21 或 23 对步足和有足体节；体型较大，有眼 ············ 蜈蚣目 Scolopendromorpha
　　27～191 对步足和有足体节；身体细长，无眼 ·············· 地蜈蚣目 Geophilomorpha

3.7.2　节肢动物门常见种类

3.7.2.1　鳃足纲

　　内陆主要为枝角目 Cladocera，俗称枝角类。

　　（1）溞属 *Daphnia*：隶属溞科 Daphniidae，体呈卵圆形，尾爪凹面无栉状刺列。头大，吻长而尖，嗅毛束不超过吻尖。壳瓣腹缘曲弧，后端有发达的壳刺。常见种有：大型溞 *Daphnia magna*、长刺溞 *D. longispina*、蚤状溞 *D. pulex*（图 3-19(a)～(c)）。

　　（2）船卵溞属 *Scapholeberis*：隶属溞科 Daphniidae，吻短而钝，壳瓣腹缘平直，后腹角有刺。广温性种，国内广泛分布，常漂浮于大型水域如湖泊、水库、河流的沿岸以及池沼、水坑和稻田等浅小水域的表面。如平突船卵溞 *Scapholeberis mucronata*（图 3-19(d)）。

　　（3）低额溞属 *Simocephalus*：隶属溞科 Daphniidae，体呈卵圆形，前狭后宽。头小而低垂，吻短小。后腹部宽阔，无壳刺。如老年低额溞 *Simocephalus vetulus*（图 3-19（e））。

（4）网纹溞属 *Ceriodaphnia*：隶属溞科 Daphniidae，体呈椭圆形，无吻。壳瓣具多角形网纹。瓣壳后背角稍突出成一短角刺。分布较广，以稻田、水沟、坑塘中更常见。如角突网纹溞 *Ceriodaphnia cornuta*（图 3-19（f））。

（5）象鼻溞属 *Bosmina*：隶属象鼻溞科 *Bosminidae*，第一触角基部不并合，第二触角内肢 3 节，外肢 4 节。无颈沟。常见种有长额象鼻溞 *Bosmina longirostris*、简弧象鼻溞 *B. coregoni*（图 3-19（g）、（h））。

（6）基合溞属 *Bosminopsis*：隶属象鼻溞科，第一触角基部并合，第二触角内肢、外肢均为 3 节。有颈沟。如颈沟基合溞 *Bosminopsis deitersi*（图 3-19（i））。

（7）顶冠溞属 *Acroperus*：隶属盘肠溞科 Chydoridae，体很侧扁，长卵形或近长方形。头部与背部都有隆脊。后腹部稍宽而直，十分侧扁，背缘无肛刺。分布较广，湖泊和河流的沿岸最为常见。如镰形顶冠溞 *Acroperus harpae*（图 3-19（j））。

（8）尖额溞属 *Alona*：隶属盘肠溞科 Chydoridae，体侧扁，长度明显大于高度。吻短而钝，壳瓣后缘较高，超过最大壳高的一半。种类多，分布广。多生活于湖泊近岸草丛、池塘或沟渠中。常见种有方形尖额溞 *Alona quadrongularia*（图 3-19（k））、矩形尖额溞 *A. rectangula*。

（9）盘肠溞属 *Chydornus*：隶属盘肠溞科 Chydoridae，体近圆形，长度与高度略等；爪刺 2 个，内侧 1 个，极小。在小的浅水域中较常见，湖泊或水库的沿岸区也有。常见种有卵形盘肠溞 *Chydornus ovalis*（图 3-19（l））、圆形盘肠溞 *C. sphaericus*。

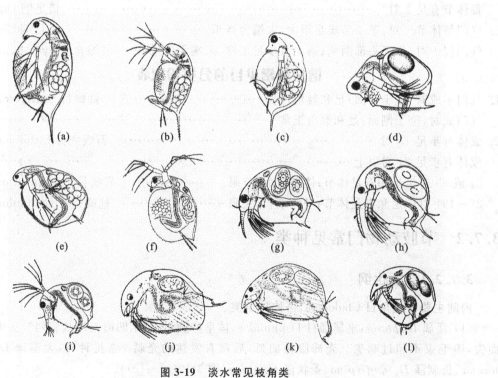

图 3-19　淡水常见枝角类

（a）大型溞；（b）长刺溞；（c）蚤状溞；（d）平突船卵溞；（e）老年低额溞；（f）角突网纹溞；
（g）长额象鼻溞；（h）简弧象鼻溞；（i）颈沟基合溞；（j）镰形顶冠溞；（k）方形尖额溞；（l）卵形盘肠溞

3.7.2.2　颚足纲

(1) 许水蚤属 *Schmackeria*：隶属哲水蚤目 Calanoida 伪镖水蚤科 Pseudodiaptomidae。胸部后侧角钝圆，常有数根刺毛。雌性第 5 对胸足第 3 节较短。最末端的棘刺长而锐；雄体也单肢型，不对称，左侧底节内缘向后方伸出一长而弯的腿状突起，淡水，半咸水均有分布。如球状许水蚤 *S. Forbesi*（图 3-20(a)），生活于淡水湖泊，池塘和江河中、上层水中，国内广泛分布。

(2) 蒙镖水蚤属 *Mongolodiaptomus*：隶属哲水蚤目 Calanoida 镖水蚤科 Diaptomidae。雌、雄性的第 5 对胸足非游泳型。雌性第 5 对胸足双肢型，内肢不发达，1 或 2 节。雄性第 5 对胸足左右不同形。右足较短小，末端有钳板和钳刺；右足强大，末端有一长的钩状刺。如锥肢蒙镖水蚤 *M. birulai*（图 3-20(b)）是中国的特有物种。常栖息于湖泊的敞水带及近岸，亦生活于池塘内和河口咸淡水中，国内分布较广泛。

(3) 华哲水蚤属 *Sinocalanus*：隶属哲水蚤目 Calanoida 胸刺水蚤科 Centropagidae。头胸部窄而长，胸部后侧角不扩展，左右对称，顶端具 1 个小刺。腹部雌性 4 节，雄性 5 节，尾叉细长。常见种有汤匙华哲水蚤 *Sinocalanus dorrii*（图 3-20(c)）、细巧华哲水蚤 *S. Tenellus*，广泛分布于中国东北和华中各省。

(4) 大剑水蚤属 *Macrocyclops*：隶属剑水蚤目 Cyclopoida 剑水蚤科 Cyclopidae。小型甲壳动物。身体纵长，体节分明。头胸部较腹部为宽。头部靠近头顶有一中眼。如白色大剑水蚤 *Macrocyclops albidus*（图 3-20(d)），国内分布广泛。

(5) 拟剑水蚤属 *Paracyclops*：第 1 触角分 11 节，尾叉的长度不超过宽度的 3 倍，第 5 胸足的内刺为节本部的 3～4 倍。常见种有毛饰拟剑水蚤 *Paracyclops fimbriatus*（图 3-20(e)）、近亲拟剑水蚤 *P. Affinis*。栖息于各种类型水域沿岸带的水草中。分布于广东、福建、云南、江西、山东、黑龙江、新疆等地。

(6) 剑水蚤属 *Cyclops*：隶属剑水蚤目 Cyclopoidea 剑水蚤科 Cyclopidae。雌性体长一般在 1.5 mm 左右。头胸部卵圆形，胸部 5 自由节，腹部细长，4 节分界明显。尾叉的背面有纵行隆线，内缘有 1 列刚毛。浮游生活，分布于池塘、湖泊等水域，国内分布广泛。常见种有英勇剑水蚤 *Cyclops strenuus*、近邻剑水蚤 *C. vicinus*（图 3-20(f)）。

(7) 异足猛水蚤属 *Canthocamptus*：隶属猛水蚤目异足猛水蚤科 Canthocamptidae。体形粗壮，呈圆柱形，头胸部与腹部分界不明。腹部各节向后趋窄。如沟渠异足猛水蚤 *Canthocamptus staphylinus*、小渠异足猛水蚤 *C. microstaphylinus*（图 3-20(g)、(h)）（分布于新疆）等。

(8) 湖角猛水蚤属 *Limnocletodes*：隶属猛水蚤目短角猛水蚤科 Cletodidae。体形窄长，头呈圆方形，4～5 胸节两侧向后延伸呈角状，生殖节 2 节，长方形。如鱼饵湖角猛水蚤 *L. Behningi*（图 3-20(i)），我国分布较广泛，一般在通海的河口淡水中。

3.7.2.3　软甲纲

(1) 鼠妇属 *Armadillidium*：俗称潮虫，隶属等足目潮虫科。体多呈长卵形，为甲壳动物中唯一完全适应于陆地生活的动物，从海边一直到海拔 5000 m 左右的高地都有它们的分布。翻动花园或庭院中的花盆、砖块或石块，常常会看到一些身体稍扁、长椭圆形、灰褐色或黑色的小动物在爬动，它们总在阴暗的角落里生活，在光线明亮的地方很少看到。常见种：鼠妇 *Armadillidium vulgare*。

(2) 新米虾属 *Neocaridina*：又名草虾，隶属十足目 Decapoda 匙指虾科 Atyidae。个体很

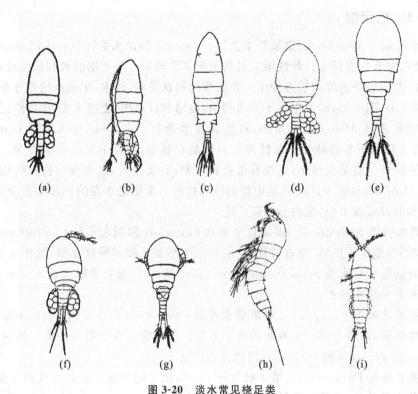

图 3-20　淡水常见桡足类

(a) 球状许水蚤；(b) 锥肢蒙镖水蚤；(c) 汤匙华哲水蚤；(d) 白色大剑水蚤；(e) 毛饰拟剑水蚤；
(f) 近邻剑水蚤；(g) 沟渠异足猛水蚤；(h) 小渠异足猛水蚤；(i) 鱼饵湖角猛水蚤

小,体长仅 2.5 cm 左右。全身墨绿色,背面中央有一道不规则的棕色斑纹。生活于淡水池沼的水草间,各地均产,秋季产量最多。此虾产量大,有一定的经济价值。鲜食一般挂糊油炸,煮熟后加工成小虾米,亦称湖米。常见种:中华新米虾 *Neocaridina denticulata sinensis*(图 3-21(a))。

(3) 白虾属 *Exopalaemon*:隶属十足目 Decapoda 长臂虾科 Palaemonidae,体色透明,常带棕色红点。额角末端无附加齿,基部的鸡冠部长于末端的细尖部。重要淡水经济虾类,生活于湖泊和河流中。常见种:秀丽白虾 *Exopalaemon modestus*。

(4) 沼虾属 *Macrobranchium*:隶属十足目 Decapoda 长臂虾科 Palaemonidae,体青绿色,大个体的雄性其第二步足两指常覆以硬毛。常见种:日本沼虾 *Macrobranchium nipponense*(图 3-21(b)),又称青虾、河虾,广泛分布于我国江河、湖泊、水库和池塘中,是优质的淡水虾类。它肉质细嫩,味道鲜美,营养丰富,是高蛋白低脂肪的水产食品。

(5) 螯虾属 *Procambarus*:隶属十足目 Decapoda 螯虾科 Astacidae,体呈圆筒形,血红色,甲壳坚厚,头胸甲稍侧扁。第一对步足特别粗大,胸部末节不具侧鳃。常见种:克氏原螯虾 *Procambarus clarkii*(图 3-21(c)),又称红螯虾、淡水小龙虾,原产北美,由日本人移入我国养殖。常在堤岸边筑洞生活,可较长时间离开水体不死亡。

(6) 绒螯蟹属 *Eriocheir*:隶属十足目 Decapoda 方蟹科 Grapsidae,体分头胸部和腹部,头胸甲特别发达,略呈圆形或椭圆形,其前缘和两侧有 4 个小齿。腹部较退化,折叠于头胸部的腹面,称蟹脐,雄蟹的呈三角形,雌蟹的呈圆形。肛门开口于腹部末端。颚足组成口器,第一对步足较大,呈钳状,其上长有绒毛;其余步足扁平,末端呈爪状。常见种:中华绒螯蟹

Eriocheir sinensis(图 3-21(d)),又称河蟹、大闸蟹,为我国著名的淡水蟹类。

(7) 华溪蟹属 *Sinopotamon*:隶属十足目 Decapoda 溪蟹科 Potamidae,终生栖于淡水,分布于长江南北各省。大多在山溪石下或溪岸两旁的水草丛和泥沙间,有些也穴居于河、湖、沟渠岸边的洞穴里。它们并不长久埋浸在水里,而是在水边或潮湿处营半陆栖生活。溪蟹是人体肺吸虫的主要第二中间宿主,不宜生食。常见种:长江华溪蟹 *Sinopotamon yangtsekiense*(图 3-21(e))。

(8) 溪蟹属 *Potamon*:隶属十足目 Decapoda 溪蟹科 Potamidae。头胸甲略呈方圆形,长 10～40 mm,宽 15～50 mm,外形与一般方蟹类相似,终生栖于淡水。常见种:锯齿溪蟹 *Potamon denticulatus*(图 3-21(f))。

(9) 相手蟹属 *Sesarma*:隶属十足目 Decapoda 相手蟹科 Sesarmidae,侧缘具光滑隆线,无齿。常见种:无齿相手蟹 *Sesarma dehaani*,俗称螃,生活于河流泥滩上,穴居河岸或田埂,分布于辽东半岛、江苏、福建、台湾、广东等地。

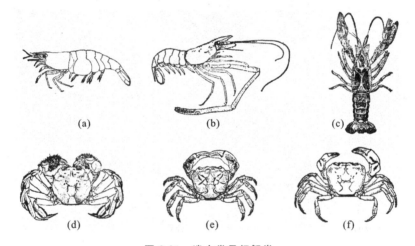

图 3-21　淡水常见虾蟹类

(a) 中华新米虾;(b) 日本沼虾;(c) 克氏原螯虾;(d) 中华绒螯蟹;(e) 长江华溪蟹;(f) 锯齿溪蟹

3.7.2.4　蛛形纲

蛛形纲常见的类群主要是蜘蛛目,截至 2010 年,全世界已知约 42055 种(110 科 3281 属),我国约 3600 种(67 科)。

中纺亚目:节板蛛科

后纺亚目:
{
原蛛下目:螲蟷科,地蛛科,异纺蛛科,线蛛科,捕鸟蛛科等

新蛛下目:跳蛛科,暗蛛科,皿蛛科,遁蛛科,圆蛛科,球蛛科,漏斗蛛科,狼蛛科,微蛛科,球腹蛛科,蟹蛛科,管巢蛛科,肖蛸科等
}

(1) 圆蛛属 *Aranea*:隶属圆蛛科 Araneidae。头胸部有复眼无单眼,有四对步足,附肢内有剧毒。体长 2～60 mm。圆蛛结圆网捕食昆虫,视力弱,依靠网上丝的震动和张力确定食物在网上的位置。常见种有大腹圆蛛 *Aranea ventricosus*、十字圆蛛 *A. diadematus*。

(2) 金蛛属 *Argiope*:隶属圆蛛科 Araneidae。较大型,通常呈颜色鲜艳的蜘蛛,蛛网差不多是隐形的,但隐带却呈可见的纯白色,有时是呈交叉形或三字形。广泛分布在世界各地,大部分温带或气候温暖的地区都有。常见种有悦目金蛛 *Argiope amoena*。

(3) 拉土蛛属 *Latouchia*:隶属螲蟷科 Ctenizidae,常见种有典型拉土蛛 *Latouchia typica*

（分布于河南）、湖南拉土蛛 *L. hunanensis*（分布于湖南）、巴氏拉土蛛 *L. pavlovi*（分布于山东、陕西、河南）。

（4）漏斗蛛属 *Pardosa*：隶属漏斗蛛科 Agelenidae，喜欢藏身于阴暗、潮湿、凉爽的地方，如岩石下面、腐烂的树叶堆下面、圆木的裂缝中、丛林背阴的角落里。常见种有森林漏斗蛛 *Pardosa laura*（图 3-22(c)）。

图 3-22　地表常见蜘蛛
(a) 中华宋蛛；(b) 湖南大疣蛛；(c) 森林漏斗蛛；(d) 沟渠豹蛛；(e) 三门近狂蛛；
(f) 广褛网蛛；(g) 亚洲长纺蛛；(h) 白额巨蟹蛛

（5）豹蛛属 *Pardosa*：隶属狼蛛科 Lycosidae，常见种有沟渠豹蛛 *Pardosa laura*（图 3-22(d)），游猎于地面，为长江流域和黄河流域棉区发生数量较多的一种蜘蛛。

（6）巨蟹蛛属 *Heteropoda*：隶属蟹蛛科 Thomisidae，常见种有白额巨蟹蛛 *Heteropoda venatoria*（图 3-22(h)）、狩猎巨蟹蛛 *H. venatoria*（分布于四川、广东、安徽、浙江、台湾、湖北、湖南、江西）。

（7）丽蛛属 *Chrysso*：隶属球蛛科 Theridiidae，常见种有闪光丽蛛 *Chrysso scintillans*（图 3-23(g)）、王氏丽蛛 *C. wangi*（分布于陕西等地）。

（8）银斑蛛属 *Argyrodes*：隶属球蛛科 Theridiidae，常见种有拟红银斑蛛 *Argyrodes miltosus*（图 3-23(h)），分布于湖北、浙江、湖南。

（9）银鳞蛛属 *Leucauge*：隶属肖蛸科 Tetragnathidae，常见种有西里银鳞蛛 *Leucauge celebesiana*（图 3-24(a)）、大银鳞蛛 *L. Magnifica*（分布广泛，在稻田、溪流旁的植物间以及灌木丛间结大型水平或稍倾斜的圆网）。

（10）后鳞蛛属 *Metleucauge*：隶属肖蛸科 Tetragnathidae，常见种有佐贺后鳞蛛

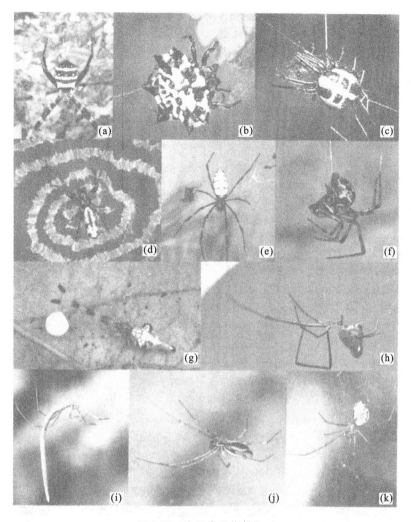

图 3-23　空间常见蜘蛛(一)

(a) 悦目金蛛；(b) 库氏棘腹蛛；(c) 山地亮腹蛛；(d) 长腹艾蛛；(e) 棒络新妇；(f) 温室拟肥腹蛛；

(g) 闪光丽蛛；(h) 拟红银斑蛛；(i) 蚓腹阿里蛛；(j) 卡氏盖蛛；(k) 明显盖蛛

Metleucauge kompirensis(图 3-24(b))，生活在 2500 m 以下的山区。

(11) 肖蛸属 *Tetragnatha*：隶属肖蛸科 Tetragnathidae，常见种有华丽肖蛸 *Tetragnatha nitens*、锥腹肖蛸 *T. maxillosa*(图 3-24(c)、(d))，分布广泛，多在棉株间结网。

(12) 拟肥腹蛛属 *Parasteatoda*：隶属球蛛科 Theridiidae，结不规则状小网。常见种有温室拟肥腹蛛 *Parasteatoda tepidariorum*。

(13) 猫蛛属 *Oxyopes*：隶属猫蛛科 Oxyopidae，常见种有斜纹猫蛛 *Oxyopes sertatus*。

(14) 管巢蛛属 *Clubiona*：隶属管巢蛛科 Clubionidae。常见种有：棕管巢蛛 *Clubiona japonicola*(图 3-24(k))，分布广泛，游猎性，行动敏捷，以蛛丝在棉叶上结船棚式丝巢；斑管巢蛛 *C. reichlini*，分布广泛，主要生活于多种农田以及桔园。

3.7.2.5　唇足纲 Chilopoda

(1) 蜈蚣属 *Scolopendra*(图 3-25(a))：隶属蜈蚣目 Scolopendromorpha。体长 100～130 mm，红头、绿身、黄足。体扁平，常由 22 节组成，分为头部及躯干部。躯干部第 1 节具附肢 2

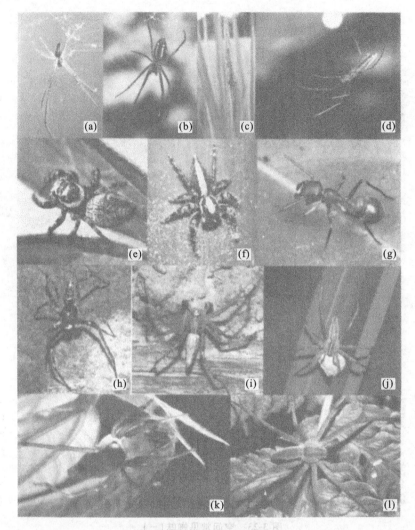

图 3-24　空间常见蜘蛛(二)

(a) 西里银鳞蛛;(b) 佐贺后鳞蛛;(c) 华丽肖蛸;(d) 锥腹肖蛸;(e) 白斑猎蛛;(f) 粗脚盘蛛;
(g) 蚁蛛;(h) 普氏散蛛;(i) 拟斜纹猫蛛;(j) 驼盗蛛;(k) 棕管巢蛛;(l) 赤条狡蛛

对,其余各节具附肢 1 对;第 1 对附肢基部愈合,末节变为毒爪,附肢内有毒腺。

常见种:少棘蜈蚣 *Scolopendra mutilans*,别名金头蜈蚣,喜居于潮湿阴暗的处所,多栖息在腐木、石隙间和阴湿的草地等处,少棘蜈蚣多以其他节肢动物为食。

(2) 石蜈蚣属 *Lithobius*(图 3-25(b)):隶属石蜈蚣目 Lithobiomorpha,体粗短,长 30~40 mm,体呈灰褐色或黄褐色,步足 14 对。

(3) 地蜈蚣属 *Geophilus*(图 3-25(c)):隶属地蜈蚣目 Geophilomorpha,体细长,长 40~80 mm,整体呈黄色,步足 38~40 对。

(4) 蚰蜒属 *Thereuonema*(图 3-25(f)):隶属蚰蜒目 Scutigeromorpha 蚰蜒科。体短而扁,灰白色或棕黄色,全身分 15 节,每节有一对细长的足,最后一对足特长。气门在背中央,足易脱落,触角长,毒颚很大,行动敏捷。多生活在房屋内外的阴暗潮湿处,捕食蚊、蛾等小动物,有益。国内常见的为花蚰蜒 *Thereuonema tuberculata*、大蚰蜒 *T. cluni fera*。

3.7.2.6　倍足纲 Diplopoda

（1）直形马陆属 *Asiomorpha*：隶属奇马陆科，体型较小，成虫的体长约 3 cm，身体呈背腹扁平的形状，身体的背板为黑色，每个体节两边各有一鲜黄色的斑块。常见种有粗直形马陆 *Asiomorpha coarctata*。

（2）酸马陆属 *Oxidus*：隶属圆马陆科，体纵长，身体能略做 C 形弯曲；体长 20 mm 左右，体色黑褐色，有黄斑。常见种有雅丽带酸马陆 *Oxidus gracilis*。

（3）巨马陆属 *Prospirobolus*：隶属圆马陆科，体纵长，身体能略做 C 形弯曲；体圆柱形，黑褐色，表面光滑。一般体长在 120 mm 左右。多栖于阴湿地区，食草根及腐败的植物，触之则蜷缩不动，并放出恶臭。国内大部地区均有分布。常见种有约安巨马陆 *Prospirobolus joannsi*。

（4）球马陆属 *Oniscus*：隶属球马陆科 Glomeridae，体粗而短，体长不超过 30 mm，触之能卷曲成圆球状。

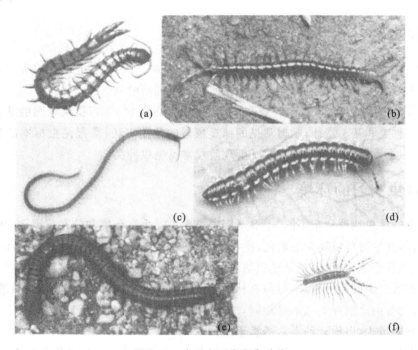

图 3-25　常见多足类代表动物

（a）蜈蚣；（b）石蜈蚣；（c）地蜈蚣；（d）粗直形马陆；（e）约安巨马陆；（f）蚰蜒

拓展与提高

1. 就当地淡水浮游生物资源进行调查，撰写论文。
2. 就当地天敌蛛形纲动物资源进行调查，撰写论文。
3. 就当地软体动物资源进行调查，撰写论文。

第4章 昆虫实习

4.1 昆虫实习的基础知识

4.1.1 昆虫实习的目的要求

(1) 目的：昆虫实习是继"普通动物学"课程理论教学完成后，集中进行的实践教学环节，达到进一步锻炼学生的实践能力，加深对课堂所学知识理解的目的。

(2) 要求：掌握野外实地观察、调查和采集昆虫标本的方法；学习昆虫绘图的基本方法；掌握常见昆虫的种类和基本特征；掌握常见的捕捉仪器的使用方法；掌握昆虫标本的整理、鉴定方法，识别昆虫纲常见的目、科、属、种，了解现阶段常见昆虫种类。

4.1.2 昆虫实习的环境

不同种类的昆虫地理分布不同，了解不同种类昆虫的生态环境和分布范围，有利于昆虫实习。一般来说，在生态环境复杂的地区，昆虫的种类也较丰富。水、空气、森林、高山、草原、戈壁、沙漠、市区、牲畜棚、仓库等都是昆虫栖居的理想场所，土壤、石块、木材堆、动物尸体下亦为昆虫生存的地方。山区和平原、草原与森林的昆虫种类截然不同，即使是同一山麓带的南坡或北坡，坡地与沟谷的昆虫种类也不尽相同，常能反映山坡的区系性质及昆虫垂直分布的变化。高山上昆虫种类虽少，但稀有种类常栖息于山顶。

在闭塞的环境内，昆虫种类处于长期稳定状态，生活着代表该地区的原始种类。在大面积的森林，纵深与外围的昆虫种类也有明显的区别。

昆虫由于种类不同，所生存的环境也不相同，所以，在这个环境中可以采到某些昆虫，在另一种环境下，可以采到另一类昆虫，更多地了解一些昆虫及其栖居环境，了解、熟悉和掌握各种昆虫的生态环境、分布范围，是采集标本的前提。如作为昆虫种类及分布的调查采集，不但要采集到数量较多的个体而且要考虑到不同地区及各种环境的代表性。作为区系调查采集应考虑到采集区的自然条件、气候、植被类型及分布和地理特点等，必要时还应依据上述要求将要采集的范围分区设点。采集地点因昆虫种类及习性不同而有所区别。田间、果园、菜园的作物上，杂草、石块、仓库、森林、高山、戈壁、土中等都可采到不同种类的昆虫。

(1) 植栖性昆虫：大多以植物为食，但是各种昆虫都有其偏爱的食物，因此，多种植物丛生的环境，是昆虫栖息的好场所。一种植物就可能有多种昆虫危害。因此，凡有植物生长的地方,就会有昆虫生存。在这种环境下采集时,就应观察植物枝干有无枯萎,有无枯心白穗,有无卷叶、缀叶等现象,枝叶上有无畸形、变色、生斑,叶片上有无残缺破洞、有无虫瘿,果实种子有无蛀食痕迹,地上有无昆虫粪便,枝叶上有无刺吸式口器昆虫排泄的蜜露等。

(2)地栖性或土栖性昆虫:除寄生性昆虫和幼虫期完全水生的襀翅目、蜉蝣目、蜻蜓目昆虫外,几乎所有昆虫中的各目都生活在地面或土中,不过只限于不同种类的不同虫态。有些种类也可在同一物体下同时生活着几个虫态。地面的环境是极其广阔复杂的,尤其是石块、砖头下等较潮湿的环境最易于多种昆虫栖息,鳞翅目昆虫的蛹、芫菁的幼虫、蝉的若虫、多种直翅目昆虫的卵,以及蝼蛄的各个虫态都栖息于土中。土居的蚜虫和介壳虫则生活在植物根部或基部。在蚁巢中可生存多种共栖昆虫。

(3)寄生性昆虫:有许多昆虫寄生在动物和人体上,吸食血液,如虱目,或嚼食其皮毛,如食毛目,另外,双翅目、鞘翅目及半翅目中的少数种类,也寄生在动物体外或动物体内。就昆虫本身也有许多寄生性或捕食性种类,所以,可以把一种昆虫作为另一些种类昆虫的指示动物,例如,有蚜虫的地方就有蚂蚁、寄生虫、瓢虫、食蚜蝇、蚜狮、寄生蜂等昆虫。

(4)水生性昆虫:水域也是多种昆虫的生活场所。鞘翅目的龙虱、水龟虫、鼓豆甲,半翅目的划蝽、仰蝽、负子蝽,以及蜻蜓目、毛翅目、广翅目、襀翅目昆虫的幼虫都生活在水中。

(5)腐生性昆虫:有些双翅目的蝇类喜欢在垃圾及各种腐烂物质场所产卵繁殖。如有的在枯枝落叶、动物的粪便、尸体下面的腐烂物质中生活。也有的在朽木、树皮下和树洞中栖居,如大多数鞘翅目昆虫。

4.1.3　昆虫实习需要的仪器、用具和药品

4.1.3.1　采集昆虫的工具

1.捕虫网

用来捕捉飞行迅速、善于跳跃和在水中游动的昆虫的网,通称捕虫网(图 4-1)。根据不同昆虫的习性和生活环境,而需使用不同的捕虫网。捕虫网一般可区分为捕网、扫网和水网三种类型。

(1)捕网:制作时先用粗铅丝弯成一个直径约35 cm 的网圈,两端折成直角固定在网柄上。网袋宜用细眼的珠罗纱或尼龙纱,白色或淡绿色都可以,但不能用深颜色的。网袋材料的细密要看采集的对象,飞行快的一定要用稀的网袋,才易通风;采集微小的昆虫一定要用密的网袋;采集蝶、蛾则要用柔软的网袋。

(2)扫网:专门用来在草丛中扫捕的网。网袋一般用白布或亚麻布制作,网圈要粗些,网柄要短(约50 cm)而粗。扫网是网底开口,用时将绳扎住,扫捕以后再打开网底以便倒出网底采集物。

(3)水网:用于捕捉在水中生活的昆虫。一般用细铜纱或铅纱制作,也有用易渗水的布制成的。网浅而小。

图 4-1　捕虫网

2．采集箱

采集箱可分为幼虫活体采集箱（包括幼虫采集盒）和保存标本的采集箱（图4-2）。幼虫活体采集箱是用木材做成一个长 31.1 cm、宽 20.1 cm、高 21.5 cm 的长方形木箱，木箱中间用铁纱隔成 12 个大小不同的方格，每个小方格向外的一面有一个可外开的小门，箱框间有排钩。上面 6 个方格的上方各留一小洞，采集时可把善于跳跃的昆虫从此洞口放入，并塞好木塞。这种采集箱是用来携带准备采回继续进行饲养观察的活虫体，不但箱内空气流通，并能放入路途中昆虫所需的大量饲料，且虫体不致损伤，容易成活。幼虫采集盒是一种小型采集盒，可用铁皮或铝做成，盒盖上装一块透气的铜纱和一个带孔的活盖，为便于携带，可设计成大小不同的几个，做成一套，依次套叠起来。

3．昆虫针

昆虫针是固定昆虫的必备之物（图4-3）。由不锈钢制成，再用细铜丝做针帽，便于操作。昆虫针有数种型号，可根据虫体大小分别选用。通用的昆虫针有 7 种，即 00、0、1、2、3、4、5 号。00 至 5 号针的长度为 3～9 mm，00 号针最细，5 号针最粗。另外还有一种没有针帽且很细的短针，称之为微针，可用来制作微小型昆虫标本，把它插在小木块或小纸卡片上，故又名二重针。其中以直径为 0.6 mm 的 3 号针最为常用。

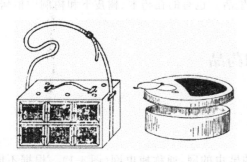

图 4-2　采集箱

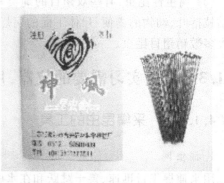

图 4-3　昆虫针

4．毒瓶

毒瓶是用来迅速杀死昆虫的，一般是由具塞玻璃瓶做成的。要求大小适中，塞子要能够轻便开启。毒瓶内的药品一般是乙酸乙酯。先在瓶底放一块浸有乙酸乙酯的圆形棉花块，上放一张圆形滤纸。

5．展翅板

展翅板是制作双翅目、鳞翅目、蜻蜓目昆虫的必备工具（图4-4）。一般用质地较软的松木制成。主要由两块横档和两块面板构成。面板长 30 cm，宽 10 cm。其中一块面板的两端固定在横档（高 2 cm）上；另一块可以在横档上活动，以便按虫体大小调节两板之间的距离。两块面板的左右两边（宽边 1.8 cm，窄边 1.3 cm）略作倾斜状，在地下钉上一条软木，使中间形成一个宽度约等于 3/4 昆虫针长的凹槽，这样使标本在展翅时，虫体陷入凹槽，虫翅平展于两侧的斜板上。

倾斜型

平型

图 4-4　展翅板

6.三角纸袋

野外采到蝶、蛾、蜻蜓等标本后,由于时间和条件限制,不能马上制作标本,需要装入用能吸水的软纸做成的三角纸袋中保存。其是用 1 张长与宽的长度比为 3∶2 的长方形纸片折叠而成的(图 4-5),纸片面积随虫大小而定。纸带事先叠好,大小不等,供野外选择使用。

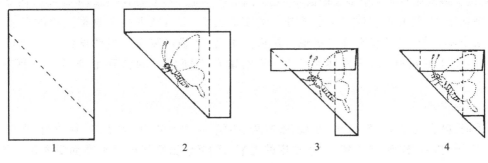

图 4-5 三角纸袋的折叠方法

7.整姿台

整姿台由软而松的木板做成,长 27.5 cm,宽 15.1 cm,厚 0.2 cm。板子的每一头钉上一块长方形的木板作为支柱,板子上面钻上许多小孔,小孔的粗细以昆虫针可以自由穿插为宜(图 4-6)。整姿台有两种用途:一为插虫用,即将采集来的昆虫杀死后,放在其上,再用昆虫针刺穿,这样不易滚滑,且穿刺位置准确;二是将昆虫穿刺后,将昆虫针尖穿过小孔,使昆虫的 6 只足伏在木板上,用镊子将足和触角摆好。

8.还软器

采集后保存起来的标本或远方寄来的标本,时间稍久便会变硬,制作标本时很容易损坏,需用标本还软器,使它还软后才能制作。用干燥器做的还软器是很方便的设备,使用时,在容器底部铺一层洗涤干净的砂粒,滴上少许清水,并加少量石炭酸,防止生霉(图 4-7)。在瓷隔板上面放置欲要还软的标本,盖周围抹上凡士林,盖好,密闭放置。经过数天,干硬标本便会还软。

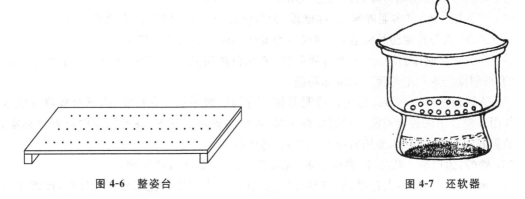

图 4-6 整姿台   图 4-7 还软器

9.烤虫器

烤虫器可用于收集隐藏在枯枝落叶和烂草等腐烂物中的昆虫。使用时,将野外采来的腐烂物放入有隔筛的铁皮圆筒中,用电灯或其他热源增高温度,利用热量将腐烂物中的昆虫驱赶到圆筒的下方的漏斗中,再从漏斗落入毒瓶或酒精瓶内,达到采集的目的。烤虫器的形式很多,可根据其原理自行设计制作,但使用时要严防火灾。

10.采虫筛

采虫筛用于收集隐藏在土壤中的昆虫,筛的形式和质地多种多样,可以自己动手制作。制作时,用铁丝编制成不同大小眼孔的圆框,几个圆框按一定距离套叠在一起,大眼孔框在上方,小眼孔框在下方,将套框装进一个上下开口的布口袋中,下口扎上一个收集昆虫的毒瓶,便制成了采虫筛。使用时,将野外采来藏有昆虫的土壤,从袋口装入上层铁丝框中,提起口袋用力抖动,昆虫便被筛出,并按体型大小,分别留在不同层次的铁筛上或落入下面的毒瓶中。

11.其他必备物

小手锯、昆虫饲养笼、铲、水桶、布袋、塑料袋、铅笔、活虫采集盒、大头针、粘虫胶、指形管、小瓶、小镊子、折刀、枝剪、扩大镜、刷小虫用的毛笔、标签纸、铅笔和记录本等都要准备。如果要保存害虫危害植物的被害状或寄主植物的标本,还要准备植物标本夹、草纸以及采集箱等。

4.1.3.2　常用化学药品和防腐剂

处理和制作各种昆虫标本,必须选用一些化学药品配制出各种不同成分的防腐剂,对动物进行处理,使其不致腐烂变质,达到长期保存的目的。

1.常用的主要化学用品

(1)福尔马林:福尔马林为商品名,即甲醛溶液,市售者含 37%～40% 的甲醛,是固定各种标本常用的固定液。固定标本的浓度是指含福尔马林的百分比。一般把市售的甲醛溶液当成百分之百,用它配成 5%～10% 浓度即可。此液具有杀菌能力强、速度快、防腐性强且效果好的特点。但用它固定材料略有膨胀,若浓度高会使材料变硬。为此,有时可与酒精、醋酸、甘油等混合使用,但保存大量标本时福尔马林还是比较经济的。

(2)酒精:即乙醇,市售酒精含 95% 或 96% 乙醇。用途广泛,作用同福尔马林。使用浓度一般以 75%～80% 为宜。酒精浸渍标本清洁明亮。浸泡附肢较长的昆虫,可保持附肢完整而不脱落。缺点是内部组织易脆,且易蒸发,用量大,不经济。

(3)三氧化二砷:又名亚砷酸,俗称砒霜,为白色无味粉末,性剧毒,有杀菌、防蛀作用。一般不单独使用,需与其他药品混合,配制成各种类型的防腐剂后才能使用。

(4)樟脑或合成樟脑块:为无色透明晶块,或无色透明晶体,有特殊香味。有驱虫防蛀作用,并有抑制动物所产生的腥气和臭味功能。

(5)硫酸铝钾:又称明矾,为无色透明晶体,有酸味,溶于水。有祛皮、防腐及吸收皮肤水分的作用。野外采到兽类不能立即制作标本时,可用明矾固定其皮,待运回室内再制作标本。市场销售的明矾多为块状,使用时应磨成细粉,越细越好。

(6)硼酸:为白色片状晶体,稍溶于水,无毒性,可配制成无毒防腐剂。

(7)苯酚:即石炭酸,无色结晶,有特殊气味,在空气中能被氧化而变成粉红色,能溶于酒精、氯仿、乙醚及甘油中,常与它们配制成防腐液。

(8)丙三醇:即甘油,有滋润作用,可防止标本迅速干燥,有使标本长期保持原态的作用。

(9)乙醚:易燃、易挥发,氧化后毒性增加,多用作麻醉剂。

(10)三氯甲烷:即氯仿,为无色、有甜味、易挥发的不燃性气体,也是常用的麻醉药。

（11）醋酸：又名乙酸，带有刺激性气味。纯醋酸在 16.7 ℃以下就会凝成冰状固体，故名冰醋酸。它适合固定的浓度为 0.3％～5％，常备液则为 10％。它的穿透速度很快，固定大小材料，只需 1 h，便可使细胞膨胀，从而防止收缩，组织也不会硬化，故常与福尔马林、酒精、铬酸等容易引起变硬和收缩的液体配合使用。

（12）其他：过氧化钠（或过氧化氢），用作漂白剂；氢氧化钾（或氢氧化钠），腐蚀标本用；硝酸钾、醋酸钠、氧化锌，配制保色剂用。

2.常用防腐剂的制备

固定并保存标本所需用的防腐剂，如福尔马林、酒精保存液，不论是无脊椎动物，还是脊椎动物，都可以根据需要临时配制。但是，有些防腐剂可提早配备，有利于工作开展。常见的昆虫保存液及保存方法如下。

（1）醋酸、福尔马林、酒精混合保存液配制方法：80％酒精 15 份，福尔马林（含 40％甲醛）5份，冰醋酸 1 份混合使用。此种保存液对于昆虫内部组织有较好的固定作用。

（2）醋酸、白糖保存液配制方法：白糖 5 g，福尔马林 5 mL，蒸馏水 100 mL 混合备用。此种浸泡液适用于经浸泡后体色容易变化的昆虫，对于体色为绿色、黄色、红色的昆虫，在一定时间具有保护作用，但浸泡前不能水煮。

（3）契克氏浸泡液配制方法：此液分甲液、乙液两种，其配法如下。

①甲液：白糖 5 g，冰醋酸 2 mL，蒸馏水 100 mL，混合备用。

②乙液：白糖 5 g，福尔马林 2 mL，蒸馏水 100 mL，混合备用。

使用时，先将标本浸入甲液中 24 h，后转入乙液中长期保存。较大虫体标本可反复 3～4次，再保存在乙液中。此法对保护绿色、红色标本较好，但不宜保存附肢易脱落的昆虫。对于绿色、黄色、红色的昆虫标本有一定保护作用，浸泡前不必用开水烫。缺点是虫体易瘪，不易浸泡蚜虫。

以上保存液保色作用均不十分理想，下面两种是中国科学院上海昆虫研究所的保存液配制法。

（4）红色及其他幼虫保存法：先将幼虫用开水烫死后，取出晾干，再放入固定液中约一周，最后投入保存液中保存。

固定液配方：福尔马林 200 mL　　　保存液配方：甘油 20 mL

　　　　　　 醋酸钾 10 g　　　　　　　　　　　 醋酸钾 10 g

　　　　　　 硝酸钾 20 g　　　　　　　　　　　 福尔马林 1 mL

　　　　　　 水 1000 mL　　　　　　　　　　　 水 100 mL

（使用前稀释一倍）

（5）绿色幼虫保存法：固定液配方为醋酸铜 10 g，硝酸钾 10 g，水 1000 mL。

（6）黄色幼虫保存法：将注射液（苦味酸饱和水溶液、冰醋酸、福尔马林各 75 mL、5 mL、25mL）用注射器注入已饥饿几天的黄色幼虫体内，约 10 h 后注射液已渗入虫体各部，再投入保存液，配方为冰醋酸 5 mL、白糖 5 g、福尔马林 25 mL。

（7）蚜虫保存法：保存蚜虫的酒精成分至少应为 90％。

乳酸酒精配制法：90％～95％酒精 1 份，75％乳酸 1 份。

有翅蚜标本常会漂浮起来，可先投入 90％～95％酒精中，于一周后加投等量乳酸保存起来。

4.1.4 昆虫标本的采集、制作和保存

4.1.4.1 昆虫标本采集

1. 昆虫的采集方法

要熟悉一般的采集方法，以便根据各类昆虫的不同习性，到不同的环境去采集昆虫标本。采集方法多种多样，这里先介绍一般性的，其他的特殊采集法分别于各类昆虫采集法中叙述。

（1）网捕：有翅会飞的昆虫，或善飞善跳的昆虫（如蝗虫）不论在活动或静止时，一般都要用网捕捉。用网的方法有两种：一种是当虫入网后将网袋底部向上甩，连虫带网底翻到上面来；另一种是当虫入网后转动网柄，使网口向下翻，则虫被封闭在网袋底部。不论用哪种方法，可以根据所采集部位，以及虫的活动情况等自由使用，但目的是使昆虫进入网底并封住网口。

昆虫入网后，还需取出装进毒瓶。在这一过程中，稍不注意就会前功尽弃。首先是不能从网口看采到的标本，只能隔着网看。取虫时先用左手握住网袋中部，这时虫被束在网底，放开网柄，空出右手来取出毒瓶，瓶盖用握住网袋的左手帮助打开，再将毒瓶放入网内，左手控制网袋让毒瓶进入而不让虫钻出，然后用毒瓶把虫扣住装进瓶内，这时左手可以放开网袋，把瓶塞盖好。

蜇人的蜂类和刺人的猎蝽（食虫椿象）等昆虫，取时不要用手触碰，可用毒虫夹夹取，或者将连虫带网的一部分塞入毒瓶，先熏杀再取出。翅很大的昆虫（如蝶类）在网中挣扎易坏，可先隔网掐其胸部，使其翅膀不能活动。

（2）扫捕：扫捕法主要用在大片的草丛和茂密的小灌木中，当采集者认为这些植物上藏有昆虫时，用扫网在上面左右摆动扫捕，一面扫，一面前进，将许多小虫集中到网底。如时间仓促，途中边扫边走，可以得到许多标本。扫网不但用于低矮植物，而且可接上长柄在高的树丛中扫捕，但网袋应加长。

一般的扫网先扫几下后，再用左手握住网袋中部，右手放开网柄，空出手来打开网底的绳，将扫集物倒入毒瓶中，等虫被熏杀后倒在白纸上进行挑选。

（3）振落：利用塑料布或白布等接在树下面，然后摇动或敲打树枝、叶，则有许多伴死性的昆虫掉下，可用镊子夹取或直接用手拿。另外有些昆虫一经振动并不落地，但由于飞动而暴露了方向，可以用网捕捉。采集时摇动或敲打植物，可以发现许多昆虫。

（4）搜索：除去在外面活动的昆虫外，很多昆虫都躲在各种隐蔽的地方，采集时要善于搜索。树皮下面和朽木里面是极好的采集处，可用剥皮网接着，用刀剥开松的树皮或搬开腐朽的木头，能采到各类甲虫。砖头、石块下面也是采集昆虫的宝库，到处翻动砖石土块，一定有丰富的收获。采集无翅亚纲的昆虫，更要依靠这种采集法，这些微小的昆虫可用毛笔轻轻扫入瓶中。

注意搜索蚁巢时，可以采集并观察其共生的昆虫。其他如蜂、鸟、兽巢穴中都有许多昆虫栖息，值得仔细搜索采集。

（5）诱集：利用昆虫对光线、食物的趋性来采集昆虫，是既省力又有效的方法，一般采用如下的方法。

①灯光诱集：晚间在灯下有许多昆虫飞来，停在窗上、墙上或绕灯而飞，所以在灯光下可以采到许多标本。野外采集时可用电灯、汽油灯或油灯诱集昆虫。在没有月光而又无风的夜晚，选择一个植物茂盛，最好还有水流的地方，挂起一盏手提汽油灯，后面张开一块白布，下面用石

块把布压住,可以诱来非常多的昆虫。现在农村广泛应用黑光灯(光波 3650 Å, 1 Å $= 10^{-10}$ m)诱杀害虫,其诱虫效果比普通灯光要强得多。还有的把一只黑光灯和一只电灯组成双色灯,效果也很好。这种灯光诱集法在闷热的夏夜进行最好,阴天或雨后也可以,甚至在下雨时,只要把灯和布遮好,照常可以进行诱集。

②糖蜜诱集:蝶和蛾喜欢吸食花蜜,许多甲虫和蝇类也常到花上,或集聚在树干流出的液体上,所以可用糖蜜诱集。一般是用粗红糖加酒和醋等(比例一般为酒占 1/10,剩余红糖和醋各半),在微火上熬成浓的糖浆。用时涂在树林边缘的树干上,白天常有蛱蝶等蝶类飞来取食,晚间可以诱集到许多蛾类和一些甲虫。在不同的树干上,多涂几条糖浆带,用手电筒照着巡回检查,凡停息的可用毒瓶装,飞动的用网捕。"糖醋诱蛾"现在已被应用为一种防治害虫的方法。

③腐肉诱集:利用某些昆虫对腐肉一类物质的趋性进行诱集,也是一种有效的采集方法,尤其适于采集各种甲虫。诱集时,将一个玻璃瓶埋在土中,瓶口与地面相平,瓶内放置腐肉或鱼头等腥臭物,如果瓶口较大还应在瓶口上方用树枝或石块进行遮盖,以防鼠、鸟衔食。过些时候检查,则会有许多甲虫落入瓶中。腐肉诱集的甲虫主要为埋葬虫、隐翅虫、阎魔虫以及一些金龟子等。

④异性诱集:有一些昆虫的雌性个体能释放一种性信息素,将距离很远的同种雄性个体吸引到身边进行交配,如舞毒蛾、天蚕蛾和盲蝽等。根据昆虫的这一习性,可将采到的或饲养的雌蛾囚于小纱笼内,挂在室外,则能诱来许多同种的雄蛾。但雌蛾一定要用没交配过的,因为雌蛾一旦交配,便停止释放性信息素。

2.昆虫采集的时间

昆虫种类繁多,生活习性很不一致。一年发生多少代,一代有多长时间,何时才开始出现,何时停止活动等,各类昆虫很不相同。即使是同一种昆虫,在不同地区、不同环境条件下,也有所不同。所以采集昆虫的时间很难一致,应该因虫、因地制宜。

一天中采集的最好时间,也同样有所不同。一般为上午 10 时至下午 3 时最合适,这是昆虫最活跃的一段时间,遇到的昆虫最多,宜于网捕,如利用振落等方法采集,则反以昆虫不活动的时间为佳。扫捕不限于以上这个时间。另外有许多昆虫到黄昏时才开始出现,有的成群飞翔,易于网捕。夜间活动的昆虫种类更多,可以用灯光大批诱集。所以在任何季节、任何时间都可以采到昆虫。

3.昆虫采集的要求

(1)采集时不要只采成虫,应将遇到的昆虫卵、幼虫、蛹全部采集。颜色不同的、雌雄个体都要采集。一般采集时常把个体较小、形状丑陋、不易采到的单个标本或在野外粗略观察似同一种类的,或目前并不严重危害的种类忽略掉,这是不对的。因为,这些昆虫不但在分类上有一定价值,并且有时其中一些种类往往可能转变为严重危害甚至成灾的类群。

(2)扩大采集昆虫的深度。为此要求采集人员,既要从数量上着眼,又要在质量上下功夫,普查与重点调查相结合,采到昆虫后最好能立即进行细心观察,并对其生活习性、寄主、环境、场所进行记载。凡是不同日期、不同环境、不同海拔高度、不同寄主上采到的昆虫,要求分开存放,分别编号记录。

(3)做好记录。外出采集,应随身携带记录本,凡是能观察到的事项,都要按照要求记录下来。对于那些在浸泡后或干存后容易脱色、变色的昆虫标本,在野外时要及时记录体色。

(4)对鳞翅目的蝶蛾类标本,在采集时应注意保护其鳞片,存放毒药时不能和其他类昆虫混装,较为简便的方法是,采到蝶蛾后,仔细将其前后翅展开,用拇指和食指夹住其胸部,轻轻挤压,直接保存于三角纸袋中,然后放入毒瓶再进行毒杀。对极易损坏的附肢、翅和触角等,应格外加以保护。

4.1.4.2 昆虫标本制作

为了使昆虫标本能够长久而完整地保存下来,根据不同的用途制作成不同种类的标本。制作的标本除了要强调虫体的完整外,还要求表面的美观。

1.干制昆虫标本的制作

昆虫具有较坚硬的外骨骼,毒死之后,其内部的器官组织虽然干缩了,但仍可以保持原来的外形。不同种类的昆虫,制作过程不同,主要方法如下。

(1)针插法:昆虫毒死后 10～16 h,趁虫体及附肢尚柔软时制作。制作时,根据虫体大小选用适当型号的昆虫针,体型中等的昆虫(如夜蛾类)一般用 3 号针;天蛾等大型昆虫一般用 4 号针或 5 号针;叶蝉、小蛾类等小型昆虫则用 1 号或 2 号针。昆虫针插入后应与虫体纵轴垂直,但作用目的不同的昆虫,插针部位有所不同(图 4-8),具体如下。

①鳞翅目、膜翅目、蜻蜓目、同翅目的昆虫是从中胸背面正中插入,通过中足中间穿出来。

②蚊、蝇等双翅目昆虫从中胸的中间偏右的地方插针。

③蝗虫、蝼蛄等直翅目昆虫是从前胸背板的后部、背中线稍右的地方插入。

④鞘翅目昆虫插在右鞘翅基部距翅缝不远的地方。

⑤半翅目昆虫插在中胸小盾片的中央略微偏右的部位。

昆虫标本插针部位的规定主要是针插之后不会破坏鉴定特征。

(2)昆虫展翅法:为了研究方便,对蝶蛾类昆虫的标本必须将翅展开。其具体步骤(图 4-9):选取大小适宜的昆虫针,将新鲜标本或软化以后的标本按三级板特定的高度固定,然后

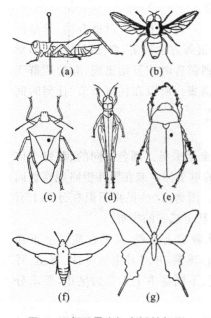

图 4-8　各目昆虫标本插针部位

(a)、(d)直翅目;(b)双翅目;(c)半翅目;

(e)鞘翅目;(f)、(g)鳞翅目

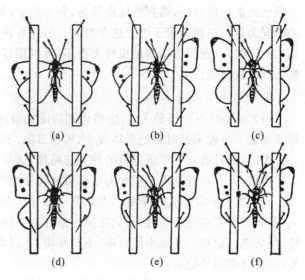

图 4-9　昆虫展翅步骤

移到展翅板的槽内,虫体的背面与两侧的木板相平,调节展翅板中可活动的一块木板,使中间的空隙与虫体大小相适合,然后将螺丝旋紧以固定此板,两手同时用两根细昆虫针,沿翅的前缘,左、右拉动 1 对前翅,使该对前翅的后缘同在一条直线上,用昆虫针固定住,再拨后翅,将前翅的后缘压住后翅的前缘,左右对称,充分展平,然后用透明纸条压住,以大头针固定。再整理一下触角,除很长者需要拉向后方外,一般都使其保持自然形状。将展翅板放在烘箱中或在室内放置一周左右,待标本干燥后取下。取下后,还要在标本的下方插上标签(利用三级板),这样一个展翅的标本,才算做成了。各类昆虫展翅的要求不一,原则上是能充分露出翅面上的特征,并使外形美观。制作展翅标本时要特别小心,不要将昆虫身体上的任何部位损坏,尤其是蝶、蛾类昆虫。展翅的姿势正确与否,不但在美观上,而且在应用上关系极大。鳞翅目、蜻蜓目、直翅目等前翅后缘较直的种类,一般以两个前翅后缘,左、右成一直线为准(图 4-10)。脉翅目呈圆形,则以后翅的前缘,左、右成一直线为准。双翅目和膜翅目昆虫要以前缘的顶角与头,左、右成一直线为准。展翅完毕后要把昆虫的头摆动,触角成倒"八"字形平伸在头的前方,或尽量使它与自然姿势相同。有些体型较大的昆虫,在展翅中,腹部容易下垂,需用坚硬的纸片或昆虫针交叉支撑在腹部下面。为了使较大的标本迅速干燥防止腐烂,可在展翅前将腹部剖开,取出内脏,塞入适量的脱脂棉。

图 4-10　鳞翅目标本整形标准

①昆虫针插于中胸正中央,在虫体背面留出 1 cm 的针头。

②前翅后缘与虫体垂直,两前翅后缘成一直线。

③后翅前缘重叠于前翅后缘的基半部下面,前翅后缘外半部与后翅不重叠。

④触角向前平伸,互不重叠。

⑤腹部向后平伸,不上举也不下垂。

2.浸渍昆虫标本的制作

用液体浸泡保存昆虫标本,大部分属于无翅亚纲以及有翅亚纲的蜻蜓目、蜉蝣目、襀翅目等,以及生活在水中的稚虫和完全变态昆虫的卵、幼虫、蛹等。为使昆虫经浸泡后不致变形,首先要放在开水中煮一下。煮的时间要视虫体的大小、老幼及种类而定,一般要求煮至昆虫体伸直稍硬便可。

野外采集时若立即用开水煮虫若有困难,也可将采到的标本先投入 75％酒精中,待回到驻地时将标本瓶密闭放入注有开水的茶杯或饭盒中,使虫体热浴,也可达到使虫体伸直的目的。经过水煮或热浴处理的标本,立即投入保存液中保存。但较大的虫体或体内含水过多的种类,经浸泡一段时间后要换液几次,才能长久保存,不然会因带入保存液中的水分过多而使标本腐烂或污染。

身体柔软,体型小,仅供研究用种类或一般昆虫的卵、幼虫、蛹多用保存液浸泡在玻璃指形管中。作为教学实习用或交换的大量浸泡标本,可用玻璃缸等大型容器密闭保存。采用何种保存液,应根据需要来选用。

3.展览昆虫标本的制作

供展览用的昆虫标本,主要用作教学、参观等。制作方法:将通过上述介绍的各种方法做好的昆虫标本集中起来,按照昆虫的一生发育顺序,安放在特制的标本盒内。再将与此种昆虫有关的材料同样放入盒内,如被害植物的叶片,天然敌害、防治或利用情况等。使其通过参观一盒展览标本,就能了解一种昆虫一生的概貌,及其与外界环境和天敌的关系。为增加感染力,可在盒中衬托上天然背景。展览盒内的被害植物及昆虫标本的排列,都应尽可能保持其天然姿势和形状,以期达到美观、生动的效果。

制作展览盒中的成虫标本时,不需展翅的种类,则不需要用昆虫针刺穿固定,而是将标本背面向下,用针的尖端钉住胸部,展翅整姿。干燥后将昆虫针拔下,按照设计要求粘贴在展览盒中适当的位置,或在盒底铺上棉花、泡沫塑料等柔软物质,将标本瓶放在上面,盖上盒盖,压紧即可。展览盒中的幼虫、卵或蛹,需使其虫体胀大,恢复自然状态,然后按照需要固定在展览盒中。

4. 标本上的标签

标签是标本的最原始记录。没有标签的标本,无论制作得多么完整、美观,均失去应有的科学价值和用途。因此,制作好的标本,要及时插上标签,一般初做好的标本,要插两个标签:上面的标签记录采集地点(省、县和镇)、海拔高度、采集时间(年、月、日);下面的标签写上寄主、环境和采集人姓名。在实习或进行昆虫普查时,也可写一个标签,不需写采集地点、采集日期和采集人姓名。经过研究查对,已经过前人鉴定有学名的和经过系统研究有中文名称的昆虫标本,下面还要加上写有中文名、学名及鉴定人姓名的标签。经过研究前人还未发现的新种,在标本下面还要加上新种或新亚种标签。标签用比较坚硬、表面光滑的白纸,排版印刷成长 1.5 cm,宽 1.0 cm 的黑框,内印有采集地点,采集日期和采集人姓名等,以便将来具体填写。

标签要用绘图墨水笔书写清楚,防止日久退色或不易识别。浸泡在液体标本瓶中的标签,要用质地好且经过长久浸泡后不致损坏的光面纸,一定要用墨水笔或软铅笔书写,以免字体脱色和褪落。

4.1.4.3 昆虫标本保存

1. 昆虫标本的临时保存

在野外实习中采集标本时,有很多标本来不及整理,就得临时妥善保管,严防虫害、鼠害以及发霉腐烂。

经常使用的杀死昆虫和浸泡标本的液体是 $75\% \sim 80\%$ 的酒精,含脂肪较少的昆虫种类,用干燥保存法也不易污染,所以可用毒瓶杀死。

用酒精杀死并保存的昆虫标本,或将来需要做成玻片的标本有虱目、弹尾目、食毛目、蚤目、双尾目、缨翅目、同翅目的一部分,如蚜虫、介壳虫和粉虱等。经杀死并保存在酒精中的昆虫标本,除各种幼虫外,尚有啮虫目、蜉蝣目、等翅目、襀翅目及纺足目等。

在毒瓶中杀死的昆虫,干燥保存并可用昆虫针穿插做成标本的有鞘翅目、革翅目、双翅目、半翅目、膜翅目、鳞翅目、长翅目、脉翅目、蜻蜓目、直翅目及毛翅目等。微小昆虫需用酒精杀死后,再干燥保存的有双翅目中的小蝇类、半翅目和同翅目的若虫、膜翅目中的蚂蚁、寄生蜂及瘿蜂。若是正在寄主上寄生的,必须连同寄主同时保存的有介壳虫及粉虱等。

在野外采集标本中,常用作临时保存标本的工具有三角纸袋和棉层纸包两种。三角纸袋也称三角纸包。用毒瓶杀死将来作为针插标本的种类,可趁肢体柔软时略作整理。如蝶蛾类尽量使双翅背面双并,起到保护鳞片的作用;其他目昆虫,要把触角顺在背上,三对胸足紧贴腹部向后伸直。包装身体含水量较大的昆虫,要用较厚而柔软、吸水性能好的新闻纸,便于吸收和蒸发水分,防止发霉。包装身体含水量少、害怕磨损的种类,如蝶蛾及蜻蜓等,可用半透明的油光玻璃纸。标本装入三角纸袋前,先将标本进行初步分类,尽量将同一种的或同一科的放在一个三角纸袋中。一个三角纸袋所放的多少要依种类的大小而定(只有同时、同地所采的标本才能装在一个三角纸袋中)。在三角纸袋上,要写好采集地点、日期、海拔高度、寄主及采集人等。累计多了,把三角纸袋放入通风的铁网笼内作临时保存。

棉层纸包是用剪裁成 10 cm×15 cm 大小的脱脂棉(压平后约 5 mm 厚),平铺在牛皮纸或较厚吸水纸剪成的宽"＋"形纸包中间。使用时可将标本按大小、目科分类,从左向右依次平摆在棉层上。同一环境,同时采到的标本要装在一起。如一个棉层内,同一时间地点的标本放不满,中间要有标记隔开,并加上编号纸条,以免混淆。一个棉层装满后,上要盖上一张按编号次序写有详细记录的吸水性能好的白纸,再将下面垫的牛皮纸边先左右,后上下压好。这样一个棉层包可存放大量的标本。

2.昆虫标本的长期保存

(1)保存的设备

标本盒:存放昆虫成虫的玻璃木盒,周围裱漆布,盒底衬软木或泡沫塑料,盒内一角放樟脑块,周围斜插使其固定。

标本橱:木制,两截对开门式,抽屉底部可放大量熏蒸杀虫剂和去湿剂。

保存所用药品:生石灰、樟脑块、酒精、石炭酸、敌敌畏、二甲苯等。

(2)保存注意事项

①防潮防霉:在标本盒内放置吸湿剂或摆放抽湿机,若标本已经发霉,可用无水酒精与石炭酸混合液以软毛笔刷洗,也可直接用无水酒精刷洗。

②防鼠防虫:防鼠比较容易,防虫则应注意标本盒要严密,少开,盒内随时保持驱虫剂和杀虫剂浓烈的气味,若已生虫,则用药棉蘸敌敌畏原液,置于标本盒内,盖上盖,熏蒸几天,可杀死蛀虫。

③防尘防阳光:盒子少开,密闭,灰尘落入自然少;门窗少开,窗户加帘子,防止因阳光直接照射在标本上而褪色。

④为了保护标本免受伤害,最好随时检查并每年用药液熏蒸 1~2 次。

4.2　昆虫分类知识简介

4.2.1　分类阶元

分类阶元的简单定义就是生物分类的排序等级或水平。昆虫的分类和其他生物分类一样,常采用界、门、纲、目、科、属、种七个分类阶元。还有一些高一级阶元如总目、总科,次一级阶元如亚目、亚科等。

4.2.2　分类依据

昆虫的分类主要是依据其形态特征和变态类型,即翅的有无及类型,口器的类型,触角的类型,足的类型及跗节节数,变态类型,胸部、腹部的其他特征等。

4.2.3 昆虫纲(成虫)分目检索表

1. 无翅,或有极退化的翅 ……………………………………………………………… 2
   有翅 …………………………………………………………………………………… 27

2. 无足,似幼虫,头和胸愈合。内寄生于膜翅目、同翅目、半翅目、直翅目等许多昆虫体内,
   仅头胸部露出寄主腹节外 …………………………………………… 捻翅目(♀)Strepsiptera
   有足,头和胸部不愈合。不寄生于昆虫体内 …………………………………………… 3

3. 腹部除外生殖器和尾须外,有其他附肢 ……………………………………………… 4
   腹部除外生殖器和尾须外,无其他附肢 ……………………………………………… 7

4. 无触角,腹部共 12 节,第 1~3 节各有一对短小的附肢 ………………… 原尾目 Protura
   有触角,腹部最多 11 节 ……………………………………………………………… 5

5. 腹部只有 6 节或更少,第 1 腹节有腹管突,第 3 腹节有握钩,第 4 或第 5 腹节有一分叉
   的跳器 ………………………………………………………………… 弹尾目 Collembola
   腹部多于 6 节,无上述 3 对附肢,但有成对的针突或突胞等附肢 …………………… 6

6. 有 1 对长而分节的尾须或坚硬不分节的尾铗,无复眼 …………………… 双尾目 Diplura
   除 1 对尾须外,还有 1 条长而分节的中尾丝,有复眼 ………………… 缨尾目 Thysanura

7. 头延长成喙状 …………………………………………………………… 长翅目 Mecoptera
   头正常形 ……………………………………………………………………………… 8

8. 口器为咀嚼式 …………………………………………………………………………… 9
   口器为刺吸式、舐吸式或虹吸式等 ……………………………………………………… 22

9. 腹部末端有 1 对尾须(或呈铗状) …………………………………………………… 10
   腹部无尾须 …………………………………………………………………………… 19

10. 尾须呈坚硬不分节的铗状 ……………………………………………… 革翅目 Dermaptera
    尾须不呈铗状 ………………………………………………………………………… 11

11. 前足第 1 附节特别膨大,能纺丝 …………………………………………… 纺足目 Embioptera
    前足第 1 附节不特别膨大,也不能纺丝 ……………………………………………… 12

12. 前足为捕捉足 ……………………………………………………………… 螳螂目 Mantodea
    前足非捕捉足 ………………………………………………………………………… 13

13. 后足为跳跃足 ……………………………………………………………… 直翅目 Orthoptera
    后足非跳跃足 ………………………………………………………………………… 14

14. 体扁 ………………………………………………………………………………… 15
    体不扁,长筒性 ……………………………………………………………………… 16

15. 前胸背板大,常盖住头的全部;尾须分节 ………………………………… 蜚蠊目 Blattaria
    前胸大,但不盖住头部;尾须长,而不分节。啮齿类的体外寄生虫 … 重舌目 Diploglossata

16. 触角念珠状 ………………………………………………………………………… 17
    触角丝状,非念珠状 ………………………………………………………………… 18

17. 跗节 4~5 节,尾须 2~6 节。社群性昆虫 ……………………………… 等翅目 Isoptera
    跗节 2 节,尾须不分节 …………………………………………………… 缺翅目 Zoraptera

18. 体细长似杆状;尾须短小,不分节 ……………………………………… 竹节虫目 Phasmida
    体细非杆状;尾须长,8~9 节 ……………………………………… 蛩蠊目 Grylloblattodea

19. 跗节 3 节以下 ··· 20
　　跗节 4 节或 5 节 ·· 21

20. 触角 3～5 节。外寄生于鸟类或兽类体上 ····················· 食毛目 Mallophaga
　　触角 13～15 节。非寄生性 ·································· 啮虫目 Psocoptera

21. 腹部第 1 节并入后胸,第 1 和第 2 节之间紧缩或成柄状 ········ 膜翅目 Hymenoptera
　　腹部第 1 节不并入后胸,也不紧缩 ·························· 鞘翅目 Coleoptera

22. 体密被鳞片或密生鳞片,口器为虹吸式 ····················· 鳞翅目 Lepidoptera
　　体密无鳞片,口器为刺吸式、舐吸式或退化 ······························· 23

23. 跗节 5 节 ·· 24
　　跗节 3 节以下 ··· 25

24. 体侧扁(左右扁) ····································· 蚤目 Siphonaptera
　　体不侧扁 ··· 双翅目 Diptera

25. 跗节端部有能伸缩的泡,爪很小 ··························· 缨翅目 Thysanoptera
　　跗节端部无能伸缩的泡 ··· 26

26. 足具 1 爪,适于攀附在毛发上。外寄生于哺乳动物 ············· 虱目 Anoplura
　　足具 2 爪;如具 1 爪,则寄生于植物上,极不活泼或固定不动,体呈球状、介壳状等,常
　　被有蜡质胶等分泌物 ····································· 同翅目 Homoptera

27. 有 1 对翅 ·· 28
　　有 2 对翅 ·· 36

28. 前翅或后翅特化成平衡棒 ·· 29
　　无平衡棒 ··· 31

29. 前翅形成平衡棒,后翅很大 ·························· 捻翅目(♂)Strepsiptera
　　后翅形成平衡棒,前翅很大 ·· 30

30. 跗节有 5 节 ······································· 双翅目 Diptera
　　跗节仅 1 节(介壳虫♂) ······················ 同翅目 Homoptera

31. 腹部末端有 1 对尾须 ··· 32
　　腹部无尾须 ··· 34

32. 尾须细长而多节(或另有 1 条分节的中尾丝),翅竖立背上 ····· 蜉蝣目 Ephemerida
　　尾须不分节,多短小,翅平复背上 ·· 33

33. 跗节有 5 节,后足非跳跃足,体细长如杆或扁宽如叶片 ········· 竹节虫目 Phasmida
　　跗节 4 节以下,后足为跳跃足 ··························· 直翅目 Orthoptera

34. 前翅角质,口器为咀嚼式 ······························· 鞘翅目 Coleoptera
　　翅为膜质,口器非咀嚼式 ·· 35

35. 翅上有鳞片 ··· 鳞翅目 Lepidoptera
　　翅上无鳞片 ··· 缨翅目 Thysanoptera

36. 前翅全部或部分较厚,为角质或革质;后翅为膜质 ···························· 37
　　前翅与后翅均为膜质 ·· 44

37. 前翅基半部为角质或革质,端半部有膜质 ····················· 半翅目 Hemiptera
　　前翅基部与端部质地相同,或某部分较厚但不如上述 ····················· 38

38. 口器为刺吸式 ··· 同翅目 Homoptera

后翅基部不宽于前翅，无发达的臀区，休息时也不折起；头为下口式 ……………… 58
58.头部长；前胸圆筒形，很长，前足正常；雌虫有伸向后方的针状产卵器……………………
……………………………………………………………………………… 蛇蛉目 Raphidiodea
头部短；前胸一般不很长，如很长则前足为捕捉足（像螳螂）；雌虫一般无针状产卵器，
如有，则弯在背上向前伸 ……………………………………………………… 脉翅目 Neuroptera

4.3　常见昆虫分类和简介

4.3.1　缨尾目 Thysanura

主要特征：体中、小型，体长而柔软，纺锤形，乳白、褐、银灰、黑色或具金属光泽，裸露或覆以鳞片；咀嚼式口器、下颚须 5～7 节、下唇须 3 节；触角长、丝状，腹部 11 节、末端具 3 根细长的尾丝。

重要科介绍

4.3.1.1　石蛃科 Machilidae

胸部背面隆起，体呈纺锤形，有的圆柱形，被覆鳞片。复眼大，单眼狭长形，中、后足基节具刺突，第 2～6 腹节有泡囊 1 或 2 对。中尾丝特别长。生活在森林、草地或山地岩石上，杂草、灌木丛基部，朽木下，也有些种类栖息于白蚁巢中，行动不敏捷，趋光，食干或腐烂的植物质。分布广泛。

4.3.1.2　衣鱼科 Lepismidae

体腹背稍扁平。复眼小而分离，无单眼。各足基节缺针突。生活于室内古旧书籍、衣物之间，夜间活动，以纸张、书籍、衣物、淀粉物质为食，是室内重要害虫。如衣鱼（图 4-11）。

图 4-11　衣鱼

4.3.2　蜚蠊目 Blattaria

主要特征：体宽而扁平，近圆形；一般体壁光滑，有些种体表密覆短毛，黄褐色至黑色；头小，前胸背板大，盖住头部；复眼发达，单眼退化；触角长，丝状，多节；咀嚼式口器；前翅皮质，后

翅膜质,少数无翅;足发达,多刺,跗节5节;尾须1对,分节明显。

重要科介绍

4.3.2.1 蜚蠊科 Blattidae

体长2~5 cm,暗色,中、后足腿节腹面前后缘多刺;有翅种前翅前缘区极度退化,翅脉不明显,臀区翅脉较多,后翅臀区发达,休息时后翅呈扇状折叠;雄虫第9腹板有1对腹刺突,第10节背板多少呈四边形,危害人类健康。分布于世界各地。如德国小蠊(图4-12)、美洲大蠊(图4-13)。

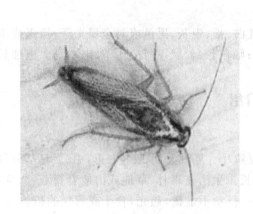

图 4-12 德国小蠊

图 4-13 美洲大蠊

4.3.2.2 地鳖科 Polyphagidae

体长一般不超过2 cm,宽圆或隆起,胸部有绒毛;雄虫常有翅,雌虫无翅,前翅前缘区长,后翅臀区小而平展,或缺后翅;中、后足腿节腹面常无刺;雄虫第9节腹板后端呈圆形,腹刺突长,雌虫常第7腹板不分裂。大部分种生活在野外,地下或沙土中。如地鳖(图4-14)。

图 4-14 地鳖

4.3.3　蜉蝣目 Ephemeroptera

主要特征：体较柔软，小至中型，细长，多数乳白色；复眼大，单眼 3 个，触角短，刚毛状；咀嚼式口器，上颚和下颚退化，常有下颚须；翅膜质、后翅小或无，多纵脉和横脉，休息时竖立在背面。3 对胸足细长，跗节 1~5 节，爪 1 对。腹末有 1 对分节的丝状尾须，第 11 节背板常延长形成尾丝。

重要科介绍

4.3.3.1　小蜉科 Ephemeroidea

前翅 CuP 很弯曲，基部通过 1 条横脉与 CuA 相接，沿翅缘多游离的短脉；2 或 3 条尾丝；雄虫尾铗基节长，端部 1 或 2 节短。分布于全北区。

4.3.3.2　细蜉科 Caenoidea

成虫仅 1 对宽翅，MP 及其间脉向内伸到基部；两性复眼小，均分隔较宽；雄虫尾铗仅 1 节。稚虫胸部粗壮，腹部扁平，无后翅芽。分布较广。

4.3.4　蜻蜓目 Odonata

主要特征：多数为大、中型，亦有小型者，体长 30～90 mm，展翅可达到 190 mm，颜色都艳丽；头大，复眼大而突出，单眼 3 个；触角刚毛状，咀嚼式口器，上颚发达，下颚须 1 节，下唇须 2 节；颈部小，胸部发达，坚硬；前后翅等长，膜质，狭窄，翅脉网状，翅痣明显；足多刺，细长或粗短，跗节 3 节。腹部细长，圆筒形或扁平，12 节，10 节明显，第 11 节及第 12 节为节痕性环节。

蜻蜓目分亚目检索表

前后翅的形状和脉序不同；翅基部不成柄状；中室被一斜脉分为 1 个下三角室和一个上三角室；至少前翅结脉位于翅中点或中点的后方；体较粗壮；静止时，四翅向左右摊开 …………
……………………………………………………… 差翅亚目 Anisoptera

前后翅的形状和脉序极相似；翅基部成（或不成）柄状；中室不被斜脉分开（后翅偶有被分开者）；结脉位于翅中点的前方；体细长；静止时，翅绝大多数束置于胸的上方。前后翅中室形状相同；眼由头的两侧强烈突出，由背面观，两眼的距离大于眼的宽度，中胸的长大于宽；腹部细小，圆筒状 ……………………………………………… 束翅亚目 Zygoptera

差翅亚目分科检索表

1. 除两条粗的结前横脉外，前缘室与亚前缘室内的横脉，上下不连成直线；前后翅的三角室形状相似，并对弓脉占有相同的位置。蜓总科（Aeschnoidea）………………… 2

   无两条粗的结前横脉，前缘室与亚前缘室内的横脉，上下相连成直线；前、后翅的三角室形状和位置显然不同，前翅三角室距弓脉远，尖端朝向翅后缘，后翅三角室距弓脉近，尖端朝向翅末端 ……………………………………………… 蜻总科 Libelluloidea

   后翅三角室比前翅三角室更接近弓脉，或三角室的后边与弓脉连成直线；臀套长，足形，具中肋，雌雄两性后翅臀角均为圆形，其趾发达 ………………………… 蜻科 Libellulidae

2. 两眼在上方有很长的一段接触 ……………………………………… 蜓科 Aeschnidae

   两眼在上方分离或仅以一点接触 ………………………………………………… 3

3. 下唇中叶末端完整；两眼在上方分离很远 ·························· 箭蜓科 Gomphidae

下唇中叶末端具一深的凹陷；两眼在上方很接近或以一点相接触·····················

······················· 大蜓科 Cordulegasteridae

束翅亚目分科检索表

1. 具有 5 条以上结前横脉，弓脉距翅基比翅结近；中室有横脉，翅呈柄状不显著，脉序浓密

······················· 色螅总科 Agrioidea

弓分脉起自弓脉下部 1/3 处；方室前缘凸，与基室等长 ·········· 色螅科 Agriidae

具有 2 条结前横脉，弓脉距翅结至少和翅基相等；中室完全，翅常呈柄状·················

······················· 螅总科（Coenagrioidea）

2. 翅室多数 4 边，中室前边比下边约短 1/5，外角钝；胫节刺较长 ····· 扇螅科 Platycnemididae

3. 翅室多数 5 边，中室前边比下边短得多，外角尖锐；胫节刺较短 ····· 螅科 Coenagriidae

重要科介绍

4.3.4.1 蜓科 Aeschnidae

成虫大型，粗壮，腹部细长，胸部粗厚；复眼相接触；翅及翅痣均狭长，中基室内有时具脉，前、后翅三角室形状相似且平行；后翅臀套显著；雌虫产卵器发达，雄虫上肛附器常呈叶状。稚虫细长，头扁平，触角 7 节，腹部近圆柱形，足粗短，跗节 3 节。广泛分布。如巨圆臀大蜓（图 4-15）。

图 4-15 巨圆臀大蜓

4.3.4.2 蜻科 Libellulidae

成虫小至大型，翅长，腹部短且有金属光泽；复眼后缘平直，常无小叶突；结前横脉前、后两列在一条直线上；三角室宽或狭窄，前、后翅三角室相互垂直；雌虫无产卵器，雄虫肛附器简单。稚虫短宽，复眼凸，腹平面，腹部常有侧刺；面罩很凹，多毛。广泛分布。如异色灰蜻（图4-16）、条斑赤蜻（图 4-17）。

4.3.4.3 螅科（豆娘科）Coenagrionoidea

体型小，细长。翅窄长，有翅柄。翅痣多为菱形，有支持脉。分布广泛。如螅（图 4-18）。

图 4-16　异色灰蜻

图 4-17　条斑赤蜻

图 4-18　蟌

4.3.4.4　色蟌科 Agriidae

体型较大,具深的色彩和绿色光泽。翅宽透明,黑、金黄或深褐色。翅痣不发达或缺。分布在池塘、河溪附近。如黑色蟌(图 4-19)、绿腹色蟌(图 4-20)。

图 4-19　黑色蟌

图 4-20　绿腹色蟌

4.3.5　等翅目 Isoptera

主要特征:小至大型,体软,通常长而扁;头骨化,无复眼,单眼无或 1 对;触角念珠状,多节;咀嚼式口器,上颚大,镰刀状;足粗短,跗节常 4 节,少数 3 节或 5 节;有长翅、短翅及无翅类型,具翅者,2 对翅膜质,大小、形状及脉序均相同,故称等翅目,休息时翅平覆在腹部背面并向后,远超过腹部末端,翅脱落后留下翅鳞;腹部 10 节,尾须短。

重要科介绍

4.3.5.1 白蚁科 Termitidae

有囟；前胸背板小雨头部，前翅鳞略大于或等于后翅鳞；兵蚁前胸背板的前中部隆起；尾须1~2节。如黑翅土白蚁（图4-21）、铲头堆砂白蚁（图4-22）。

图4-21 黑翅土白蚁

图4-22 铲头堆砂白蚁

4.3.5.2 木白蚁科 Kalotermitidae

无囟；前胸背板扁平，与头部宽度相同或宽于头部；兵蚁头部在触角后方有淡色的眼点；有翅成虫有单眼；前翅鳞很大，能覆盖住后鳞；胫节2~4个端刺；尾须2节。

4.3.6 直翅目 Orthoptera

主要特征：中到大型，前胸发达，可活动，中、后胸愈合；触角较长，多节，有丝状、棒状等；复眼发达，通常单眼3个；咀嚼式口器，多为下口式，少数前口式；后足为跳跃足，跗节通常3~4节，个别为2节或5节；前翅革质，为覆翅，后翅膜质；雌虫具有发达的产卵器；雄虫具有发音器；渐变态。

直翅目分科检索表

1. 后足腿节背面有明显的纵隆线，触角较体短，少于30节，丝状、剑状或棒状，如有助听器则在第1腹节两侧（蝗亚目）·· 2
   后足腿节背面光滑，无纵隆线，触角常比体长，或等长，多于30节，丝状；如触角短，12节以下，则为念珠状；30节以上，则前足为开掘足；如有助听器则位于前足胫节上（螽亚目）··· 4
2. 前胸背板非常发达，向后延伸盖在腹部上，甚至超出腹端，如有翅，前翅呈短小的鳞片状，跗节为2-2-3式，爪间无中垫 ······························ 菱蝗科 Tettigidae
   前胸背板短，只盖及中胸，前翅不短于后翅，或无翅，跗节为3-3-3式，爪间有中垫 ··· 3
3. 触角短于前足腿节，如较长，则后足第1跗节上侧细齿状，且完全无翅，两触角基间距略大于两侧单眼间距，腹部气门位于背板和腹板之间的侧膜上，无腹听器 ·················
   ·· 短角蝗科 Eumastacidae
   触角长于前足腿节，两触角基间距小于两侧单眼间距，腹部气门位于背板前下缘，有腹听器，少数无翅种类则消失后小 ································· 蝗科 Acridiidae
4. 触角等于或长于体长，前足正常，具明显外露的产卵器·································· 5
   触角短于体长，前足适于开掘，无产卵器 ··· 7

5. 跗节为 4-4-4 式,尾须短小,如有产卵器则呈剑状、刀状 ································ 6

跗节为 3-3-3 式,或后足 4 节,尾须很长,产卵器矛状或针状 ·········· 蟋蟀科 Gryllidae

6. 产卵器剑状或刀状,前足胫节常有听器,体多纵扁 ············· 螽斯科 Tettigoniidae

产卵器不显著(亦有剑状产卵器者),体肥大,无听器,如有听器则跗节呈纵扁形,在第 3

跗节上缺侧向片状突起··············· 蟋螽科 Gryllacridae

7. 触角丝状,30 节以上,跗节 3 节,腹末有 1 对长尾须 ············ 蝼蛄科 Gryllotaipoidae

触角念珠状,12 节以下,跗节为 2-2-1 式,腹末有 1 对分节尾须,后足胫节端有 1 对可动

长片,体常小于 10 mm ·············· 蚤蝼科 Tridactylidae

重要科介绍

4.3.6.1　螽斯科 Tettigoniidae

多数绿色,有的色较暗,或有暗色斑;通常有 2 对翅,但有的为短翅或无翅,雄虫前翅的摩擦发音器发达,两翅摩擦发音,声音洪亮悦耳;听器在前足胫节基部,跗节 4 节;尾须短。多为植食性,少数肉食性。如条螽(图 4-23)、戈壁灰硕螽(图 4-24)。

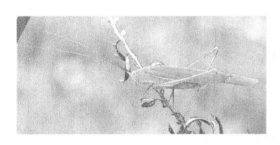

图 4-23　条螽

图 4-24　戈壁灰硕螽

4.3.6.2　蟋蟀科 Gryllidae

多数小型,少数大型,体长 4.5～50 mm,黑褐或黄色,背腹稍微扁平;触角极长,丝状;产卵器剑状;跗节多为 3 节;尾须长,不分节;前足胫节上有听器,雄虫前翅有摩擦发生器。穴居。如家蟋(图 4-25)、草原黑蟋(图 4-26)。

图 4-25　家蟋

图 4-26　草原黑蟋

4.3.6.3　蝼蛄科 Gryllotaipoidae

体大型,黑或褐色,被有短细的毛;触角细,顶端尖锐;前足为开掘足,粗壮;跗节 2～3 节;前翅短,后翅宽,纵卷成尾状伸过腹末;尾须长,不分节。如华北蝼蛄(图 4-27)。

图 4-27　华北蝼蛄

4.3.6.4　斑腿蝗科 Catantopidae

触角丝状;体表光滑;后足腿节上基片长于下基片,外侧具羽状隆线;前胸腹板具圆锥形、柱形、三角形或横片状的前胸腹板突;阳茎基背片呈桥状,锚状突较短。如斑腿蝗(图 4-28)。

图 4-28　斑腿蝗

4.3.6.5　网翅蝗科 Pyrgomorphidae

体中、小型,颜面倾斜,触角丝状,超过前胸背板的后缘,有时超过后足股节基部。前胸背板后缘弧形,中隆线较低,侧隆线弱,3 条横沟均明显,后横沟位于中部之后,沟前区长于沟后区。前翅发达,超过后足股节顶端,具中闰脉。后足股节常具膝前环。雌性上产卵瓣的长度为基部宽的 1.5 倍。如竹蝗(图 4-29)。

图 4-29　竹蝗

4.3.6.6　蚱科 Tetrigoidea

前胸背板特别发达,向后延伸至腹末,末端尖,呈菱形,故名菱蝗;前翅退化成鳞片状;后翅发达;无发音器和听器。喜生活在土表、枯枝落叶和碎石上。如蚱蜢(图 4-30)。

图 4-30　蚱蜢

4.3.7　螳螂目 Mantodea

主要特征:中至大型昆虫。体细长,绿色、褐色或具花斑。头呈三角形且活动自如,复眼突出,单眼 3 个,排成三角形。触角丝状;咀嚼式口器,上颚强劲。前胸特别延长,前足胫节呈镰刀状,常向腿节折叠,形成捕捉性前足,腿节和胫节生有倒钩的小刺,用以捕捉各种昆虫。中、后足适于步行。

重要科介绍

4.3.7.1　螳螂科 Mantidae

体小至大型,形状多样;头宽大于头长,复眼大,仅雄虫的单眼发达;前足腿节腹面内缘的刺长短交互排列,前足胫节外缘的刺直立或倾斜,彼此分开,有的退化;中后足一般无瓣;前翅无宽带或圆形斑,雌虫的翅常退化或消失;雄性下生殖板通常有 1 对腹刺。如薄翅螳螂(图 4-31)、中华大刀螂(图 4-32)。

图 4-31　薄翅螳螂

图 4-32　中华大刀螂

4.3.8 半翅目 Hemiptera

主要特征:通称蝽或椿象,成虫体长 1.5～160 mm,体壁坚硬,较扁,平常为圆形或细长状,绿、褐或具明显的警戒色;头后口式,复眼大,单眼 2 对或无;触角常为丝状,3～5 节;刺吸式口器,喙一般为 4 节,无下颚须和下唇须;前胸背板发达,为不规则的六边形,中胸小盾片发达,多呈三角形;跗节 1～3 节;前翅为半鞘翅,基部革质,端部膜质,有些种类翅退化或无翅;腹部9～11节,无尾须;渐变态。

重要科介绍

4.3.8.1 蝽科 Pentatomidae

体小至大型,椭圆形,扁平,体色变化大,触角 4 节或 5 节,单眼常为 2 个,喙 4 节。小盾片发达,三角形或舌状。半鞘翅发达,长过腹部,分为革片、爪片和膜片 3 部分,爪片末端尖,无爪片结合缝,膜区的纵脉 5～12 条,多从一基横脉出发;臭腺发达。大部分是植食性,多数为农林害虫。如紫翅果蝽(图 4-33)、菜蝽(图 4-34)、异色果蝽(图 4-35)、蓝菜蝽(图 4-36)。

图 4-33 紫翅果蝽

图 4-34 菜蝽

图 4-35 异色果蝽

图 4-36 蓝菜蝽

4.3.8.2　红蝽科 Pyrrhocoridae

体中至大型,灰褐色或红色,长椭圆形,革片常有圆斑;触角 4 节,复眼明显,无单眼,喙 4 节;前翅膜片纵脉多于 5 条,基部有 2 或 3 个翅室,少数种类翅脉呈不规则网状。如红蝽(图 4-37)。

图 4-37　红蝽

4.3.8.3　长蝽科 Lygaeoidae

体小至中型,椭圆形或长椭圆形;头短,触角 4 节,端节较粗壮;有单眼,复眼正常或大而突出;喙 4 或 3 节;前翅膜片有纵脉 4 或 5 节,少数端部呈网状,或具 1 个宽翅室,少数种有长翅型、短翅型或无翅型;跗节 3 节,部分种前足腿节粗大,下方具刺,有臭腺;雄性第 9 腹节膨大。如横带红长蝽(图 4-38)。

图 4-38　横带红长蝽

4.3.8.4　缘蝽科 Coreidae

体狭长,两侧缘平行;头比前胸背板窄、短;触角 4 节;有单眼,喙 4 节;爪片长于小盾片,爪片结合缝明显;前翅膜片有多条平行纵脉,基部常无翅室;后足腿节常粗大;跗节 4 节。如缘蝽(图 4-39)、稻棘缘蝽(图 4-40)。

图 4-39　缘蝽

图 4-40　稻棘缘蝽

4.3.8.5　猎蝽科 Reduviidae

体中至大型,体壁一般比较坚强结实。多数种类为长椭圆形,少数类群体足细长,外观如蚊虫状。多为黄褐色、褐色或黑色,部分种类鲜红色。头部相对较小,平伸,基部多少变窄,略呈一颈状。如急躁猎蝽(图 4-41)。

图 4-41　急躁猎蝽

4.3.8.6　仰蝽科 Notonectidae

终生以背面向下、腹面向上的姿势在水中生活。整个身体背面纵向隆起,呈船底状。腹部腹面下凹,有一纵中脊。后足很发达,压扁成桨状游泳足,休息时伸向前方。如仰蝽(图 4-42)。

图 4-42　仰蝽

4.3.8.7　黾蝽科 Gerridae

体小至大型,长形或椭圆形。身体腹面覆有一层极为细密的银白色短毛,具有拒水作用。触角 4 节,明显伸出。前胸背板极为发达,向后延伸,将中胸背板全部遮盖。前翅质地均一,多少成鞘质,向端方渐薄。如水黾(图 4-43)。

图 4-43　水黾

4.3.9　同翅目 Homoptera

主要特征:体小至大型,体壁光滑、无毛,体色多样;刺吸式口器,喙 1~3 节,多为 3 节,下颚须和下唇须退化;触角短,鬃状、线状或念珠状;单眼 2~3 个,或无;跗节 1~3 节;前翅质地均匀,膜质或革质,静止时呈屋脊状,有些蚜虫和雌性介壳虫无翅,雄性介壳虫后翅退化为平衡棒;雌虫腹部通常有发达的产卵器。

重要科介绍

4.3.9.1　蝉科 Cicadidae

体中至大型,触角短,刚毛状或鬃状,自头前方伸出;单眼 3 个,呈三角形排列;前、后翅均为膜质,常透明,后翅小,翅合拢时呈屋脊状放置,翅脉发达;前足腿节发达,常具齿或刺,跗节 3 节,雄性一般在腹部腹面基部有发达的发声器官;在腹部末端有发达的生殖器,阳茎退化,少数种类的阳茎发达;雌性产卵器发达,刺进植物枝条中产卵,导致顶梢死亡。如黑蚱蝉(图 4-44)、蟪蛄(图 4-45)、松寒蝉(图 4-46)。

图 4-44　黑蚱蝉

图 4-45　蟪蛄

图 4-46　松寒蝉

4.3.9.2　叶蝉科 Cicadellidae

体长 3～15 mm,形态变化很大,头部额宽大,触角刚毛状;单眼 2 个,少数种类没有单眼;前翅革质,后翅膜质,翅脉不同程度退化;后足胫节有棱脊,棱脊上生 3～4 列刺状毛,后足胫节有毛列。如大青叶蝉(图 4-47)。

图 4-47　大青叶蝉

4.3.9.3　沫蝉科 Cercopidae

体小型,长约 1.5 cm。后足胫节有 1～2 个侧刺,有 2 横列端刺。后足基节短而呈锥状。若虫灰白色,其肛门分泌物与腹部腺体分泌物形成混合液体,再由腹部特殊的瓣引入气泡而形成泡沫状,可使若虫不致干燥和不受天敌的侵害。如黑斑红沫蝉(图 4-48)、红背肿沫蝉(图 4-49)。

图 4-48　黑斑红沫蝉

图 4-49　红背肿沫蝉

4.3.9.4　广翅蜡蝉科 Ricaniidae

外型像小型蛾类,头部比胸部阔,中胸背板大,前翅特别宽大。如八点广翅蜡蝉(图4-50)、透明疏广翅蜡蝉(图 4-51)。

图 4-50　八点广翅蜡蝉

图 4-51　透明疏广翅蜡蝉

4.3.10　脉翅目 Neuroptera

主要特征:成虫体小至大型,大多数身体柔软;头下口式;复眼发达;咀嚼式口器;触角长,丝状、念珠状、栉齿状、棍棒状等;足细而短,跗节 5 节;翅两对,膜质,形状、大小和翅脉均相似;腹部 10 节,无尾须;完全变态。

重要科介绍

4.3.10.1　蝶角蛉科 Ascalaphidae

体大,外型极似蜻蜓;触角长,棒状,约等于体长;翅痣室短;复眼大,有沟分为上、下两部分。幼虫头部有明显的后头叶,上颚具 3 齿。如黄花蝶角蛉(图 4-52)。

图 4-52　黄花蝶角蛉

4.3.10.2　草蛉科 Chrysopidae

多数种类绿色,具金色或铜色复眼;触角长,丝状,无单眼;翅前缘区有 30 条以下的横脉,不分叉。幼虫体长形,两头尖削,胸部和腹部两侧长有毛瘤。头前口式,上、下颚合成的吸管长而尖。如丽草蛉(图 4-53)、中华草蛉(图 4-54)。

图 4-53　丽草蛉　　　　　　　　　　　　　　　　　　图 4-54　中华草蛉

4.3.10.3　蚁蛉科 Myrmeleontidae

体大型,体翅均狭长,似蜻蜓;触角短,棍棒状;前、后翅的形状、大小和脉序相似,静止时前、后翅覆盖腹背,明显呈屋脊状;Sc 与 R1 脉平行,并在近端部约 1/4 处愈合;翅痣不明显,但有狭长形的翅痣下室。如中华东蚁蛉(图 4-55)、穴蚁蛉(图 4-56)。

图 4-55　中华东蚁蛉　　　　　　　　　　　　　　　　图 4-56　穴蚁蛉

4.3.11　鳞翅目 Lepidoptera

主要特征:成虫体、翅和附肢均密被鳞片;虹吸式口器,上颚退化或消失,下颚的外颚叶特化成喙管;复眼大,单眼 2 个;腹足一般 5 对,少数退化或无;翅 2 对,膜质,横脉极少,前、后翅一般有中室;完全变态。

重要科介绍

4.3.11.1　粉蝶科 Pieridae

体中等大小,通常呈白色、黄色或橙色;足正常,爪 2 分叉;前翅 R 脉 3 或 4 支,极少 5 支;后翅有 2 条臀脉。如黄粉蝶(图 4-57)、白粉蝶(图 4-58)、豆粉蝶(图 4-59)。

图 4-57　黄粉蝶　　　　　　图 4-58　白粉蝶　　　　　　图 4-59　豆粉蝶

4.3.11.2　蛱蝶科 Nymphalidea

前足退化,短而不用于行走,无爪,通常折叠在前胸上,胫节短,被长毛;后翅 A 脉 2 条。如黑脉蛱蝶(图 4-60)、二尾蛱蝶(图 4-61)、绿豹蛱蝶(图 4-62)、单环蛱蝶(图 4-63)。

图 4-60　黑脉蛱蝶

图 4-61　二尾蛱蝶

图 4-62　绿豹蛱蝶

图 4-63　单环蛱蝶

4.3.11.3　灰蝶科 Lycaenidae

小型蝴蝶,纤弱而美丽;触角有白色的环,复眼周围有一圈白色鳞片;通常翅表有灰、蓝、绿等色,并具金属光泽。翅反面灰色,常具眼点,后翅常具纤细的燕尾状突。雌蝶前足发达,雄蝶后足退化。如小灰蝶(图 4-64)、长尾蓝灰蝶(图 4-65)。

图 4-64　小灰蝶

图 4-65　长尾蓝灰蝶

4.3.11.4　眼蝶科 Satyridae

体小至中型,颜色暗;翅反面多具眼状斑,前翅基部有 1~3 条脉(Sc、Gu、2A)特别膨大;前足退化。如仁眼蝶(图 4-66)、连纹黛眼蝶(图 4-67)。

图 4-66　仁眼蝶

图 4-67　连纹黛眼蝶

4.3.11.5　弄蝶科 Hesperiidae

头大,头宽大于或等于胸宽;触角棒节明显钩状;前翅三角形,中室通常在一或两对翅中开放;后足胫节有 2 对距。如黑弄蝶(图 4-68)、北方花弄蝶(图 4-69)。

图 4-68　黑弄蝶

图 4-69　北方花弄蝶

4.3.11.6 凤蝶科 Papilliondae

多为大型,颜色鲜艳,后翅后缘呈波状或有一尾状突,前翅 R 脉分 5 支,前翅中室下与 A 脉基部间有一小横脉相连(从翅下面易看见),翅底色黄(极少数白色)或绿色而有黑斑纹,或黑色而有蓝、绿、红色斑。如金凤蝶(图 4-70)、麝凤蝶(图 4-71)、碧凤蝶(图 4-72)、柑橘凤蝶(图 4-73)、旖凤蝶(图 4-74)、宽带青凤蝶(图 4-75)。

图 4-70 金凤蝶

图 4-71 麝凤蝶

图 4-72 碧凤蝶

图 4-73 柑橘凤蝶

图 4-74 旖凤蝶

图 4-75 宽带青凤蝶

4.3.11.7 环蝶科 Amathusiidae

中大型蝶,双翅面积较大,虫体较小,翅腹面常具圆形斑纹。成虫触角较短,末端部分逐渐加粗,但不明显;前足退化。如箭环蝶(图 4-76)。

图 4-76 箭环蝶

4.3.11.8 绢蝶科 Papilionidae

触角末端的膨大部不弯成钩状,端部无小钩,触角基左右相靠近;前翅臀脉有 2 条,前翅 R 脉分为 5 支,前翅中室下与 A 脉基部间有 1 条小横脉相连;后翅臀脉只有 1 条,后翅外缘多呈波状。如阿波罗绢蝶(图 4-77)、依帕绢蝶(图 4-78)。

图 4-77 阿波罗绢蝶

图 4-78 依帕绢蝶

4.3.11.9 灯蛾科 Arctiidae

一般小至中型,体色较鲜艳,通常具红色或黄色,且多具条纹或斑点。如星灯蛾(图4-79)、豹灯蛾(图 4-80)。

图 4-79 星灯蛾

图 4-80 豹灯蛾

4.3.11.10 毒蛾科 Lymantridae

成虫(蛾)中至大型。体粗壮多毛,雌蛾腹端有肛毛簇。口器退化,下唇须小。无单眼。触角双栉齿状,雄蛾的栉齿比雌蛾的长。有鼓膜器。翅发达,大多数种类翅面被鳞片和细毛。如柳毒蛾(图 4-81)。

图 4-81 柳毒蛾

4.3.11.11 菜蛾科 Plutellidae

体小型细狭状,色暗。下颚须短,向前突出;翅狭,前翅披针状,后翅菜刀形,后翅 M1 与

M2 常共柄。如小菜蛾(图 4-82)。

图 4-82　小菜蛾

4.3.12　鞘翅目 Coleoptera

主要特征:成虫头为前口式或下口式,复眼发达,常无单眼,少数有 1 个或 1 对单眼;触角形状多变化;咀嚼式口器,下颚须通常 3 节,少数 2 节;跗节 3~5 节;前翅鞘质,后翅膜质,有时退化,休息时鞘翅平置于胸、腹背面,盖住后翅;腹部可见腹板 5~8 节,雌虫无产卵器,雄性外生殖器有时部分露出。

鞘翅目成虫分科检索表

1. 第 1 节腹板被后足基节窝所分割,左右各呈一三角形骨片,中间不相连,前胸背板与侧板间有明显的分界线,捕食性或肉食性 ………………………………………… 肉食亚目
第 1 节腹板完整,中间不被后足基节窝所分割。前胸背板与侧板间无明显的分界线,多愈合在一起,食性复杂 ………………………………………………………… 多食亚目

肉食亚目分科检索表

1. 腹板 4~5 节 ……………………………………………………………………… 2
腹板 6~8 节 ……………………………………………………………………… 3
2. 腹板 5 节,触角 11 节,体长而扁,第 1 节腹板不被后足基节窝所划分,多发现于室内…
…………………………………………………………………… 长扁甲科 Cupedidae
腹板 4 节,触角多为 2 节(或 6~11 节),末端膨大,体长而扁,第 1 节腹板被后足基节窝划分,生活于蚁巢内 ………………………………………………… 棒角甲科 Paussidae
3. 复眼上、下分离,好像背、腹两面各有 1 对复眼,触角粗短不规则,中足和后足短而扁,多在水面旋转游动 ……………………………………………………… 豉甲科 Gyrinidae
复眼正常,触角细长,丝状,中、后足不短小,水生或陆生 ………………………………… 4
4. 后足基节向后扩展成极大的板状,遮盖腿节和腹部的大部分,触角 10 节,水生 ………
…………………………………………………………………… 沼梭科 Haliplidae
后足基节不向后扩展成极大的板状,触角 11 节。水生或陆生 ……………………… 5
5. 后胸腹板无横沟,无基前片,后足为游泳足,水生 ……………… 龙虱科 Dytiscidae
后胸腹板有 1 横沟,在基节前划出一块基前片,后足为步行足,陆生 ……………… 6
6. 触角生于上颚基部的额区,两触角间的距离小于上唇的宽度 …… 虎甲科 Cicindelidae
触角生于上颚基部与复眼间,两触角间的距离大于上唇的宽度 …… 步甲科 Carabidae

多食亚目分科检索表

1. 头不延伸成喙状,2 条外咽缝分离,前胸后侧片决不在腹板后相遇 ……………… 2

头多少延伸成喙状,2 条外咽缝末端并合成 1 条,前胸后侧片在前胸腹板后左右相遇
　　(象虫组 Rhyncophora) ··· 51

2. 触角端部数节(3～7 节),呈鳃片状,或呈栉状而膝状弯曲(鳃角组) ··········· 55

3. 下颚须与触角等长或更长,触角末端数节膨大 ·············· 水龟甲科 Hydrophilidae
　　下颚须比触角短 ·· 4

4. 3 对足跗节数目相同,如不同则非 5-5-4 ·· 5
　　3 对足跗节数目不等,前、中足为 5 节,后足为 4 节(5-5-4)(异节组) ·········· 41

5. 各足跗节非"似为 4 节",少数为"似为 4 节",但触角为球杆状 ····················· 6
　　各足跗节均"似为 4 节",而实为 5 节,其第 4 节很小,藏在第 3 节的分叶中,触角非球杆
　　状(植食组) ··· 53

6. 前足基节突出,锥形,往往左右相遇,少数基节圆形不突出,则前翅甚短 ············ 7
　　前足基节球形或横轴形或扩大成板状,几乎绝不突出并为腹板所隔开 ············· 24

7. 触角为棍棒状或球杆状,少数为念珠状或丝状等,前翅多短小,腹部除前 2 节外背板均
　　为角质(短鞘组) ·· 8
　　触角为锯状、栉状,少数为丝状或端部数节膨大而扁,前翅无甚短者 ··············· 12

8. 前翅很短,只盖住前 2 节腹节的背板,少数较长,则除前 2 腹节外背板均为角质 ······ 9
　　前翅长或较长,至少盖住前 3 节或 4 节的背板,故背板除此数节外均为角质 ······· 10

9. 腹部能动,可向背面弯曲,前翅后面一般都露出 7 或 8 节(稀有露出 2 或 3 节) ········
　　·· 隐翅甲科 Staphylinidae
　　腹部不能动,前翅后面一般露出 5 或 6 节 ····················· 蚁甲科 Pselaphidae

10. 后足基节左右相接近 ·· 葬甲科 Silphidae
　　后足基节左右远离··· 11

11. 触角短小,膝状,端部膨大,足扁宽适于开掘 ··················· 阎甲科 Histeridae
　　触角细长,非膝状,足细长善于疾走 ····················· 出尾蕈甲科 Scaphidiidae

12. 后足基节向后扩展,有容纳腿节前缘的槽,前胸不呈风帽状包盖头部,头一般不向下
　　(大基组) ··· 13
　　后足基节不向后扩展,如扩展则头为风帽状的前胸所包盖,头小且向下,背面看不到 ··· 16

13. 足跗节间的中垫大而多毛,触角栉状(雄)或锯状(雌) ·········· 羽角甲科 Rhipiceroidae
　　足跗节间的中垫很小而少毛·· 14

14. 后足基节扩展呈极大的板状,伸达两侧 ························· 扁股花甲科 Eucinetidae
　　后足基节扩展不很大,并向外侧缩小 ·· 15

15. 跗节下面有叶状扩展 ·· 花甲科 Dasciilidae
　　跗节下面无叶状扩展 ·· 沼甲科 Helodidae

16. 腹部腹板 5 节(木蠹组) ··· 21
　　腹部腹板 6～8 节(稀有 5 节者)(软鞘组) ·· 17

17. 后足基节扁平 ·· 郭公虫科 Cleroidae
　　后足基节突出··· 18

18. 腹部腹板 6 节(稀有 5 节者) ·· 拟花萤科 Melyridae
　　腹部腹板 7 或 8 节··· 19

19. 中足基节左右分离 ·· 红萤科 Lycidae

触角一般短于体长的 2/3 或远超过体长（个别有长者），多为丝状、念珠状或向端部膨大，稀有锯齿者，复眼一般完整，不环绕触角，头背面小而向前倾斜，前翅背板多具边………………………………………………………………（广义的）叶甲科 Chrysomelidae

55. 触角呈膝状弯曲，端部数节为栉状，雄虫上颚极发达 ……………… 锹甲科 Lucanidae
触角非膝状弯曲，端部 3～7 节呈鳃片状或栉状…………………………………… 56

56. 触角末端数节呈栉状并逐渐弯曲，体扁，前胸与鞘翅间有一段颈状结构，故不密接 …
………………………………………………………………………… 黑蜣科 Passalidae
触角末端 3～7 节呈鳃片状，体一般不扁，前胸与鞘翅间无颈状结构而密接 …………
………………………………………………………………（广义的）金龟子科 Scarabaeidae

57. 头部延伸的"喙"很明显，一般都长于其宽度，有时很长；触角一般为膝状，端部多膨大或为念珠状、丝状等，前足胫节外侧无强大的齿或刺…………………………… 58
头部的喙很短或不明显，触角短小，端部数节密接膨大如球，前足胫节外侧有强大的齿和刺………………………………………………………………………………………… 60

58. 触角念珠状而直伸，"喙"很直也向前平伸，体狭长 ………… 三锥象虫科 Brenthidae
触角丝状或膝状，端部多膨大，"喙"长或短 ………………………………………… 59

59. 触角丝状或末端膨大，但非膝状弯曲，有时极长，"喙"短而宽 ……… 长角象虫科 Anthribidae
触角丝状或末端膨大，多呈膝状弯曲，"喙"短或长，有的极长 ……………………
………………………………………………………………（广义的）象甲科 Curculionidae

60. 前足第 1 跗节等于其余 3 节之和，头比前胸宽 …………… 长小蠹科 Platypodidae
前足第 1 跗节短于其余 3 节之和，头比前胸窄 …………（广义的）小蠹科 Scolytidae

重要科介绍

4.3.12.1　芫菁科 Meloidea

中型，长圆筒形，体壁和鞘翅较软，黑色、灰色或有黄褐色斑纹；头大，下口式，后头急缢如颈；复眼大；触角 11 节，丝状或锯齿状，左、右鞘翅部分重叠，末端分离；前胸一般窄于鞘翅基部，无侧缘；前足基节窝开式，前、中足基节左右相接，后足基节横形，跗节 5-5-4，爪裂为 2 叉状。其是危害豆科、藜科等植物的害虫。如红头豆芫菁（图 4-83）、四点斑芫菁（图 4-84）、法氏斑芫菁（图 4-85）、蚁形斑芫菁（图 4-86）。

图 4-83　红头豆芫菁

图 4-84　四点斑芫菁

图 4-85　法氏斑芫菁

图 4-86　蚁形斑芫菁

4.3.12.2　拟步甲科 Tenebrionidae

小至大型,形态多变化,黑色或赤褐色;头前口式,触角棍棒状或丝状,10～11 节;鞘翅常在中部以后愈合,后翅退化;前足基节窝闭式,前、中足基节分离。如拟步甲(图 4-87)。

图 4-87　拟步甲

4.3.12.3　金龟科 Scarabaeidae

小至中型,体粗壮;触角 8～9 节,多毛;前足开掘式,两中足远离,后足着生在体后部而远离中足,中、后足胫节端部膨大,胫节有 1 端距;常无小盾片,鞘翅盖住气门;腹部腹板 6 节。如台风蜣螂(图 4-88)、小驼翁蜣螂(图 4-89)。

图 4-88　台风蜣螂

图 4-89　小驼翁蜣螂

4.3.12.4　花金龟科 Cetoniidae

多为中到大型甲虫,体壁坚固,头面唇基发达,基侧在复眼的前方内凹,使触角基部于背面可见。触角 10 节,鳃片部由 3 节组成。前胸背板前狭后阔,梯形或略近椭圆形,侧缘夹角间可见。鞘翅前阔后狭,背面常有 2 条强直纵肋,后胸后侧片及后足基节侧端于背面可见。如白星花金龟(图 4-90)、金匠花金龟(图 4-91)。

图 4-90　白星花金龟

图 4-91　金匠花金龟

4.3.12.5　丽金龟科 Rutelidae

多数种类色彩艳丽,有古铜、铜绿、墨绿等金属光泽,不少种类体色单调,呈棕、褐、黑、黄等色。体小至大型,以体型中等者为多。体多卵圆形或椭圆形,背面、腹面均较隆拱。前胸背板横阔,前狭后阔。如铜绿丽金龟(图 4-92)、中华彩丽金龟(图 4-93)。

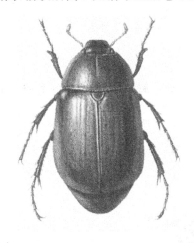

图 4-92　铜绿丽金龟

图 4-93　中华彩丽金龟

4.3.12.6　粪金龟科 Geotrupidae

大至中型,体粗壮,黑色;触角 11 节;上颚和上齿突出;小盾片发达;鞘翅完全盖住腹部,鞘翅表面有明显的纵沟;前足胫节宽,外援齿形或扇形,后足胫节端距 2 个;跗节细长。如粪金龟（图 4-94）。

图 4-94　粪金龟

4.3.12.7　葬甲科 Silphidae

体长 7～45 mm。体形多样,近圆而体扁平、半球形、梭形、纵长的梯形,或近矩形而体厚实。体表光滑或粗糙,有些显著被毛,通常暗色、黑色或黑褐色,部分类群鞘翅上具鲜艳的橘红色斑纹或色带,有时前胸背板整体或部分为红黄色。如黑负葬甲（图 4-95）。

图 4-95　黑负葬甲

4.3.12.8　锹甲科 Lucanidae

体多为黑色或褐色的大型甲虫,有光泽,体壁坚硬,头大而强。触角膝状,11 节,末端 3 节呈叶状。雄虫上颚特别发达,而突出成鹿角状。如锹甲（图 4-96）。

图 4-96　锹甲

4.3.12.9　象甲科 Curculionidae

微小至大型;体卵形、长形或圆柱形,体色暗、粗糙;头前口式,额和颊向前延伸成喙;触角膝状,10~12 节;复眼突出;前足基节窝闭式,跗节 5 节或似为 4 节。如列氏浑圆象(图 4-97)、雀斑筒喙象(图 4-98)。

图 4-97　列氏浑圆象

图 4-98　雀斑筒喙象

4.3.12.10　叶甲科 Chrysomelidae

小至中型,体圆形、椭圆形或圆柱形;成虫多具艳丽的金属光泽;触角常 11 节,唇基不与额愈合,前唇基明显分出;鞘翅盖住腹末或短缩;前足基节横形或锥形,跗节似为 4 节;复眼圆形。如阔胫萤叶甲(图 4-99)、马铃薯叶甲(图 4-100)、杨树萤叶甲(图 4-101)、十星瓢萤叶甲(图 4-102)。

图 4-99　阔胫萤叶甲

图 4-100　马铃薯叶甲

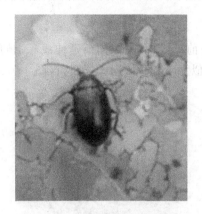

图 4-101　杨树萤叶甲

图 4-102　十星瓢萤叶甲

4.3.12.11　天牛科 Cerambycidae

中至大型，体长形，略扁；触角长而后伸；复眼肾形，包围触角基部；前胸背板侧缘有侧刺突；足胫节有 2 个端距，跗节似有 4 节；腹部可见 5 或 6 节；中胸常有发声器。如暗翅筒天牛（图 4-103）、松墨天牛（图 4-104）、白腹草天牛（图 4-105）、小棱角天牛（图 4-106）。

图 4-103　暗翅筒天牛

图 4-104　松墨天牛

图 4-105　白腹草天牛

图 4-106　小棱角天牛

4.3.12.12　瓢甲科 Coccinellidae

小至中型,体卵圆形、半球形拱起;体色多为红、黄、黑色,具鲜艳斑纹;头部小,触角在复眼前缘内侧,常为 11 节;跗节似有 3 节或 4 节;腹部可见 5 或 6 节腹板。如七星瓢虫(图 4-107)、十斑大瓢虫(图 4-108)。

图 4-107　七星瓢虫

图 4-108　十斑大瓢虫

4.3.12.13　吉丁虫科 Buprestoidae

小至中型,体条形或舟形,具金属光泽;头嵌入前胸;触角位于额区,锯齿状,11 节;前胸背板拱形;后胸腹板有 1 条横沟;鞘翅表面具纵形脊纹;跗节 5 节,腹部可见 5 节,第 1、2 腹板愈合。如吉丁虫(图 4-109)、天花吉丁虫(图 4-110)。

图 4-109　吉丁虫

图 4-110　天花吉丁虫

4.3.12.14　叩甲科 Elateridae

体形多狭长,小至大型。头型多为前口式,深嵌入前胸;前胸背板向后倾斜,与中胸连接不紧密,其后角尖锐;前胸腹板前缘具半圆形叶片向前突出,腹后突尖锐,插入中胸腹板的凹窝中,形成弹跳和叩头关节;后胸腹板中央无横缝;足较短。如松丽叩甲(图 4-111)。

图 4-111　松丽叩甲

4.3.12.15　步甲科 Carabidae

小至大型,体长圆形或圆柱形,黑色或褐色,多具金属光泽;头前口式,窄于胸部;触角丝状,11 节;复眼突出;唇基不达触角基部;鞘翅表面具刻点或条纹;后翅退化,不能飞翔;跗节 5节;腹部可见腹板 6 节。如青步甲(图 4-112)、黄斑青步甲(图 4-113)。

图 4-112　青步甲　　　　　　　　　　　　　　图 4-113　黄斑青步甲

4.3.12.16　虎甲科 Cicindelidae

中型,体长圆柱形,具金属光泽或鲜艳斑纹;头下口式,略宽于胸部;复眼大;触角着生与上颚基部的上方,11 节;上颚发达;鞘翅光滑,后翅发达,善于飞翔;足细长,胫节有距。如斜斑虎甲(图 4-114)。

图 4-114　斜斑虎甲

4.3.13　膜翅目 Hymenoptera

主要特征:体微小至大型,体长 0.2～50 mm;咀嚼式或刺吸式口器;跗节 2～5 节;前翅大、后翅小,以翅钩列连接,翅脉比较特化;有的腹基部常缢缩,第一腹节常与后胸合并成胸腹节;雌虫产卵器锯状、刺状或针状;完全变态。

膜翅目成虫分亚目检索表

1. 腹基部不缢缩,腹部第 1 节不与后胸合并;前翅至少具 1 个封闭的臀室;后翅基部至少具 3 个闭室;除茎蜂科以外均具淡膜区 ······ 广腰亚目 Symphyta
   腹基部缢缩,具柄或略呈柄状;腹部第 1 节与后胸合并成胸腹节;前翅无臀室;后翅基部少于 3 个闭室;无淡膜区 ······ 细腰亚目 Apocrita

广腰亚目分科检索表

1. 前翅 Rs 具二分支,触角鞭节由一个多节愈合成的长棒和多节的端丝组成;前气门后片发达并与侧板愈合;上颚具磨区;中、后足胫节具端前距(长节蜂总科 Xyeloidea) ······
   ······ 长节蜂科 Xyelidae
   前翅 Rs 不分支,触角鞭节不同上述;前气门后片大型并与侧板分离,或很小甚至缺 ······ 2
2. 雄性生殖器扭转 180°;前胸背板中部狭窄,后缘深凹弧形;前翅中室无背柄,如具短柄,则触角 9 节(叶蜂总科 Tenthredinoidea) ······ 3
   雄性生殖器不扭转;前胸背板中部通常宽,不呈线状,后缘无明显折叶;前翅中室具柄式,触角非 9 节 ······ 7
3. 具中胸侧腹板沟;胫节常具端前距;前翅 2r 脉缺;后胸侧板与腹部第 1 背板愈合;腹部筒形,无边缘脊 ······ 4
   无中胸侧腹板沟;胫节无端前距;前翅 2r 脉常有,如缺则前后翅臀室完整 ······ 5
4. 触角 3 节,第 3 节棒状或音叉形;后翅臀室发达,封闭,具 3A 脉 ····· 三节叶蜂科 Argidae
   触角多于或等于 6 节,第 3 节细短;前后翅臀室均不完整,3A 脉缺 ······
   ······ 筒腹叶蜂科 Pergidae
5. 小盾片附片发达;触角 9 节(有时例外);前胸腹板游离;后胸侧板不与腹部第 1 背板愈合,第 1 背板通常具中缝;中胸上后侧片不呈亚水平向 ····· 叶蜂科 Tenthredinidae
   无小盾片附片;触角不为 9 节 ······ 6
6. 触角 7 节,第 3 节细长柄状,端部膨大,触角窝上位;无额唇基缝;前胸侧板腹面与腹板愈合;中胸上后侧片强烈倾斜并凹入;后胸侧板大,与第 1 腹节背板愈合;腹部具侧缘脊,第 1 腹节背板无中缝;前翅具 2r 脉 ····· 锤角叶蜂科 Cimbicidae
   触角多于 13 节,鞭节栉状,各节均十分短小,触角窝中下位;具额唇基缝;前胸侧板腹面尖且与腹板远离,中胸上后侧片亚水平向凸出;后胸侧板小,不与第 1 腹节背板愈合;腹部筒形,无侧缘脊,第 1 腹节背板具中缝;前翅无 2r 脉 ······ 松叶蜂科 Diprionidae
7. 触角 4 节,第 3 节长棒状,第 4 节微小,有时缺;前胸背板中部狭窄,前气门后片发达并与侧板分离;前翅中室梨形,翅脉远离翅缘;幼虫蛀食蕨类植物茎杆 ······
   ······ 梨室蜂科 Blasticotomidae
   触角非 4 节,长丝状;翅脉端部接近翅缘;前翅中室非梨形;前胸背板中部宽,前气门后片小并与侧板合并;头型闭式;幼虫不取食蕨类 ······ 8
8. 腹部第 1、2 节之间显著缢缩,第 1 节与后胸多少愈合,后胸无淡膜区;无前气门后片(茎

蜂总科 Cephoidea) ·························· 茎蜂科 Cephidae

腹部第 1、2 节之间不缢缩，第 1 节不与后胸愈合；后胸具淡膜区；具前气门后片 ······ 9

9. 头型 4 孔式；体形宽扁；前翅 Sc 脉完全游离，不与 R 脉愈合；翅脉弯曲网状；或触角鞭
分节具发达叶片；上颚显著延长(广背蜂总科 Megalodontesoidea) ·············· 10

头型双孔式；体形不扁；前翅 Sc 脉与 R 脉愈合，仅末端游离；翅脉直，伸向翅端；触角简
单丝状；上颚不显著延长 ······························ 11

10. 前后翅 Sc 脉游离，不与 R 脉愈合；M 脉与中室背柄连成直线，中室背柄很短；触角长
丝状；腹部第 2 背板中央分裂；后翅前缘具 2 丛翅钩 ············ 扁蜂科 Pamphiliida

前后翅 Sc 脉愈合；M 脉与中室背柄直线状相连，中室背柄几乎与 M 脉等长；触角鞭分节
具长叶片；腹部第 2 背板不分裂；后翅前缘具 1 丛翅钩 ····· 广背蜂科 Megalodontesidae

11. 触角短，10～11 节，亚端节膨大，常具端钩，着生于唇基腹侧；翅脉退化，前翅臀室具柄
式，2A＋3A 脉缺，2r 脉和 2 m-cu 脉缺；后翅臀室开放，2A 脉缺；产卵器长丝状环绕。
幼虫寄生性(尾蜂总科 Orussoidea) ··················· 尾蜂科 Orussidae

触角长丝状，5～6 节或多于 12 节，鞭节正常，触角着生于颜面上；翅脉发达，前翅臀室
完整，具 2r 脉，2M 室封闭；后翅臀室闭式，2A 脉完全；产卵器非长丝状环绕 ········
··· (树蜂总科 Siricoidea)

12. 前胸侧板(颈片)延长，水平方向前伸，头部后缘远离前胸背板；前胸背板中部狭窄，两
侧十分发达；中胸背板具横缝；末背板无刺突；产卵器短小；前翅基脉与中室背柄(Rs
游离段)成角状弯曲 ························· 长颈树蜂科 Xiphydriidae

前胸侧板不十分延长，伸向前上方，头部与前胸背板接触；前胸背板中部很宽，两侧微
弱延长；中胸背板无横缝；末背板具发达刺突；产卵器细长；前翅基脉与中室背柄(Rs
游离段)连成直线 ························· 树蜂科 Siricidae

细腰亚目分总科检索表

1. 后足转节 2 节；前翅有翅痣，后翅有闭室；雌蜂腹部末端稍呈钩状弯曲；产卵管针状很少
外露；上颚大，齿左 3 右 4 钩 ··················· 腹蜂总科 Trigonaloidea

上述特征不同时具备 ······························ 2

2. 头部单眼周围有 5 个齿状额突；腹柄常大于宽；前翅有若干闭室
··· 冠蜂总科 Stephanoidea

无上述特征的组合 ······························ 3

3. 具触角下沟；后足胫节端部有密生刚毛的洁净刷 ············ 巨蜂总科 Megalyroidea

无触角下沟；后足胫节端部无洁净刷 ······················ 4

4. 腹部位于并胸腹节背面，远在后足基节上方；触角 13～14 节 ······ 旗腹蜂总科 Evanioidea

无上述特征 ······································ 5

5. 雌虫腹末节腹板纵裂，产卵管从腹部末端之前伸出，并具与产卵管等长而狭的 1 对鞘；
后翅往往无臀叶；转节 1 或 2 节 ························ 6

雌虫最后腹节的腹板不纵裂，产卵管从腹部末端伸出，常为一真刺而无 1 对突出的鞘；
前翅前缘室常存在；后翅常有臀叶；转节 1 节(或为极不明显的 2 节) ··············· 8

6. 前后翅脉发达；前翅有一翅痣，常呈三角形或少数细长或线形，前缘脉发达，有或无前缘
室；触角多在 16 节以上 ························· 姬蜂总科 Ichenumonoide

前后翅脉退化；前翅无翅痣；前缘脉远细于亚前缘脉；腹部腹面坚硬骨质化，无褶；触角

丝状或膝状,常少于 14 节;转节 1 或 2 节 ┄┄┄┄┄┄┄┄┄┄┄┄┄┄┄┄ 7

7. 前胸背板两侧向后延伸达翅基片;触角不呈膝状;缺胸腹侧片;转节常仅 1 节;翅有径
　室,多少完整,翅痣极少发达;体多侧扁 ┄┄┄┄┄┄ 瘿蜂总科 Cynipoidea
　前胸背板不达翅基片,触角多少呈明显的膝状;胸腹侧片常存在;转节常 2 节;翅脉很退
　化,常有 1 个线形的痣脉,缺径室 ┄┄┄┄┄┄ 小蜂总科 Chalcidoidea

8. 第 1 腹节呈鳞片状或结节状,有时第 1、2 节均呈结节状,与第 3 节背腹两面均有深沟明
　显分开;群体生活,部分为捕食性,无寄生性┄┄┄┄┄┄ 蚁科 Formicidae
　第 1 腹节不呈鳞片状,若为结节状则第 2、3 节之间无深沟分开 ┄┄┄┄┄┄ 9

9. 前胸背板两侧向后延伸,达到或几乎达到翅基片,后角不呈叶状 ┄┄┄┄┄┄ 10
　前胸背板短(少数前方延伸成颈),虽后角呈圆瓣状,但不达于翅基片 ┄┄┄┄┄┄ 13

10. 后翅无明显的脉序和关闭的翅室,常为小型或微小蜂类 ┄┄┄┄┄┄ 11
　后翅有一明显的翅脉序,而且至少有一关闭的肘室 ┄┄┄┄┄ 胡蜂总科 Vespoidea

11. 后翅有臀叶;前足腿节常显著膨大且末端呈棍棒状;前胸两腹侧部不在前足基节前相
　接或不明显 ┄┄┄┄┄┄ 青蜂总科 Chrysoidea
　后翅无臀叶;前足腿节正常或端部膨大;前胸左右两腹侧部细,伸向前足基节前方而相
　接 ┄┄┄┄┄┄ 12

12. 前足胫节 1 距;无小盾片横沟,如有三角片,则与小盾片主要表面不在同一水平上┄
　┄┄┄┄┄┄ 细蜂总科 Droctotrupoidea
　前足胫节 2 距;小盾片常有一横沟,并有三角片,与主要表面在同一水平上 ┄┄┄┄
　┄┄┄┄┄┄ 分盾细蜂总科 Ceraphronoidea

13. 中胸背板(包括小盾片)的毛分叉呈羽毛状;后足第 1 节常大型,增厚或扁平,常有毛
　┄┄┄┄┄┄ 蜜蜂总科 Apidea
　中胸背板(包括小盾片)的毛不分叉;后足第 1 节纤细,不宽阔或增厚,常无毛 ┄┄┄┄
　┄┄┄┄┄┄ 泥蜂总科 Sphecoidea

重要科介绍

4.3.13.1　叶蜂科 Tenthredinidae

小至中型昆虫,体长 3.8～14.0 mm。体阔,肥胖如蜜蜂,无腹柄。头阔,复眼大,单眼
3 个。触角 7～10 节,刚毛状、丝状或稍带棒状。中胸侧板和中胸腹板之间的缝不明显。翅
大,翅脉脉序原始。小盾片具后背片。如樟叶蜂(图 4-115)。

图 4-115　樟叶蜂

4.3.13.2　姬蜂科 Ichneumonidae

小至大型,体长 3～40 mm;触角丝状,13 节以上;前胸背板两侧向后延伸,与背板相接触;翅发达,少数翅短或无翅,翅脉明显,前翅端部第 2 列翅室的中间 1 个特别小,呈四边形或五角形,该翅室下方连有 1 条横脉,称为第二回脉;并胸腹节常具刻纹;腹部着生在并胸腹节下方,细长;产卵管差异大。如姬蜂(图 4-116)、夜蛾瘦姬蜂(图 4-117)。

图 4-116　姬蜂

图 4-117　夜蛾瘦姬蜂

4.3.13.3　胡蜂科 Vespidae

中到大型,体长 9～17 mm,体光滑或具毛,常为黄色,有黑色或褐色的斑和带;触角略呈膝状;唇基顶端宽截,边缘多少有凹痕;前胸背板发达;第 1 腹节背板前方倾斜,后方水平;翅狭长,休息时纵褶;中足胫节有 2 个端距,跗节爪简单。如德国黄胡蜂(图 4-118)、黄腰胡蜂(图4-119)。

图 4-118　德国黄胡蜂

图 4-119　黄腰胡蜂

4.3.13.4　马蜂科 Polistidae

隶属胡蜂总科。上颚短宽,顶端斜截,有齿;腹部第 1 节近圆锥形;雌蜂触角 12 节,腹部 6 节;雄蜂触角 13 节,腹部 7 节。如角马蜂(图 4-120)、中华马蜂(图 4-121)。

图 4-120　角马蜂

图 4-121　中华马蜂

4.3.13.5　泥蜂科 Sphecidae

体形细长,常黑色,并有黄、橙或红色斑纹;体光滑或具毛;触角丝状,雌性 12 节,雄性 13 节;前胸背板三角形或横形,不伸达肩板;腹柄节长,圆筒形。足细长,中足胫节有 2 个端距。如泥蜂(图 4-122)。

图 4-122　泥蜂

4.3.13.6　蜜蜂科 Apidae

小到大型,多为黑色或褐色,生有黑、白、黄、橙、红等色的密毛;头与胸部等宽;复眼椭圆形,有毛;上颚须 1 节,下颚须 4 节;前、中足胫节各具 1 个端距,后足胫节扁平具长毛,末端形成花粉篮,第 1 跗节扁阔,内侧有几列短刚毛,形成花粉刷。如中华蜜蜂(图 4-123)。

图 4-123　中华蜜蜂

4.3.13.7　木蜂科 Xylocopidae

中、大型蜂类,隶属蜜蜂总科。体粗壮,黑色或蓝紫色,具金属光泽。胸部生有密毛,腹部背面通常光滑。触角膝状。足粗,后足胫节表面覆盖很密的刷状毛。翅狭长,常有虹彩。腹部无柄。营独居生活,常在干燥的木材上蛀孔营巢,巢室为1列。如黄胸木蜂(图4-124)、紫蓝木蜂(图4-125)。

图 4-124　黄胸木蜂

图 4-125　紫蓝木蜂

4.3.13.8　蚁科 Formicidae

通称蚂蚁。多为黑色、褐色、黄色或红色,刚出生时,通体透明,体躯平滑,或有毛刺、刻纹和瘤突。头部通常阔大,触角膝状。口器和足均发达。有性个体有翅2对,工蚁通常无翅。基部腹节显著紧缩,形成腹柄。腹柄1~2节,每节背面上有1~2个结节状突起。多数种类具有多型现象,属社会性昆虫。如小家蚁(图4-126)、黑蚂蚁(拟黑多刺蚁)(图4-127)。

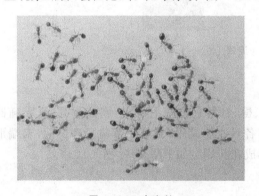

图 4-126　小家蚁

图 4-127　黑蚂蚁(拟黑多刺蚁)

4.3.14　双翅目 Diptera

主要特征:体小至中型;复眼发达,单眼3个或无;触角在不同的科差异很大,有丝状、具芒状等;口器刺吸式或舔吸式,上颚不明显,下颚扩张成1对肉质的瓣;前、后胸小,中胸极发达;跗节5节;前翅发达,膜质,翅脉复杂,后翅退化为平衡棒;腹部4~5节或11节,雌虫常无产卵器;完全变态。

重要科介绍

4.3.14.1　蝇科 Muscidae

小至大型,灰黑色,头部大,能活动;触角芒羽状;复眼发达,通常为离眼,少数种类雄虫为接眼;喙肉质,可伸缩;胸部背面常具黑色纵条,下侧片及翅侧片的鬃不排列成行;翅大,腋瓣发达;腹部有毛,气门在第 2～8 节背板上。如舍蝇(图 4-128)。

图 4-128　舍蝇

4.3.14.2　丽蝇科 Calliphoridae

中至大型,常有蓝绿光泽,或淡色粉被;雄虫合眼式,雌虫离眼式,触角芒羽状或栉状。前胸侧板和腹板具毛。腹部短阔,末端有粗毛或鬃。幼虫蛆形,近白色,生存在动物尸体、腐肉或粪便中。如红头丽蝇(图 4-129)。

图 4-129　红头丽蝇

4.3.14.3　蚊科 Culicidae

成虫体小而细长,头小,近圆球形。喙细长前伸,胸部背面隆起。翅狭长,翅缘和翅脉具鳞片和毛。足细长,爪有齿。如按蚊(图 4-130)、白线伊蚊(图 4-131)。

图 4-130　按蚊

图 4-131　白线伊蚊

4.3.14.4　大蚊科 Tipulidae

体细长似蚊,中或大型。头大,无单眼,雌虫触角丝状,雄虫触角栉齿状或锯齿状。中胸背板有一"V"形沟;翅狭长;平衡棒细长;足细长,转节与腿节处常易折断。如大蚊(图 4-132)。

图 4-132　大蚊

4.3.14.5　虻科 Tabanidae

成虫体粗壮,头大,翅宽,体长 6～30 mm。触角 3 节,鞭节端部分 3～7 个小环节。爪间突发达,呈垫状。上、下腋瓣和翅瓣均发达。如牛虻(图 4-133)。

图 4-133　牛虻

4.3.14.6　食虫虻科 Aslidae

小至大型,多毛;头宽,有细颈,能活动;头顶在两复眼间下凹,复眼发达,单眼 3 个,末节具端刺。口器细长而坚硬,适于刺吸;翅大而长;腹部 8 节,细长,雄虫有明显的下生殖板,雌性有尖的伪产卵器。如食虫虻(图 4-134)。

图 4-134　食虫虻

4.3.14.7　食蚜蝇科 Syrphidae

中型,常有黄、黑色相间的横纹;头部大,复眼发达,有单眼;翅外缘有与边缘平行的横脉,使 R 脉和 M 脉的缘室成为闭室,在 R 脉与 M 脉间常有 1 条伪脉;腹节 4～5 节。如食蚜蝇(图 4-135)。

图 4-135　食蚜蝇

4.3.15　竹节虫目 Phasmida

主要特征:中至大型,形似细长竹节或宽扁叶片状,多为绿色或褐色。头小略扁。触角或长或短,丝状。前胸较短,中、后胸长。翅 2 对,前翅小、革质,后翅膜质,臀区发达。有的只有 1 对翅或无翅。足细长或宽扁,易折断。前足静止时前伸;腹部 10 节,尾须 1 对,短小。如竹节虫(图 4-136)。

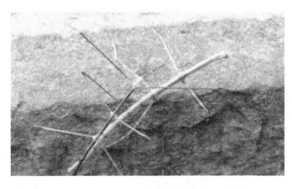

图 4-136　竹节虫

4.3.16 广翅目 Megaloptera

主要特征:中至大型,体长 8～65 mm。上颚发达。复眼突出。胸部 3 节分明,前胸大略呈方形,中、后胸有后背片和气门。翅 2 对,膜质,翅宽大,翅展 25～175 mm,前、后翅相似,翅脉呈网状,翅呈屋脊状置于背上;翅脉较多,但到外缘不再分成小叉,可区别于脉翅目。如普通齿蛉(图 4-137)。

图 4-137 普通齿蛉

拓展与提高

1.实习地药用昆虫资源多样性调查与开发利用。
2.实习地食用昆虫资源多样性调查与开发利用。
3.实习地蝴蝶资源多样性调查。

第**5**章

内陆脊椎动物实习

5.1 鱼纲

鱼类属于脊索动物门中的脊椎动物亚门,在现存脊椎动物中,鱼纲种类最多。最新数据表明,全球现有鱼类约28000种,分布在世界各个水域,其中我国约3000种,多数生活于海水,淡水种类约1000种。内陆脊椎动物鱼纲的实习以淡水鱼类为主,因此,本书重点介绍淡水鱼类的实习。

5.1.1 鱼类标本的采集

5.1.1.1 鱼类采集工具

(1)网具:小型撒网、刺网和捞网(图5-1)。

(2)钓具:一条干线上系许多钓钩,钓鱼时在钩上装上诱饵(蚯蚓、螺肉、小鱼虾、麦粒、粉团等)。

(3)橡胶连鞋下水裤。

(4)水桶。

(5)便携式充气泵。

 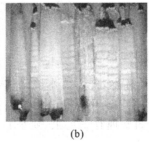 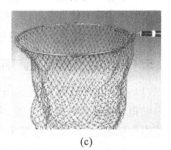

(a)　　　　　　　　　　(b)　　　　　　　　　　(c)

图 5-1　网具

(a)撒网;(b)刺网;(c)捞网

5.1.1.2 采集时间和地点

采集时间:春、夏季节的晴天。

采集地点:江、河、湖泊近岸浅水或支流水草较多处,山间溪流。

5.1.1.3　采集方法

使用撒网捕鱼时,操作者站在岸边或浅水中,左手拿住网的上部和手纲,并兜托部分网衣,右手将理好的网口握住,对准可能有鱼的位置,用力将网向外作弧形撒出,使网衣呈圆盘形状覆盖住水面下沉,待沉完后,再慢慢拉收手纲,使网口逐渐闭合,鱼类即被夹裹在网内。

使用刺网捕鱼时,可选择有大量水草的边缘地区,在傍晚时下网,使网固定拦阻在一定的位置上。次日清晨收网。

使用捞网捕鱼时,一般选择在水流较急的河流、水沟或溪流,用双手紧握捞网网柄,网口向着水面往下扣,直到水底,再逆水往回刮拉,最后顺势快速将网口向上抬出水面。

使用钓具时,如果用活饵,应不使其因穿刺而死亡,同时不要使钩子露出诱饵表面。放钓时间一般在傍晚,早晨收钓。

注意:收网、收钓时,对上网、上钩的鱼,要小心起捕,尽量不损害鱼体的鳍和鳞片,以便能制作完整的标本。采集时不要追求每种鱼类的标本数,而要尽可能增加科、属、种的数目,特别是要注意采集小型非经济鱼类和不同年龄的个体。采集过程中应严禁学生下河游泳,确保采集安全。

此外,还可以请当地渔民按实习要求进行采集,或到当地渔船码头、农贸市场进行渔获物的调查和采购,以补充鱼的种类,使学生能认识更多的鱼类,并了解当地水域鱼的种类组成和年龄分布特点。

5.1.2　鱼体的观察、测量和记录

5.1.2.1　观察、测量的用具用品

(1) 体长板:用于测量鱼体各部分的长度。体长板用塑料板画上米制方格刻度制成,也可购买塑料质地的坐标纸,钉在木板上制成。

(2) 白瓷盘:用于盛放观察、测量的标本。

(3) 标签:用于标本编号。标签通常用长约 5 cm,宽约 2 cm 的白布制成,用绘图墨水写上采集地点、时间、编号。

(4) 纱布、软毛刷、塑料盆:用于洗刷标本。

(5) 秤:用于称取鱼的体重。

(6) 记录册、铅笔:用于记录。

5.1.2.2　观察、测量前的准备工作

(1) 标本处理:对采集的鱼类标本,先用清水洗涤体表,将污物和黏液洗掉。对体表黏液多的鲇鱼、泥鳅和黄鳝等种类,要用软刷反复刷洗干净。刷洗时,应按鳞片排列方向进行刷洗,以免损伤鳞片。在洗涤过程中,如发现有寄生虫,要小心取下放进瓶内,注入 70% 酒精保存,并在瓶外贴上号牌,写明采集编号。

(2) 编号:将洗涤好的标本,放在白瓷盘中,根据采集顺序依次编号。每一个标本都要在胸鳍基部系一个带号的标签。

5.1.2.3　观察与测量

(1) **体色和形态:**在野外采集到鱼类标本后,应趁鱼尚未死去或鱼体新鲜时,对其体色和形态进行记录和简单描述。

（2）鱼类可量性状测量（图 5-2）：

①体长：有鳞类从吻端或上颌前端至尾柄正中最后一枚鳞片的距离，无鳞类从吻部或上颌前端至最后一个脊椎骨末端的距离。

②头长：从吻端或上颌前端至鳃盖骨后缘的距离。

③吻长：从眼眶前缘至吻端的距离。

④眼径：眼眶前缘至后缘的距离。

⑤眼间距：从鱼体一边眼眶背缘至另一边眼眶背缘的宽度。

⑥尾柄长：从臀鳍的末端至尾鳍基部的长度。

⑦尾柄高：尾柄部分最狭处的高度。

⑧体重：整条鱼的质量。

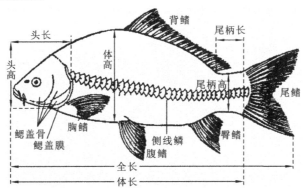

图 5-2　鲤的外形及部分可量性状的测量

（3）鱼类可数性状的测量：

①侧线鳞数：沿侧线直行的鳞片数目，即从鳃孔上角的鳞片起至最后有侧线鳞片的鳞片数。

②侧线上鳞数：从背鳍的前一枚鳞数至接触到侧线的一枚鳞为止的鳞片数。

③侧线下鳞数：臀鳍基部斜向前上方直至侧线的鳞片数。

④鳞式：侧线鳞数$\dfrac{侧线上鳞数}{侧线下鳞数}$。

⑤鳃耙数：计算第一鳃弓外侧或内侧的鳃耙数。

⑥鳍条和鳍棘：鳍由鳍条和鳍棘组成。鳍条柔软而分节，末端分支的为分枝鳍条，末端不分支的为不分枝鳍条；鳍棘坚硬，由左、右两半组成的鳍棘为假棘，不能分为左、右两半的鳍棘为真棘（图 5-3）。鳍棘数目用罗马数字表示，鳍条数目用阿拉伯数字表示。

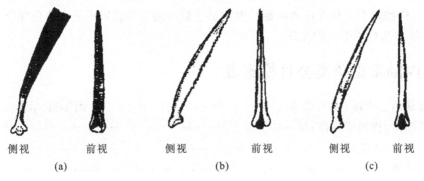

侧视　　　　前视　　　　侧视　　　　前视　　　　侧视　　　　前视

（a）　　　　　　　　（b）　　　　　　　　（c）

图 5-3　鱼类的鳍条、真棘和假棘

(a)鳍条(鲤)；(b)假棘(鲤)；(c)真棘(鲈)

上述各项观测结果,应在观测过程中及时填写在鱼类野外采集记录表中(表5-1)。

表5-1　鱼类的形态特征记录

鱼编号 形态特征	1	2	3	4	5	6	7	8	9	10	...
体色与形态											
体重											
体长											
头长											
吻长											
眼径											
眼间距											
尾柄长											
尾柄高											
侧线鳞数											
侧线上鳞数											
侧线下鳞数											
鳃耙数											
背鳍条数											
臀鳍条数											

5.1.3　鱼类标本的鉴定与分类

结合采集鱼类的观察、测量和记录,依据《中国淡水鱼类检索》、《中国动物志·硬骨鱼纲·鲤形目(中卷)》、《中国动物志·硬骨鱼纲·鲤形目(下卷)》、《中国动物志·硬骨鱼纲·鲇形目》等工具书对鱼类标本进行分类鉴定。

5.1.4　鱼类浸制标本的制作和保存

鱼类标本观测记录结束后,将标本进一步清洗干净,矫正体形,暂时放在10%福尔马林液中进行固定,体型较大的标本还要向腹腔中注射适量的福尔马林固定液。待鱼体定型变硬后,再放入5%福尔马林液中长期保存。

5.1.5　内陆常见鱼类分目检索表

1.体被硬鳞或裸露;尾为歪形尾 …………………………… 鲟形目 Acipenseriformes
　体被圆鳞、栉鳞或裸露;尾一般为正形尾 ……………………………………………… 2
2.体呈鳗形,无腹鳍 ………………………………………………………………………… 3
　体不呈鳗形,一般具腹鳍 ………………………………………………………………… 4
3.左右鳃孔在喉部相连为一;无偶鳍,奇鳍也不明显 ……… 合鳃目 Sgmbranchiformes
　左右鳃孔不相连;无腹鳍 ……………………………………………… 鳗鲡目 Anguilliformes

　　4.具韦伯氏器 ……………………………………………………………… 5

　　　　不具韦伯氏器 …………………………………………………………… 6

　　5.通常两颌无齿,具咽喉齿 ……………………………… 鲤形目 Cypriniformes

　　　　两颌具齿 ………………………………………………… 鲇形目 Siluriformes

　　6.有脂鳍 ………………………………………………… 鲑形目 Salmoniformes

　　　　无脂鳍 …………………………………………………………………… 7

　　7.背鳍无真正的鳍棘 ……………………………………………………… 8

　　　　背鳍一般有发达的鳍棘 …………………………………… 鲈形目 Perciformes

　　8.无侧线,上下颌正常 ………………………………… 鲱形目 Clupeiformes

　　　　有侧线,上下颌延长如针 ………………………… 颌针鱼目 Beloniformes

5.1.6　鱼纲常见种类识别

5.1.6.1　鲟形目 Acipenseriformes

主要特征:体延长,梭形,一般被硬鳞或裸露。吻突出,口腹位。眼小。尾鳍上缘有棘状鳞。尾为歪形尾。

常见种类

1.鲟科 Acipenseridae

中华鲟 *Acipenser sinensis*(图 5-4)　体长梭形。头略呈长三角形。吻犁形,基部宽,前端尖。口下位,横裂。上、下唇具有角质乳突。体被 5 列骨质硬鳞,其中背部 1 列,体侧及腹侧各2 列,背部的一列较大。各列硬鳞之间皮肤裸露、光滑。尾歪形。以底栖无脊椎动物为食。主要分布于中国东海和长江水系。

图 5-4　中华鲟

2.匙吻鲟科 Polyodontidae

匙吻鲟 *Polyodon spathala*(图 5-5)　吻呈汤匙状,形似鸭嘴。引进种,原产于北美。

图 5-5　匙吻鲟

5.1.6.2 鲑形目 Salmoniformes

主要特征：上颌缘具齿。多数有脂鳍，位于背鳍后或臀鳍前。一般被圆鳞。通常胸鳍位低，腹鳍腹位。多为冷水性鱼类。栖息于淡水、海水中。

常见种类

银鱼科 Salangidae

短吻间银鱼（长江银鱼） *Hemisalanx brachyrostralis*（图 5-6）　口大，吻长而尖。前上颌骨前部形成钝或锐的三角形扩大部。上颌骨末端不达眼前缘。下颌缝合部有 1 对骨质突起，有 1 对犬齿，前端有缝前突。生活时体柔软透明。分布于长江中、下游及其附属湖泊。

图 5-6　长江银鱼

太湖新银鱼 *Neosalanx taihuensis*（图 5-7）　口小，吻短。前上颌骨前部正常。上颌骨末端超过眼前缘。下颌缝合部无骨质突起，无犬齿，前端无缝前突。生活时全体透明。分布于长江中、下游的附属湖泊。

图 5-7　太湖新银鱼

5.1.6.3 鲱形目 Clupeiformes

主要特征：体长形，侧扁。腹部正中有锯齿状的棱鳞。上、下颌骨等长，有辅上颌骨 1～2 块。齿小，不发达或无齿。鳃盖膜不与峡部相连。多数种类鳃耙细长。体被薄圆鳞。侧线不完全或无。胸鳍和腹鳍基部具腋鳞。背鳍无硬刺，无脂鳍；腹鳍腹位，具 6～11 根鳍条。

常见种类

鳀科 Engraulidae

短颌鲚 *Coilia brachygnathus*（图 5-8）　体长而侧扁，形如柳叶。上颌骨后端呈片状游离，末端不达胸鳍起点处。胸鳍前 6 根鳍条游离延长成丝，末端延伸达臀鳍起点处。臀鳍基特长，末端与尾鳍相连。尾鳍小，上叶较长，下叶很短。鳞片薄而透明，无侧线。生活于水体中上层，杂食性。分布于长江中、下游的附属湖泊。

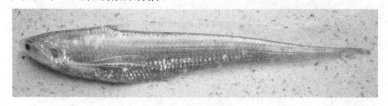

图 5-8　短颌鲚

5.1.6.4　鲤形目 Cypriniformes

主要特征：体被圆鳞或裸露。上下颌无齿，具咽喉齿。各鳍无鳍棘，仅背鳍和臀鳍最后不为分枝鳍条或骨化为硬刺。侧线一般中位。前 4 个椎骨部分变形成韦伯氏器。其是仅次于鲈形目的第二大目，是淡水鱼类中最大的一目。

常见种类

鲤科 Cyprinidae

青鱼 *Mylopharyngodon piceus*（图 5-9）　体粗壮，近圆筒形，无腹棱。头中大，背面宽，头长一般小于体高。吻长大于眼径。口端位，呈弧形，上颌略长于下颌。上颌骨伸达鼻孔后缘的下方。口角无须。下咽齿 1 行，呈臼齿状。体呈青灰色，背部较深，腹部灰白色，鳍均呈黑色。底栖鱼类，以螺、蚌、虾、蟹等为食。分布于长江水系。

图 5-9　青鱼

草鱼 *Ctenopharyngodon idellus*（图 5-10）　体长形，前部近圆筒形，尾部侧扁，无腹棱。口端位，口宽大于口长。上颌略长于下颌。上颌骨末端伸至鼻孔的下方。口角无须。下咽齿 2 行，侧扁，呈"梳状"。体呈茶黄色，腹部灰白色，体侧鳞片边缘灰黑色，胸鳍、腹鳍灰黄色，其他鳍浅色。生活于水体中下层，草食性。分布于长江水系。

图 5-10　草鱼

赤眼鳟 *Squaliobarbus curriculus*（图 5-11）　体前部近圆筒形，尾部侧扁，背缘平直，腹部无腹棱。头近圆锥形，背面较宽。吻长稍大于眼径。口端位，口裂稍斜，上颌骨伸达鼻孔的下方。口角须 2 对，鲜活时眼上缘有红斑。侧线以上每一鳞片基部有 1 个黑点，列成纵行。背鳍、尾鳍深灰色，其他鳍浅灰色。生活于水体中上层，杂食性。全国各水系均有分布。

图 5-11　赤眼鳟

鳙 *Aristichthys nobilis*（图 5-12）　体侧扁,较高。腹鳍后部至肛门前有狭窄的腹棱。头极大,前部宽阔,头长大于体高。上唇中间部分厚。无须。背鳍基部短,其第 1～3 根分枝鳍条较长。胸鳍长,末端远超过腹鳍基部。背部及体侧上半部微黑,有许多不规则的黑色斑点;腹部灰白色。各鳍呈灰色,上有许多黑色小斑点。生活于水体中上层,以浮游动物为食。我国各水系均有分布。

图 5-12　鳙

鲢 *Hypophthalmichthys molitrix*（图 5-13）　体侧扁,腹部扁薄。腹棱完全。头较鳙小。无须。鳞小;侧线完全。背鳍基部短,其第 3 根分枝鳍条为软条。胸鳍较长,但不伸达或伸达腹鳍基部。臀鳍起点在背鳍基部后下方,距腹鳍较距尾鳍基为近。尾鳍深分叉,两叶末端尖。生活于水体中上层,以浮游植物为食。我国各水系均有分布。

图 5-13　鲢

鲫 *Carassius auratus*（图 5-14）　体稍侧扁,腹部圆,尾柄宽短。口端位。无须。吻短,圆钝。下唇较上唇厚。背鳍与臀鳍中最长的棘后缘有锯齿,侧线鳞 28～30。底栖杂食性鱼类。

分布于除青藏高原外的各种水域。

图 5-14　鲫

鲤 *Cyprinus carpio*（图 5-15）　体侧扁,背部隆起,腹部平直,尾柄宽短。头较小,近锥形。口亚下位,深弧形,上颌稍长于下颌。唇发达。须 2 对,发达,口角须长于吻须。背鳍与臀鳍中最长的棘后缘有锯齿,侧线鳞 32～35。尾鳍下叶红色,偶鳍淡红色。底栖杂食性鱼类。分布于各种水域。

图 5-15　鲤

飘鱼 *Pseudolaubuca sinensis*（图 5-16）　体长形,甚侧扁,背部平直,腹部自峡部至肛门具腹棱。口端位,斜裂,下颌中央具一突起,与上颌中央缺刻相吻合。眼缘周围常具透明脂膜。鳞薄而易脱落。侧线完全,自头后急剧向下倾斜,至胸鳍后部弯折成一明显角度。背鳍短,外缘平直,无硬刺。体呈银色,鳍呈浅灰色。生活于水体中上层,杂食性。我国辽河、长江、钱塘江、闽江、韩江、珠江、元江等水系均有分布。

图 5-16　飘鱼

餐 *Hemiculter leucisculus*（图 5-17）　体侧扁,背缘平直,腹棱完全。头略尖。口端位,斜裂。眼中大,眼间宽而微凸。鳞薄而易脱落。侧线完全,自头后向下倾斜至胸鳍后部弯折成与腹部平行。背鳍第 3 根不分枝鳍条为光滑的硬刺。体背部青灰色,腹侧银色,尾鳍边缘灰黑色。生活于水体中上层,杂食性。我国除西部高原地区外,从海南岛至东北的各河流、湖泊等天然水体均有分布。

图 5-17　鳘

鳊 *Parabramis pekinensis*(图 5-18)　体高,侧扁,呈长菱形,背部窄,腹棱完全。头小,略尖。口端位,口裂小而斜。背部鳞较体侧为小。侧线完全,平直,约位于体侧中央。背鳍末根不分枝鳍条为硬刺,刺长一般大于头长,第一分枝鳍条一般长于头长。生活于水体中下层,植食性鱼类。我国各水系均有分布。

图 5-18　鳊

团头鲂 *Megalobrama amblycephala*(图 5-19)　体侧扁而高,呈菱形。腹部在腹鳍起点至肛门具腹棱。头小,口端位,口裂较宽,呈弧形;上下颌具狭而薄的角质。背、腹部鳞较体侧为小,侧线完全。背鳍末根不分枝鳍条为硬刺,刺粗短。生活于水体中下层,植食性鱼类。主产于长江中下游。

图 5-19　团头鲂

翘嘴鲌 *Culter alburnus*（图 5-20）　体长形，侧扁。腹部在腹鳍基至肛门具腹棱。口上位，口裂几与体轴垂直，下颌厚而上翘，突出于上颌之前。背部鳞片较体侧为小，侧线完全。背鳍末根不分枝鳍条为光滑的硬刺，刺大。生活于水体中上层，肉食性鱼类。分布于长江水系的干、支流及其附属湖泊。

图 5-20　翘嘴鲌

蒙古鲌 *Culter mongolicus*（图 5-21）　体长形，侧扁。腹棱存在于腹鳍基至肛门。口端位，斜裂，下颌略长于上颌。背、腹部鳞较体侧为小，侧线完全。背鳍具光滑的硬刺。尾鳍上叶淡黄色，下叶鲜红色。分布于全国各主要水系。

图 5-21　蒙古鲌

细鳞鲴 *Xenocypris microlepis*（图 5-22）　体长而侧扁。头小，吻钝短，吻皮紧贴于上颌。口下位，略呈弧形。下颌前缘有薄的角质缘。无须。鳞小，侧线完全。侧线鳞多于 70。胸鳍、腹鳍、臀鳍浅黄色或灰白色，尾鳍橘黄色，后缘灰黑色。固定后黄色消失。生活于水体中上层，肉食性鱼类。分布于黑龙江、长江、珠江等水系。

图 5-22　细鳞鲴

麦穗鱼 *Pseudorasbora parva*（图 5-23）　体长而侧扁，尾柄较宽，腹部圆。头稍短小，前端尖。口上位，无须。背鳍不分枝鳍条柔软（生殖期雄性个体末根不分枝鳍条基部常变硬）。体侧鳞片后缘具新月形黑纹。各鳍鳍膜灰黑色，鳍稍呈淡黄色。生活在浅水区，杂食性。江河、湖泊、池塘等水体均有分布。

图 5-23　麦穗鱼

铜鱼 *Coreius heterodon*（图 5-24）　体长，粗壮，前段圆筒状，后段稍侧扁，尾柄高。头小，吻尖。口下位，马蹄形。口角须 1 对，粗长，向后伸几达前鳃盖骨的后缘。胸鳍、腹鳍基部区集积多数小而排列不规则的鳞片；背、臀鳍基部两侧具有鳞鞘。侧线完全，较平直。背鳍短小，无硬刺。体黄色，背部稍深，近古铜色，腹部白色略带黄。各鳍浅灰，边缘浅黄色。杂食性鱼类。主要分布于长江水系的干、支流和通江湖泊。

图 5-24　铜鱼

棒花鱼 *Abbottina rivularis*（图 5-25）　体稍长，粗壮，前部近圆筒形，后部略侧扁。鼻孔前方下陷。口下位，近马蹄形。唇厚，下唇中央 1 对卵圆形紧靠在一起的肉质突起为中叶。须 1 对，较粗。胸部前方裸露无鳞。侧线平直，完全。头侧自吻端至眼前缘有 1 条黑色条纹。横跨背部有 5 个黑色大斑块，体侧中轴具 7～8 个黑斑点。各鳍为浅黄色，胸鳍上有少数小黑点，基部金黄。底栖小型肉食性鱼类。广泛分布于我国各主要水系。

图 5-25　棒花鱼

蛇鮈 *Saurogobio dabryi*（图 5-26）　体长,圆筒状,背部稍隆起,尾柄细长。吻长,吻部显著突出,鼻孔前方下陷。口下位,马蹄形。唇厚,具细密的小乳突,下唇发达,中央有一横向长圆形肉垫,其上具有显著的细小乳突。口角须 1 对。眼大,眼间较窄,下凹。鳞小,胸鳍基部之前裸露无鳞。侧线完全,平直。背鳍无硬刺。吻背部两侧各有 1 条黑色条纹。体侧中轴自鳃孔上方至尾鳍基具一浅黑色条纹,其上布有 10～12 个深黑色长方形斑块。底栖小型肉食性鱼类。我国主要水系均产此鱼。

图 5-26　蛇鮈

大鳍鱊 *Acheilognathus macropterus*（图 5-27）　俗名鳑鲏。体侧扁,背缘较腹缘隆起。头短小。口亚下位。口角须 1 对,突起状,或缺失。侧线完全,或尾部倒数 1～4 个鳞片无孔,平直。繁殖期雄鱼婚姻色明显,沿尾柄有蓝白色纵条。鳃盖后缘有蓝绿色的斑块,外围浅红色。各鳍呈浅柠檬色并夹带浅红色。虹膜、尾基部均为红色。雄鱼吻端和泪骨上追星为乳白色。生活在水体中上层,杂食性。分布于我国黑龙江、长江、珠江水系。

图 5-27　大鳍鱊（雌）

马口鱼 *Opsariichthys bidens*（图 5-28）　口裂宽大,端位,向下倾斜。上颌骨向后延伸可达眼中部垂直下方。下颌稍长于上颌,前端有一显著的突起与上颌中部凹陷相吻合,上、下颌

图 5-28　马口鱼

之侧缘凹凸相嵌。无口须。侧线完全,在胸鳍上方显著下弯。生活时体侧具有10～14道浅蓝色垂直斑条。小型肉食性凶猛鱼类,栖息于水质清新的溪流、池塘。分布于从黑龙江至海南岛、元江的东部各河流的干、支流。

花斑副沙鳅 Parabotia fasciata(图5-29) 体长,胖圆,尾部侧扁。头长而尖。眼下方有一根尖端向后的叉状细刺,埋于皮内。口下位,马蹄形。上下颌分别与上下唇分离。触须3对,其中2对吻须相互靠拢,位于吻端;1对颌须位于口角,较长。肛门位于腹鳍起点和臀鳍之间的后1/5至1/3处。尾柄宽,尾鳍分叉。鳞片细小,侧线完全。头部散布许多黑点,背侧垂直条纹不明显(浸泡标本)。尾柄基部在侧线的终点处,有一个墨黑色斑点。背鳍、尾鳍上各有数列不连续的黑斑条。底栖杂食性鱼类。分布于珠江、长江、黄河、黑龙江等水系。

图5-29 花斑副沙鳅

泥鳅 Misgurnus anguillicaudatus(图5-30) 体长,在腹鳍以前呈圆筒状,向后渐侧扁。尾柄扁薄,尾鳍圆形。头较尖。眼小,无眼下刺。口下位,马蹄形,触须5对,其中吻须1对,位于吻端,上颌须2对,位于上颌两侧,下颌须2对,位于颐部。鳃孔小,鳃裂止于胸鳍基部。尾柄基上侧有一明显的黑斑点。奇鳍上密集褐斑条。偶鳍浅灰色,无斑条。底栖杂食性鱼类。广布于江、河、湖泊、水库和稻田等水体。

图5-30 泥鳅

中华花鳅 Cobitis sinensis(图5-31) 体长,侧扁。眼小,侧上位。眼下方有一尖端向后的叉状细刺,埋于皮内。吻端较尖。前后鼻孔靠近。口下位。4对触须都很短小,口角须末端后伸不达眼前缘。鳞片细小,侧线不完全。头侧有许多虫蚀形斑纹。从吻端到眼睛有1条斜行条纹。体侧有数个长棒形的斑块顺中线排列,中线以上有2～3条纵行条纹。尾柄基上有1个明显的黑斑点。背鳍、尾鳍上各有数列不连续的斑条。底栖杂食性鱼类。分布于长江以南各江河水系。

图5-31 中华花鳅

　　下司华吸鳅 *Sinogastromyzon hsiashiensis*（图 5-32）　头部宽扁,较大。背部圆隆,腹面宽平。尾柄短而侧扁。吻宽圆呈铲状。口下位,呈新月形。上、下颌为角质。背鳍不分枝鳍条为硬刺。胸鳍平展,左右分离,两腹鳍连为一体,后缘圆形,无缺口。胸腹鳍均有发达的肌肉基。尾鳍内凹,下叶长于上叶。体鳞细小,侧线完全。背侧暗绿色,间有许多不规则的褐斑块。腹面黄白色。奇鳍灰白色。偶鳍微黄色。各鳍上均有数列黑色斑条。底栖杂食性鱼类。分布于长江中、上游水系。

图 5-32　下司华吸鳅

5.1.6.5　鲇形目 Siluriformes

　　主要特征:体长形,裸露无鳞或被以骨板。口不能伸缩。上、下颌常具齿带,齿多为绒毛状。须 1～4 对。通常具脂鳍。无顶骨和下鳃盖骨。背、胸鳍常具硬刺。第 3 与第 4 脊椎骨合并。侧线完全或不完全。

常见种类

1. 鲇科 Siluridae

　　鲇 *Silurus asotus*（图 5-33）　体延长。吻宽且纵扁。口大,亚上位。唇厚,口角唇褶发达。下颌突出于上颌。上、下颌具绒毛状细齿。眼小,侧上位,为皮膜覆盖。前鼻孔呈短管状,后鼻孔圆形。颌须较长,后伸达胸鳍基后端。背鳍短小,无硬刺,约位于体前 1/3 处。臀鳍基长,后端与尾鳍相连。胸鳍骨质硬刺前缘具弱锯齿,后缘锯齿强。生活于水体中下层,肉食性鱼类。分布于除南北极地以外的所有大陆水域。

图 5-33　鲇

　　大口鲇 *Silurus meridionalis*（图 5-34）　体延长。吻宽、圆钝。口大,亚上位,弧形,口角唇褶发达。下颌突出于上颌,露齿。口裂深,后伸至少达眼球中央垂直下方。上、下颌及犁骨均具锥形略带钩状的细齿。颌须长,后伸可及腹鳍起点之垂直上方。背鳍基甚短,无骨质硬刺。臀鳍基长,后端与尾鳍相连。胸鳍具骨质硬刺,前缘具颗粒状突起,后缘中部至末端具弱锯齿。生活于水体中下层,肉食性鱼类。分布于珠江、长江、淮河、黄河、黑龙江等水系。

图 5-34　大口鲇

胡子鲇 *Clarias fuscus*（图 5-35）　体延长。头平扁而宽，呈楔形。吻宽而圆钝。口大，亚下位，弧形。上颌略突出于下颌，下颌齿带中央有断裂。眼小，侧上位。前鼻孔呈短管状，后鼻孔呈圆孔状。颌须接近或超过胸鳍起点。背鳍基长，无硬刺，鳍条隐于皮膜内。臀鳍基长，但短于背鳍基。胸鳍硬刺前缘粗糙，后缘具弱锯齿。尾鳍不与背鳍、臀鳍相连，圆形。生活于水体中下层，肉食性鱼类。分布南自海南岛，北至长江中下游，西自云南，东至台湾。

图 5-35　胡子鲇

2. 鲿科 Bagridae

黄颡鱼 *Pelteobagrus fulvidraco*（图 5-36）　体延长，稍粗壮，后部侧扁。头背大部裸露，上枕骨棘宽短。口大，下位，弧形。前、后鼻孔相距较远。鼻须位于后鼻孔前缘，伸达或超过眼后缘。颌须 1 对，向后伸达或超过胸鳍基部。背鳍短小，具骨质硬刺，前缘光滑，后缘具细锯齿。脂鳍短。胸鳍骨质硬刺前缘锯齿细小而多，后缘锯齿粗壮而少。底栖杂食性鱼类。广布于中国东部各水系。

图 5-36　黄颡鱼

圆尾拟鲿 *Pseudobagrus albomarginatus*（图 5-37）　身体中等长，在腹鳍以前较胖圆，向后渐侧扁。两对鼻孔前后分离，前鼻孔呈小管状，位于吻端，后鼻孔在吻端到眼睛前缘的中点。口下位，口裂呈弧形。上、下颌及犁骨上各有弧形的绒毛状齿带。4 对触须都较细短。背鳍刺前缘光滑，后缘稍粗糙，其长度大于胸鳍刺。脂鳍末端游离，基长稍大于臀鳍基。尾鳍圆形，尾鳍边缘为白色。底栖杂食性鱼类。分布于长江至闽江水系。

图 5-37　圆尾拟鲿

大鳍鳠 *Mystus macropterus*（图 5-38）　体延长，前端略纵扁，后部侧扁。上枕骨棘不外露。口亚下位，口列宽。上颌突出于下颌。上、下颌具绒毛状齿。鼻须位于后鼻孔前缘，末端超过眼中央或达眼后缘，颌须后伸达胸鳍条后端。体光滑无鳞。背鳍短小，骨质硬刺前后缘均光滑。脂鳍低且长，后缘略斜或截形而不游离。胸鳍硬刺前缘具细锯齿，后缘锯齿发达。尾鳍凹形，上叶长于下叶。底栖杂食性鱼类。分布于长江至珠江各水系。

图 5-38　大鳍鳠

3.鲴科 Ictaluridae

斑点叉尾鮰 *Ictalurus punctatus*（图 5-39）　体较长，前部略平扁，后部侧扁。头较小，口

图 5-39　斑点叉尾鮰

亚下位。体表光滑无鳞,侧线完全,皮肤上有明显的侧线孔。两对鼻孔前后分离。4 对触须长短各异,其中颌须最长,末端超过胸鳍基部;鼻须最短。具脂鳍一个,尾鳍分叉较深。体侧背部淡灰色,腹部乳白色,各鳍均为深灰色。幼鱼体两侧有明显而不规则的斑点,成鱼斑点逐步不明显或消失。引进种,原产于北美洲。

5.1.6.6 颌针鱼目 Beloniformes

主要特征:体细长,柱形,尾部细而侧扁。下颌延长形成喙状,向前延伸如针,具细齿。胸鳍位置较高。背鳍后移,与臀鳍相对,接近尾鳍。尾鳍分叉或圆形。体被圆鳞,易脱落。鳃耙发达,鳃盖膜不与峡部相连。侧线位低,靠近腹缘。

常见种类

鱵科 Hemiramphidae

九州鱵 *Hemiramphus kurumeus*(图 5-40) 体细长,呈圆柱状,尾部侧扁。下颌向前延伸特别长,呈针形。上颌短小,呈三角形。体鳞薄,易脱落。头部和上颌具鳞。侧线完全,位于体侧近腹缘处。体呈银白色,背部自头后至尾鳍有灰黑色条纹,两旁有排列整齐的小黑点。体侧中部有一条银白色斑带(浸制后变为黑色)。背鳍和尾鳍均为灰黑色,其他各鳍为黄白色。生活于水体中上层,肉食性鱼类。广泛分布于长江中、下游及附属湖泊。

图 5-40 九州鱵

5.1.6.7 合鳃目 Synbranchiformes

主要特征:体呈鳗形;左、右鳃孔相连为一。胸鳍和腹鳍全无。背鳍、臀鳍退化成皮褶。尾部尖细。体表光滑无鳞。侧线孔不明显。

常见种类

合鳃鱼科 Synbranchidae

黄鳝 *Monopterus albus*(图 5-41) 体圆而细长,呈蛇形,前段呈圆筒形。眼小,位于头前部,侧上位。口大,端位,口裂深。两鳃孔合为一体,开口于腹面,鳃裂呈"V"形。无偶鳍,奇鳍退化。体表光滑无鳞。底栖肉食性鱼类。分布于亚洲东南部,中国除西部高原外的各水域。

图 5-41 黄鳝

5.1.6.8　鲈形目 Perciformes

主要特征：上颌口缘由前颌骨构成。鳃盖常有棘。背鳍通常 2 个,第 1 背鳍全部由鳍棘组成,第 2 背鳍与臀鳍相对,若只有 1 个,则鳍基稍长而第 1 枚为棘。胸鳍垂直而位不高。如腹鳍存在,则位于胸位或喉位,有时颏位或亚胸位。鳞片多栉鳞或圆鳞。鳔无鳔管。

常见种类

1. 鳢科 Channidae

乌鳢 *Channa argus*（图 5-42）　体略呈圆筒状,稍侧扁。头尖,稍平扁。两对鼻孔前后分离。口大,口裂斜伸至眼后。上、下颌具尖齿。背鳍基和臀鳍基长。胸鳍、尾鳍圆形,腹鳍小。侧线在臀鳍起点的上方骤然下弯或断裂,前段行于体侧上部,后段行于体侧正中。头侧从眼到鳃盖后缘有两条纵行的褐色条纹。体侧有两列不规则的大型褐色斑块。底栖肉食性鱼类。广泛分布于全国各大水系。

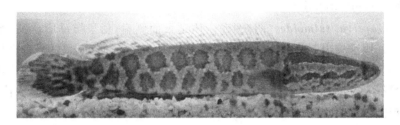

图 5-42　乌鳢

2. 鮨科 Serranidae

翘嘴鳜 *Siniperca chuatsi*（图 5-43）　体高而侧扁,背部隆起较高。口大,近上位,斜裂,颌骨末端达到眼后缘下方或稍后。下颌突出于上颌。前鳃盖骨后缘呈锯齿状,下缘有 4~5 个大刺。后鳃盖骨的后缘有 1~2 个大刺。背鳍硬刺长度通常短于软鳍条长。体鳞细小,侧线在体侧中部向上弯。从吻端穿过眼睛到背鳍前部有一条斜行的褐色带纹,第 5~7 根背鳍刺下有一条横行的褐色斑带,体侧有许多不规则的褐色斑块和斑点。生活于水体中上层,为凶猛肉食性鱼类。我国各大水系均有分布,唯以长江中下游水系居多。

图 5-43　翘嘴鳜

斑鳜 *Siniperca scherzeri*（图 5-44）　体中等长,稍侧扁。口大,端上位。颌骨末端达眼中部或眼后缘的下方。前鳃盖骨后缘有一列较密的锯齿,下缘有几个大刺,后鳃盖骨的后缘有两个大刺,一般都包于皮内。背鳍硬刺长度短于软鳍条长。体鳞细小,侧线在体侧中部向上隆弯。生活时背侧散布许多豹纹状斑块,有的个体在体侧中下部的斑块周缘间以白圈。生活于水体中上层,肉食性鱼类。分布于珠江、长江及黑龙江等水系。

图 5-44　斑鳜

3. 太阳鱼科 Centrarchidae

加州鲈 *Micropterus salmoides*(图 5-45)　体延长而侧扁,稍呈纺锤形,横切面为椭圆形。头大且长。眼大,眼珠突出。吻长,口上位,口裂大而宽。颌骨、腭骨、犁骨都有完整的梳状齿,多而细小,大小一致。背肉肥厚。尾柄长且高。全身被灰银白或淡黄色细密鳞片,但背脊一线颜色较深,常呈绿青色或淡黑色,同时沿侧线附近常有黑色斑纹。腹部灰白。水体中下层肉食性鱼类。引进种,原产于北美洲。

图 5-45　加州鲈

4. 塘鳢科 Eleotridae

中华沙塘鳢 *Odontobutis sinensis*(图 5-46)　体延长,粗壮,前部亚圆筒形,后部侧扁。头宽大,平扁。眼小,上侧位。眼的后方无感觉管孔,前下方横行感觉乳突线端部乳突排列呈团状或具分支。鼻孔每侧 2 个,分离。体被栉鳞,腹部和胸鳍基部被圆鳞。无侧线。背鳍 2 个,

图 5-46　中华沙塘鳢

分离。左、右腹鳍相互靠近，不愈合成吸盘。尾鳍圆形。液浸标本的头、体为棕褐带青色，体侧具 3～4 个宽而不整齐的三角形黑色斑块。胸鳍基部上、下方各具 1 条长条状黑斑。尾鳍边缘白色，基底有时具 2 个黑色斑块。底栖肉食性鱼类。广泛分布于我国东部各省水域。

5. 鰕虎鱼科 Gobiidae

子陵吻鰕虎鱼 Rhinogobius giurinus（图 5-47） 体小，长筒形。头宽大，吻钝，口大、斜裂。上下颌具数行细齿。眼上位。体被栉鳞，无侧线，背鳍两个，分离。左、右腹鳍愈合成长吸盘状。尾鳍圆形。头部在眼前方有数条黑褐色蠕虫状条纹，颊部及鳃盖有 5 条斜向前下方的暗色细条纹。胸鳍基底上端具 1 个黑斑点。雄鱼生殖乳突细长而尖，雌鱼生殖乳突短钝。底栖肉食性鱼类。分布于除西北以外的各大水系江河湖泊。

图 5-47 子陵吻鰕虎鱼

6. 刺鳅科 Mastacembelidae

刺鳅 Mastacembelus aculeatus（图 5-48） 体长，前段稍侧扁，肛门以后扁薄。头长而尖。眼小，侧上位。眼下斜前方有一尖端向后的小刺，埋于皮内。口下位。无腹鳍。背鳍和臀鳍分别与尾鳍连接，尾鳍长圆形或略尖。背鳍刺 32～34，臀鳍刺 3。背、腹部有许多网眼状花纹。体侧有数 10 条垂直褐斑。底栖肉食性鱼类。分布于全国东部各水系。

图 5-48 刺鳅

5.2 两栖纲

5.2.1 两栖类的习性观察与采集

两栖类营水陆两栖生活方式，因而在生态类型上，也表现了多样性。不同的种类生活在不同的环境，如有尾目的大鲵、蝾螈等终生营水栖生活方式。而少数的有尾类和大多数的无尾类营半水栖半陆栖的生活方式，如中华蟾蜍平时营陆地生活，离水较远。黑斑侧褶蛙、泽蛙等，常栖于河流、湖泊、水稻田等地，它们活动于近水的地方。种类不同，采集的时间、方法也各有不同。

对活动能力较弱的中华蟾蜍等，可用手直接捕捉，如在夜间，利用手电照射捕捉效果更好。黑斑侧褶蛙等白天反应灵活，但夜间爬上田埂、河岸，在强光下往往呆若木鸡，很好捕捉。一些生活在山间溪流中的棘腹蛙、棘胸蛙,白天躲在石缝中,只在夜间才能捕捉到。在水中活动和跳跃能力较强的种类,如黑斑侧褶蛙、阔褶水蛙、蝾螈等,可用网捕捉。蟾蜍将要冬眠时,多数成体进入河中,用一般拖网捕捉,即可得到大量标本。有些种类栖于洞穴、水边或稻田草丛中,如虎纹蛙,可用诱钓法,与钓鱼相似,但不用钩,只系上一串蚱蜢之类的诱饵即可,不时地抖动垂饵。由于蛙类一般吞食后,不轻易松口,因此当其吞食时即可趁机抽提,易于捕捉。

5.2.2 两栖类标本的处理与保存

先将活体动物用乙醚麻醉杀死,然后用清水洗涤,置于解剖盘上,依次向腹腔内注入适量的 5% ~ 10% 福尔马林,之后系上编号标签,并做好记录,放入盛有 10% 福尔马林溶液的容器内固定。固定时须整好姿势,可将背面朝上,四肢弄成生活时的匍匐状态,并使指、趾伸展开,若有卷曲,可用探针拨好位置。固定时间数小时至一天。最后将标本保存在 5% 的福尔马林溶液或 70% 的酒精中。

5.2.3 两栖纲的分类术语

两栖纲的分类术语见图 5-49 和图 5-50。

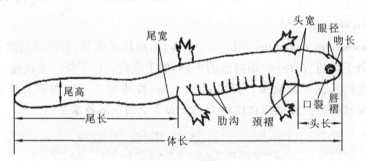

图 5-49　有尾两栖类的外形和各部的量度

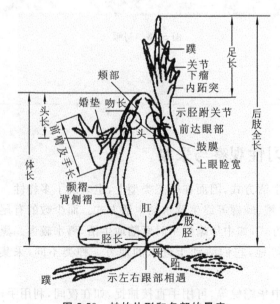

图 5-50　蛙的外形和各部的量度

5.2.4　两栖纲有尾目和无尾目的分类检索

我国有尾目各科检索表

1. 眼小，无眼睑；犁骨齿一长列，与上颌齿平行，呈弧形；沿体侧有纵肤褶

　　···隐鳃鲵科 Cryptobranchidae

　　具眼睑；犁骨齿列不呈长弧形；沿体侧无纵肤褶 ···2

2. 犁骨齿或为二短列或呈"V"字形 ··小鲵科 Hynobiidae

　　犁骨齿呈"∧"形 ··蝾螈科 Salamandridae

我国无尾目常见种类的分科检索表

1. 舌为盘状，周围与口腔黏膜相连，不能自如伸出 ·············盘舌蟾科 Discoglossidae

　　舌不呈盘状，舌端游离，能自如伸出 ···2

2. 肩带弧胸型 ···3

　　肩带固胸型 ···5

3. 上颌无齿；趾端不膨大，趾间具蹼；耳后腺存在；体表具疣 ···········蟾蜍科 Bufonidae

　　上颌具齿 ···4

4. 趾端尖细，不具黏盘；耳后腺存在 ···锄足蟾科 Pelobatidae

　　趾端膨大，呈黏盘状；耳后腺缺，大部分树栖性 ···························雨蛙科 Hylidae

5. 上颌无齿；趾间几无蹼；鼓膜不显 ···姬蛙科 Microhylidae

　　上颌具齿；趾间具蹼；鼓膜明显 ···6

6. 趾端形直，或末端趾骨呈"T"字形 ··蛙科 Ranidae

　　趾端膨大呈盘状，末端趾骨呈"Y"字形 ···························树蛙科 Rhacophoridae

5.2.5　两栖纲常见种类识别

5.2.5.1　无尾目 Anura

主要特征: 体型宽短，具发达的四肢，后肢强大，适于跳跃。成体无尾。皮肤裸露富有黏液腺，一些种类形成毒腺疣粒。有活动的眼睑和瞬膜，鼓膜明显。椎体前凹或后凹，荐椎后边的椎骨愈合成尾杆骨。一般不具肋骨，肩带有弧胸型和固胸型，桡尺骨愈合，胫腓骨愈合。成体肺呼吸，不具外鳃和鳃裂，营水陆两栖生活，生殖回到水中，变态明显。为现存两栖类中结构最高级、种类最多、分布最广的一类。

常见种类

1. 锄足蟾科 Discoglossidae

短肢角蟾 *Megophrys brachykolos*（图 5-51）　吻端平切呈盾状，吻向前突出，吻棱呈棱角状。背部皮肤光滑，上唇缘自颊到口角部为浅色纵纹，后肢短，左右跟部不相遇。雄蟾第 1、2 指具有细小的黑色婚刺。蝌蚪呈漏斗状，无唇齿，亦无角质颌。栖息于我国南方地区的林间溪流附近。

图 5-51 短肢角蟾

2. 蟾蜍科 Bufonidae

中华蟾蜍 *Bufo gargarizans*（图 5-52）　头背光滑无疣粒,体背瘰粒多而密,腹面及体侧一般无土色斑纹。雄体通常体背以黑绿色、灰绿色或黑褐色为主,雌体色浅;体侧有深浅相同的花纹;腹面为乳黄色与黑色或棕色形成的花斑。栖于陆地草丛、林下、沟边等潮湿地。我国大部分省份均有分布。

花背蟾蜍 *Bufo raddei*（图 5-53）　体长 6～7 cm。雄性背面多呈橄榄黄色,有不规则的花斑,疣粒上有红点;雌性背面浅绿色,花斑酱色,疣粒上也有红点;头后背正中常有浅绿色脊线,上颌缘及四肢有深棕色纹。两性腹面均为乳白色,一般无斑点,少数有黑色分散的小斑点。皮肤较粗,前肢粗壮,第 3 指基部内侧有黑色婚垫。栖于草石下或土洞内。主要分布于黑龙江、吉林、辽宁、内蒙古、青海、陕西和山东等地。

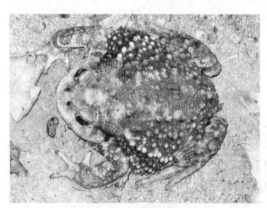

图 5-52 中华蟾蜍

图 5-53 花背蟾蜍

3. 雨蛙科 Hylidae

中国雨蛙 *Hyla chinensis*（图 5-54）　体型小,雄蛙体长 34～38 mm,雌蛙体长 39～43 mm。背部绿色或草绿色,体侧及腹面浅黄色,1 条清晰深棕色细线纹由吻端至颞褶达肩部,在眼后鼓膜下方又有 1 条棕色细线纹在肩部汇合成三角形斑。体侧有黑斑点或相连成黑线,腋、股前后缘、胫、跗、跖内侧均有分散的黑圆斑。雄性有单咽下外声囊。常在灌丛、菜园、树干上活动。主要分布于中国的南部省份。

图 5-54　中国雨蛙

4. 蛙科 Ranidae

黑斑侧褶蛙 *Pelophylax nigromaculatus*（图 5-55）　鼓膜大而明显，背部皮肤较粗糙，体侧有长疣和痣粒，胫背部有纵肤棱，体和四肢腹面光滑。生活时颜色变异颇大，背面为黄绿或深绿或带棕灰色，其上散有大小不等的黑斑，四肢背面有黑色横斑。广栖于水田、池塘、河流、湖泊。分布于除新疆、西藏、云南、台湾、海南以外的各省。

泽陆蛙 *Fejervarya limnocharis*（图 5-56）　又名泽蛙，体色多随环境变化，背面多为灰橄榄色或深灰色，有时染以赭红色，深绿色之斑纹颇显著，上下颌缘有 6～8 条纵纹，两眼之间有横斑；背部正中常有浅乳黄或灰白色脊纹；四肢有横纹。栖于稻田、沼泽、水塘等静水水体及其附近旱地草丛。分布于山东、河南、陕西、西藏、四川、云南、贵州、湖北、安徽、江苏等省。

图 5-55　黑斑侧褶蛙

图 5-56　泽陆蛙

沼水蛙 *Hylarana guentheri*（图 5-57）　又名沼蛙，体长 70 mm 左右。皮肤较光滑，背部棕色，沿侧褶有黑纵纹，体侧有不规则黑斑，后肢有黑色横纹。腹部白色。口角后端至肩部有显著浅色颌腺。雄性有一对咽侧下外声囊，前肢基部有肾形臂腺，婚垫不明显。多栖于稻田、池塘或水草丛中。主要分布于我国的东南部省份。

华南湍蛙 *Amolops ricktti*（图 5-58）　又名石蛙，因能发出"梆梆"的叫声，故俗名"梆梆"。体长约 5 cm。身体扁平，背面橄榄绿，散布大型暗黑色斑点。腹面黄白色。皮肤粗糙，背部密布大小痣粒。四肢具横纹，指、趾末端均具有吸盘，趾间蹼发达。鼓膜不明显。雄蛙没有声囊。栖于山溪急流及瀑布下的水中。分布于浙江、福建、江西、湖北、湖南、广东、广西、四川、云南、贵州等省。

图 5-57　沼水蛙

图 5-58　华南湍蛙

虎纹蛙 *Hoplobatrachus rugulosus*（图 5-59）　体背黄绿色略带棕色，头侧、体侧有深色不规则斑纹，皮肤极粗糙，无背侧褶，背部有长短不一、分布不规则、断续排列成纵行的纵肤褶，可达 10～14 行。肤棱间有小疣粒。腹面皮肤光滑、白色。四肢横纹明显。趾间全蹼。雄性较小，有一对咽侧下外声囊，第 1 趾灰色婚垫发达，有雄性线。栖于水田、沟渠、池塘、沼泽等处。主要分布于我国南部、东南和西南等省。

棘胸蛙 *Quasipaa spinosa*（图 5-60）　又名石鸡、棘蛙、石蛙。我国特有的大型野生蛙类，体长 60～120 cm，雄蛙稍大。全身灰黑色，皮肤粗糙，头、躯干、四肢的背面及体侧布满小圆疣，疣上还有分散的小黑棘，以体侧最明显。头扁而宽，吻端圆。两眼间有一黑横纹，上下唇边缘有黑纵纹。雄蛙胸部布满分散的大刺疣，刺疣中央有角质黑刺。前肢粗壮，指端膨大成圆球形，第 1 指基部粗大，内侧 3 指均有黑刺。常喜栖于山涧和溪沟的源流处。分布于湖北、安徽、江苏、浙江、江西、湖南、福建、广东、香港和广西等地。

图 5-59　虎纹蛙

图 5-60　棘胸蛙

棘腹蛙 *Paa boulengeri*（图 5-61）　俗名石鸡、石蛙、石板蛙。体大而肥壮，体长 97～110 mm，雄蛙稍大。皮肤较粗糙，背面有若干成行排列的窄长疣，趾间全蹼。雄性前肢特别粗壮，胸腹部满布大小黑刺疣。上下颌有显著的深棕色或黑色纵纹。两眼间常有一黑横纹。四肢背面有黑色横纹。常栖于水流平缓的山溪或流溪旁边的静水塘内。分布于山西、湖北、湖南、江西、广西、四川、贵州、云南、陕西、甘肃等省。

花臭蛙 *Odorrana schmackeri*（图 5-62）　鼓膜大，约为第 3 指吸盘的 2 倍；上眼睑、体后背部及后肢背面均无小白刺，体侧无背侧褶；指、趾具吸盘，纵径大于横径，均有腹侧沟；体背面为绿色，间以棕褐色或褐黑色大斑点，多近圆形并镶以浅色边。多栖于山溪及其附近的潮湿地区。分布于江苏、浙江、安徽、福建、江西、河南、湖北、湖南、广东、广西、四川、贵州、陕西、甘肃等省。

图 5-61　棘腹蛙

图 5-62　花臭蛙

牛蛙 *Rana catesbeiana*（图 5-63）　体型与一般蛙相同，但个体较大，雌蛙体长达 20 cm，雄蛙 18 cm，最大个体可达 2 kg 以上。四肢粗壮，前肢短，无蹼。肤色随着生活环境而多变，通常背部及四肢为绿褐色，背部带有暗褐色斑纹；头部及口缘鲜绿色；腹面白色。引进种原产于美国东部。

金线蛙 *Rana plancyi*（图 5-64）　体长 50 mm（雄体略小），头略扁，吻钝圆，吻棱不明显，鼓膜大而明显。背面及体侧的皮肤有分散的疣，背侧有一对背侧褶，从吻端一直延伸到泄殖腔口，形成明显的绿色的背中线。腹面光滑，肛部及股后端有疣。前肢指细长无蹼。后肢粗短有黑色横带，趾间蹼发达为全蹼。生活时背面绿色或橄榄绿色，后肢背面棕色横纹不显，腹面黄白色。常栖于农田、水草丛间。分布于河北、山西、山东、河南、湖南、湖北、安徽、江苏、浙江等地。

图 5-63　牛蛙

图 5-64　金线蛙

5. 树蛙科 Rhacophoridae

斑腿泛树蛙 *Polypedates leucomystax*（图 5-65） 体色常随栖息环境而改变,一般体背浅棕色,有黑色或黑棕色斑纹。四肢背面有黑色或暗绿色横纹或斑点。肛门附近及股后方有黄、紫、棕及乳白色交织成的网状花斑。腹部乳白色。雄性第 1、2 指基部内侧有乳白色婚垫,有一对咽侧下内声囊,雄性线显著。常栖于树林、稻田及池塘附近。我国秦岭以南各省份均有分布。

图 5-65 斑腿泛树蛙

6. 姬蛙科 Microhylidae

饰纹姬蛙 *Microhyla ornate*（图 5-66） 体型较小的蛙类,成体体长为 30 mm 以下。生活时背面为灰棕色或土灰色,有对称的深棕色斜花纹,头及体两侧沿吻棱、眼后方及胯部有若断若续的黑色线纹,其下方有深色小斑点;背面界于深棕色斜纹之间另有若干与其平行斜置的细浅色线纹。四肢背面有横纹;腹面一般为白色,无斑纹。常栖于路边草丛、田边和水塘附近。分布于我国西北、华中、华南、华东和西南等地。

图 5-66 饰纹姬蛙

花姬蛙 *M. pulchra*（图 5-67） 体型较小的蛙类,体长一般在 30 mm 左右。身体肥硕粗壮,腿短,不善跳跃。身体背部比较光滑,只有少量分散的小疣粒,两眼睑后方枕部有皮肤皱褶形成的肤沟。背部有浅棕色和深棕色相间排列的"∧"形带状纹,至身体后部深色带纹不连续,成为不规则的点状。常在草丛中和水塘附近活动捕食。繁殖期在 5—7 月,雄蛙鸣声低沉短促。常生活于水坑及水洼附近。分布于我国广西、湖北、湖南、广东、海南、云南、贵州等地。

北方狭口蛙 *Kaloula borealis*（图 5-68） 成年蛙约 40 mm,头小,体圆。鼓膜不明显,舌后端无缺刻。背面棕色，有很多斑点；腹面淡肉紫色，头后面有一淡红色"W"形宽纹；后肢粗短，除第4趾外，其余各趾间均具有半蹼。雄蛙喉部为灰黑色，有单咽下外声囊，胸部有大的皮肤腺。常栖于水坑、草丛、土穴或石下。分布于河北、山西、山东、黑龙江、辽宁、吉林、江苏、浙江、安徽、河南、湖北、陕西等省。

图 5-67 花姬蛙

图 5-68 北方狭口蛙

5.2.5.2 有尾目 Caudata

主要特征：体长，多具四肢，少数具前肢，尾发达，终生存在。皮肤光滑无鳞。脊椎数目多，椎体双凹型或后凹型。肩带、腰带多为软骨，桡尺骨分离，胫腓骨分离。低等类群终生具鳃，无肺或肺不发达。心房隔不完整，动脉圆锥内无螺旋瓣，有四对动脉弓，有后腔静脉，也有后主静脉。卵生，体外受精或体内受精。

常见种类

1. 隐鳃鲵科 Cryptobrachidae

大鲵 *Andrias davidianus*（图 5-69） 大鲵体长可达 1 m 以上，分为头、躯干、四肢及尾四部分。头大而扁平；吻端钝圆；躯干部扁平，体两侧各有一条很宽很厚的皮褶。四肢短而粗扁，前肢 4 指，无爪；体表光滑湿润，富有皮肤腺，受到刺激后能分泌乳白色黏液，头部背腹面密布成对的疣粒，眼眶周围疣粒更为密集，排列较为整齐。主产于长江、黄河及珠江中上游支流的山间溪流中。

图 5-69 大鲵

2. 蝾螈科 Salamandridae

东方蝾螈 Cynops orientalis（图 5-70） 体背及体侧黑色,腹面朱红杂以不规则黑斑,多数个体在颈褶下方后部有一"T"形朱红斑。两侧有不规则黑斑。肛后半部黑色。皮肤光滑,有小痣粒,耳后腺发达,有唇褶,颈褶明显。栖于山地池塘、水田及流速较缓的山间溪流中。广泛分布于江苏、浙江、安徽、江西、福建、湖北、湖南等省。

图 5-70　东方蝾螈

5.3 爬行纲

5.3.1　爬行类的习性观察与采集

爬行类是变温动物,活动时间具有一定的季节性,一般在 11 月以前进入冬眠期,3 月份前后苏醒,4—10 月份为活动期。爬行类能适应各种各样的生活环境,在山地、草丛、池塘、田边、树上、房屋等各种不同环境中都有分布。这里简单介绍一下蛇类和蜥蜴类的采集方法。

5.3.1.1　蛇类的采集

（1）捕蛇工具:①蛇叉钳。②蛇叉,一根前边具叉的棍棒,长 1～1.5 m,叉口约呈 60°角,前端钉有牢固而有弹性的橡胶皮,以便卡住蛇体但又不使之弄伤。③采集箱或布袋,采集箱是用白铁皮制成的上有一插板小拉门的长方形箱子。一般无毒蛇也可用布袋装。④其他工具,高筒皮鞋或胶鞋、厚帆布护腿和手套等。

（2）捕蛇方法:当发现蛇后,悄悄接近,用蛇叉的叉口对准蛇颈(如蛇过小,可将蛇叉倾斜),张开把柄,迅速钳住,然后送入装蛇的采集箱内。也可迅速用蛇叉口压住蛇的颈部,再用手捏住头颈部,或先用脚踏住头,再用手捏住颈部,直接装入采集箱内。为了更安全,可将捕住的蛇轻打头部(不要损伤头鳞),使其昏迷,然后再装入采集箱内。另外,注意不能单独一人捕蛇,必须有 2～3 人互相配合,以防毒蛇咬伤。如遇蛇逃窜或有攻击行为时,可用任何物件打击蛇的七寸,即身体前部心脏所在之处。

5.3.1.2　蜥蜴的采集

我国产的蜥蜴大多数是小型种类,广泛分布,有的种类在屋舍的天花板或墙壁上窜动,如多疣壁虎;有的潜伏在岩石缝隙里或隐藏于草丛中,如草蜥;还有能在沙面迅速爬行的沙蜥。我国产的蜥蜴均无毒,故一般可用手捕捉,或采用一些简单的工具和方法捕捉。如 ①扑打法,采用软树枝迅速扑打蜥蜴的头部或体躯,使其暂时受震不能活动,随即拾起放入容器内。②活套法,用一根长约 2 m 的竹竿,其末端结一马尾或尼龙丝的活套,当遇见蜥蜴,待它抬头凝视异物时,趁机将竹竿轻轻伸出去,套住颈部,立刻拉回,此法主要适于捕捉树上活动的种类。③小网扣捕法,适于捕捉小型蜥蜴,效果良好。④诱钓法,适于捕捉栖于石缝中的种类,用 1～2 尺(1 尺＝33 cm)长的棉线系上昆虫诱饵来垂钓,方法简单,效果也不错。

5.3.2　爬行类标本的制作与保存

将采得的爬行类标本,按照不同种类、体型大小和珍稀情况,以及采集者的目的和条件,而选择不同的标本制作与保存方法。

(1) 50％～80％酒精浸制法:对小型爬行类,可先向腹腔注射酒精防腐,然后浸泡。酒精浸制法最好是将动物标本由低浓度向高浓度逐步更换,造成躯体逐步失水,最后保存于 80％的酒精中。这样浸制的标本,虽经长期保存,也能保持躯体柔软不失原形,取出后仍可作解剖和组织切片,供进一步研究之用。如在实习地点买不到酒精,也可用高浓度的普通白酒浸制,可保存标本不致腐烂。用酒精浸制标本费用较高,故不适于大型动物的保存。

(2) 7％～8％福尔马林浸制法:先用乙醚或氯仿麻醉,再腹腔注射福尔马林杀死,然后用水洗污物后,盘曲整形固定于玻璃板上,浸入 10％～20％的福尔马林中固定,最后移至 7％～8％福尔马林中保存。此法因甲醛较便宜,用量相对较少,故适于大型动物保存。

(3) 剥制法:对于身体较大的种类,一般剥制成标本保存。剥制前,应先测量标本体长、尾长、胸围和腹围大小,并记录或绘成外形草图,作为测量数据和填入假体时的依据。剥制用具与方法可参照鸟类及哺乳类标本制作。

5.3.3　爬行纲动物的分科检索

5.3.3.1　蜥蜴目的分科检索

我国蜥蜴目常见科的检索表

1. 头部背面无大型成对的鳞甲 ·· 2
   头部背面有大型成对的鳞甲 ·· 5
2. 趾端大;大多无动性眼睑 ··································· 壁虎科 Gekkonidae
   趾侧扁;有动性眼睑 ··· 3
3. 舌长,呈二深裂状;背鳞呈粒状;体型大 ··············· 巨蜥科 Varanidae
   舌短,前端稍凹;体型适中或小 ··· 4
4. 尾上具 2 个背棱 ··· 异蜥科 Xenosauridae
   尾不具背棱或仅有单个正中背棱······················· 鬣蜥科 Agamidae
5. 无附肢 ··· 蛇蜥科 Anguidae
   有附肢 ··· 6
6. 腹鳞方形;股窝或鼠蹊窝存在 ························· 蜥蜴科 Lacertidae
   腹鳞圆形;股窝或鼠蹊窝缺 ····························· 石龙子科 Scincidae

5.3.3.2　蛇目的头部和躯体鳞片(图 5-71 至图 5-73)及分科、分属检索

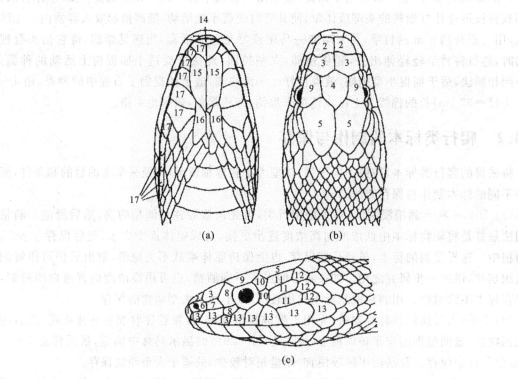

图 5-71　蛇的头部鳞片

(a)腹面；(b)背面；(c)侧面

1.吻鳞；2.鼻间鳞；3.前额鳞；4.额鳞；5.顶鳞；6.鼻鳞；7.颊鳞；8.眶前鳞；9.眶上鳞；10.眶后鳞；

11.前颞鳞；12.后颞鳞；13.上唇鳞；14.颏鳞；15.前颏片；16.后颏片；17.颏下唇鳞

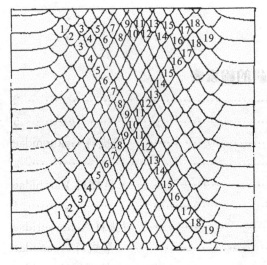

图 5-72　蛇背鳞的计数方法

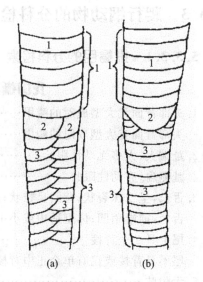

图 5-73　蛇的肛鳞及尾下鳞

(a)肛磷 2 片尾下磷双行；(b)肛鳞 1 片尾下鳞单行

1.腹鳞；2.肛鳞；3.尾下鳞

中国产蛇类(外部形态特征)分科检索表

1. 体型小,尾极短,通身径粗一致,被覆大小一致的鳞片;眼退化成覆盖于鳞片之下的黑点
　　··· 盲蛇科 Typhlopidae
　　体型由小到大,头尾可以区分;眼不退化成覆盖于鳞片之下的黑点··················· 2
2. 通身被覆小而平砌的瘰粒状鳞,环体一周超过 100 枚;没有腹鳞
　　·· 瘰鳞蛇科 Acrochordidae
　　通身不是小而平砌的瘰粒状鳞;躯干腹面正中一行鳞片较宽大(个别海蛇除外) ····· 3
3. 有后肢残余,在泄殖肛孔两侧呈"距"状构造,雄性尤明显 ···························· 4
　　没有后肢残余 ··· 5
4. 腹鳞仅略大于相邻背鳞;背鳞 21 行 ······················· 盾尾蛇科 Uropeltidae
　　腹鳞较窄,但极明显;背鳞至少 30 行　·················· 蟒科 Boidae(广义)
5. 上颌骨前端没有毒牙 ··· 6
　　上颌骨前端有毒牙 ··· 7
6. 腹鳞较窄,不到相邻背鳞的 3 倍;顶鳞前后 2 对,其间为一枚顶间鳞
　　··· 闪鳞蛇科 Xenopeltidae
　　腹鳞宽大,宽度约与躯干径粗相等;只有一对顶鳞 ······ 游蛇科 Colubridae
7. 上颌骨较短,不能活动,除前端有沟牙外,其后有或无较小的上颌齿
　　··· 眼镜蛇科 Elapidae
　　上颌骨极短,可以活动,其上只有 1 枚管牙(及预备牙)·············· 蝰科 Viperidae

中国游蛇科 Colubridae 分属检索表

1. 上颌骨后端牙齿不特别大,即使较大,亦无沟,不是沟牙 ·························· 1
　　上颌骨后端有 2~3 枚牙齿特大,表面有沟,是沟牙 ··························· 35
2. 头腹前部中央的额片一般有 3 对,左右不对称,其间无额沟 ····· 钝头蛇属 Acrochordidae
　　头腹前部中央的额片一般有 2 对,左右对称排列,其间形成额沟 ················ 3
3. 尾下鳞单行(或个别成对) ························· 脊蛇属 Achalinus
　　尾下鳞双行(或个别成单)·· 4
4. 吻端突出呈锥形,其上覆以细鳞;背面纯绿色 ········ 尖喙蛇属 Rhynchophis
　　吻端正常,不尖出呈锥形 ·· 5
5. 脊鳞扩大略呈六角形,背鳞平滑,中段 15 或 13 行,斜列 ···· 过树蛇属 Dendrelaphis
　　脊鳞不扩大 ·· 6
6. 前段背鳞明显呈斜行 ·· 7
　　通体背鳞均不呈斜行 ·· 8
7. 中段背鳞 17~19 行,肛前 15 或 17 行;肛鳞二分 ········ 斜鳞蛇属 Pseudoxenodon
　　背鳞通身 15 行;肛鳞完整 ························· 颈斑蛇属 Plagiopholis
8. 头部多少呈三角形,头背覆以粗糙大鳞;颞鳞强棱 ······ 颈棱蛇属 Macropisthodon
　　头部不呈三角形,头背鳞片不粗糙;颞鳞平滑 ···························· 9
9. 头背为正常 9 枚大鳞 ·· 15
　　头背鳞片有饰变 ·· 10
10. 无颊鳞 ··· 11

5.3.4　爬行纲的常见种类识别

5.3.4.1　龟鳖目 Testudoformes

主要特征:特化的爬行动物类群。具包被躯干部背甲与腹甲,甲内层为真皮骨板,外层为角质层。脊椎骨与背甲愈合,上胸骨、锁骨参与腹甲形成。肩带位于肋骨腹面。无牙齿代之以角质鞘。

常见种类

1. 平胸龟科 Platysternidae

平胸龟 *Platysternon megacephalum*(图 5-74)　头背覆以大块角质盾片,颌粗壮,显著钩

图 5-74　平胸龟

曲呈鹰嘴状,故名鹰嘴龟。背腹甲之间具下缘盾。指、趾间具蹼,有爪;股后与肛侧有锥状鳞;尾具环状排列的长方形大鳞。背甲棕黄、暗褐或栗色,腹甲生活时带橘黄色。栖于溪流、湖沼的草丛中。分布于安徽、重庆、福建、广东、广西、海南、浙江、江苏、湖南等省。

2. 龟科 Testdinidae

乌龟 Chinemys reeveii(图 5-75) 又称金龟。背褐、腹略黄色,具暗褐色斑纹。头颈侧面有黄色线状纹。头前部平滑,后部被细鳞。背甲有 3 条纵隆起,背甲后缘锯齿状。趾间全蹼。在江河、湖泊向阳荫处挖洞产卵。常栖于溪流、沟渠及湖沼。国内除东北、西北各省(区)及西藏未见报道外,其余各地均有分布。

图 5-75 乌龟

3. 鳖科 Trionychidae

中华鳖 Amyda sinensis(图 5-76) 又名甲鱼、团鱼。背腹甲不具角质板,而被以革质皮肤,背腹甲不直接相连,具肉质裙边。背部橄榄绿色,腹部乳白色。淡青灰色头部散有黑点。喉部色淡或有蠕虫状纹。生活于淡水水体,分布除新疆、西藏和青海外,其他各省均产。

山瑞鳖 Palea steindachneri(图 5-77) 通体覆以柔软的革质皮肤,无角质盾片。体背暗橄榄绿色,腹部肉色,有不规则的污斑。头前部瘦削,吻端形成吻突;颈长;体卵圆形;尾短,雄性尾基部粗,尾尖超出裙边。四肢较扁,指、趾间满蹼,前、后肢均具三爪。喜栖于山区的小溪石缝中。分布于陕西、广东、广西、香港、海南、广西、云南、贵州、山东等地。

图 5-76 中华鳖

图 5-77 山瑞鳖

5.3.4.2 蜥蜴目 Lacertiformes

主要特征:体被角质鳞。下颌以骨缝相连。具活动眼睑。舌扁平能伸缩,无舌鞘。四肢发达(个别退化),五趾有爪。

常见种类

1. 壁虎科 Gekkoridae

多疣壁虎 Gekko japonica（图 5-78） 头大，略呈三角形；体被密集小疣鳞。全身均被粒鳞，平铺排列；体背疣鳞显著大于粒鳞，呈圆锥形。体和四肢腹面被覆瓦状鳞。四肢短，除第 1 指、趾外，均具爪，指、趾下瓣单行，趾间无蹼。体背面灰棕色；头及躯干背面有深褐色斑，并在颈及躯干面形成 5～7 条横斑。四肢及尾背面有黑褐色横纹。体腹面淡肉色。常栖息于树林、沙漠、草原及住宅区等地。主要分布于中国东部西至四川东部，北达陕西南部，甘肃等地。

图 5-78 多疣壁虎

无蹼壁虎 Gekko swinhonis（图 5-79） 成体长约 60 mm，体背粒鳞较大，背部无疣鳞或只具有扁圆的疣鳞，枕及颈背上无疣鳞。趾间无蹼。尾基两侧各具有 1 列肛疣 2～3 个。背面灰褐色，体背通常具 5～8 条不规则的暗横斑；四肢常具暗斑。腹面均为肉色。常栖于建筑物的缝隙、岩缝、石下及树上。分布于辽宁、河北、陕西、山西、甘肃、河南、山东、江苏、安徽、浙江等地。

铅山壁虎 Gekko hokouensis（图 5-80） 躯干长约 60 mm，最大全长约 130 mm。体背以褐色或深褐色为主，体背中央，从颈部一直延伸到尾部，分布有暗褐色与浅褐色规则的斑块。在体背较细小的粒鳞间，夹杂有较大型的疣鳞。扩展的前、后肢指（趾）端下有单列指（趾）瓣。常栖于建筑物的缝隙、洞中、野外砖石及草堆内。分布于安徽、江苏、上海、浙江、福建、江西、湖南等地。

图 5-79 无蹼壁虎

图 5-80 铅山壁虎

2. 石龙子科 Scincidae

蓝尾石龙子 Eumeces elegans（图 5-81）　体形纤细，体鳞圆滑，背面深色，5 条黄色纵带直达尾部。尾后半部蓝色。雄性肛侧有一大棱鳞。栖息于低山山林及石隙中。分布于湖南、湖北、广东、浙江、天津等地。

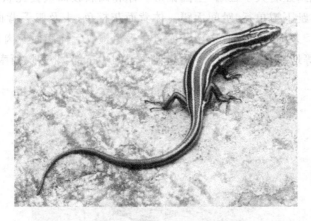

图 5-81　蓝尾石龙子

中国石龙子 Eumece chinensis（图 5-82）　体鳞圆淡灰色呈网状纹，背面黏土色，有 3 条纵型浅灰色纹。四肢发达，五趾具爪。栖息于山林及山路旁的石堆、石隙中。分布于四川、安徽、福建、广东、广西、贵州、海南、香港、湖北、湖南、江苏、江西、上海、台湾、云南、浙江等地。

蜒蜓（铜蜒蜥）Sphenomorphus indicus（图 5-83）　体古铜色故称铜石龙子，体侧各有 1 条醒目的黑纵纹，止于尾基。体长短于尾长。栖息于山麓荒地、路边、石堆、乔木林荫处。分布于上海、江苏、浙江、安徽、福建、江西、河南、湖北、湖南、广东、香港、广西、四川等地。

图 5-82　中国石龙子

图 5-83　蜒蜓

3. 蜥蜴科 Lacertidae

北草蜥 Takydromus septentrionalis（图 5-84）　体细长，背绿色。头长吻尖，头侧、吻鳞及上下唇鳞草绿色，颏部黄绿色。腹部黄绿或灰黄色。鳞片方形，背中段鳞棱排列成 6 纵行，腹鳞棱排列成 8 行。四肢、趾细长，鼠蹊窝 1 对。生活于山野杂草灌丛、路边。分布于陕西、甘肃、江苏、上海、安徽、湖北、四川、浙江、福建、江西、湖南、贵州、云南等地。

图 5-84　北草蜥

4. 蛇蜥科 Anguidae

脆蛇蜥 Ophisaurus harti（图 5-85）　体似蛇形，较粗壮，无四肢。除头背外，全身鳞片纵横排列成行，似棋格状。体侧各有一纵行浅沟，左右纵沟间上方有背鳞 16～18 纵行，明显起棱。常栖于土质疏松、湿度不大的农耕地及其附近。分布于长江以南多数省（区）及台湾。

丽斑麻蜥 Eremias argus（图 5-86）　俗名麻蛇子。体型较小，体长（从吻端至肛门）约 48 mm，尾长（从肛门到尾末端）约 60 mm。背部具眼斑，斑心黄色，周围棕黑色，十分醒目。吻较窄，吻端钝圆；耳孔椭圆形；鼓膜裸露；头背具对称大鳞；四肢均具五指、趾，有爪。常栖于农田、山野、草丛、灌丛等地。分布于中国长江以北。

图 5-85　脆蛇蜥

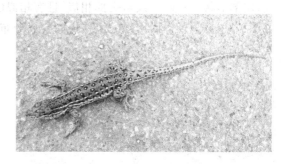

图 5-86　丽斑麻蜥

5.3.4.3　蛇目 Serpentiformes

主要特征：体被角质鳞。附肢退化，无肩带和胸骨。左、右下颌骨在前端以弹性韧带相连。眼睑不可动。外耳孔消失。舌末端分叉且伸缩性强。

常见种类

1. 游蛇科 Colubridae

草腹链蛇 Amphiesma stolata（图 5-87）　俗名草游蛇。头侧及喉部均呈黄色，故俗称黄头蛇。体型不大，最大约 90 mm。背面淡灰色，有黑色波浪横纹，横纹两侧为浅黄色点，连成两条黄色的线，纵贯到尾端。栖于平原、高原、盆地、低海拔山区、河边、溪流、山坡、路边、农地等处。分布于除东北、西北、华北以外的大部省份。

锈链腹链蛇 *Amphiesma craspedogaster*（图 5-88） 俗名锈链游蛇。锈链腹链蛇体鳞起棱,外侧棱弱,体红褐色,背面有两条锈色纵纹,颈背两侧有 2 个斜的黄色斑,每枚腹鳞和尾下鳞两外侧边缘各有一黑斑,形成断续的纵走纹。常见于水域附近、路边或山区草丛中。主要分布于山西、江苏、浙江、安徽、福建、江西、河南、湖北、湖南、广西、四川、贵州、陕西、甘肃等省。

图 5-87 草腹链蛇

图 5-88 锈链腹链蛇

绞花林蛇 *Boiga kraepelini*（图 5-89） 又称大头蛇,为无毒的中型蛇类,最长约 100 cm。头大,颈部与尾部细长,体背为黄褐色,中间混杂着黑色斑块。有轻微的毒性。常栖于溪沟旁的灌木或茶山矮树上。主要分布在浙江、安徽、福建、江西、湖南、广东、广西、海南、四川、贵州、甘肃、台湾等地。

钝尾两头蛇 *Calamaria septentrionalis*（图 5-90） 体长约 350 mm。尾部粗钝,有黄色斑纹;尾部形状、粗细、花纹与头部相似,且有相似的黄色斑,初看很像两端都是头,故名两头蛇。栖于平原、丘陵及山区阴湿的土穴中。主要分布在浙江、江苏、安徽、福建、江西、湖南、广西、贵州等省。

图 5-89 绞花林蛇

图 5-90 钝尾两头蛇

翠青蛇 *Cyclophiops major*（图 5-91） 身体细长,体型中等,成蛇体长为 80～110 cm。头呈椭圆形,略尖,头部鳞片大,和竹叶青的细小鳞片有明显的区别。全身平滑有光泽,体色为深绿、黄绿或翠绿色,头部腹面及躯干部的前端腹面为淡黄微呈绿色。尾细长。眼大,黑色。栖于中低海拔的山区、丘陵和平地。分布于广东、广西、江苏、安徽、浙江、江西、福建、海南、台湾、河南、湖北、湖南、甘肃、贵州、云南、四川等省。

赤链蛇 *Dinodon rufozonatum*（图 5-92）　背面黑色，具 70 余条红色狭横纹，腹面黄色。头顶鳞片黑色，边缘绯红，头顶至项背有一"∧"形红纹。腹部白色，在肛门前面则散生灰黑色小点。有时尾下全呈灰黑色。常见于田野、河边、丘陵、近水地带及住宅周围。分布于除宁夏、甘肃、青海、新疆、西藏外其他各省（区）。

图 5-91　翠青蛇　　　　　　　　　　　　　　　　图 5-92　赤链蛇

王锦蛇 *Elaphe carinata*（图 5-93）　头部有"王"字样的黑斑纹，有"王蛇"之称。其头部、体背鳞缘为黑色，中央呈黄色，似油菜花样，体前段具有 30 余条黄色的横斜斑纹，到体后段逐渐消失。腹面为黄色，并伴有黑色斑纹。尾细长，全长可达 2.5 m 以上。生活于平原、丘陵和山地。广泛分布于河南、陕西、四川、云南、贵州、湖北、安徽、江苏、浙江、江西、湖南、福建、台湾、广东、广西等地。

玉斑锦蛇 *E. mandarina*（图 5-94）　体背紫灰或灰褐色，背面有 30 余个鲜明黑色菱形斑，斑中央浅黄色。生活于丘陵山区林地。广布于中国华北、华东、华南地区。

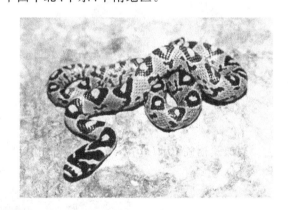

图 5-93　王锦蛇　　　　　　　　　　　　　　　　图 5-94　玉斑锦蛇

黑眉锦蛇 *E. taeniura*（图 5-95）　眼后黑色斑纹伸向颈部。体背棕灰色有横行梯状纹，前段明显。体中段至尾末端有 4 条纵走黑带。腹部灰白色。生活在高山、平原、丘陵、草地、田园及村舍附近。我国大部分省份有分布。

中国水蛇 *Enhydris chinensis*（图 5-96）　背暗灰棕色，有不规则小黑点，两侧第一行背鳞黑色，第二、三行背鳞白色；腹部淡黄色，每一腹鳞的前缘有黑斑。尾下鳞双行。躯干圆柱形，尾较短。鼻孔朝上，最后 2 枚上颌齿为较大沟牙。栖于平原、丘陵、山麓的流溪、池塘、水田或水渠。分布于江苏、浙江、江西、福建、台湾、广东、海南、广西、湖北、湖南等地。

图 5-95　黑眉锦蛇

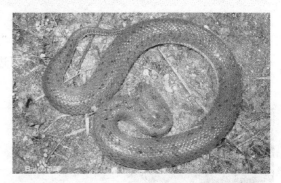

图 5-96　中国水蛇

中国小头蛇 *Oligodon chinensis*（图 5-97）　俗称秤杆蛇，体长约 0.5 m。头小，与颈区分不明显。全身有 14～16 条黑褐色窄横斑（如秤花），斑间距几乎相等。颈部有一个粗大箭头状黑斑。生活于山区、平原或屋舍附近。分布于江苏、安徽、浙江、江西、福建、河南、湖南、广东、海南、广西、贵州、云南等省。

灰鼠蛇 *Ptyas korros*（图 5-98）　蛇体略细长，一般在 1 m 以上。眼大而圆。背面棕褐色或橄榄灰色，躯干后部和尾背鳞片边缘黑褐色，整体略显网纹。上唇和背面灰褐色，体中、后部每一背鳞中央有黑褐色纵线，前后缀连成黑褐色纵纹。腹面淡黄色。生活在田基、路边、沟边的灌木林中。分布于云南、贵州（南部）、四川、广西、广东、湖南、江西、浙江、福建、台湾等地。

图 5-97　中国小头蛇

图 5-98　灰鼠蛇

虎斑颈槽蛇 *Rhabdophis tigrinus*（图 5-99）　又称虎斑游蛇。体全长近 700 mm。体背面

图 5-99　虎斑颈槽蛇

翠绿色或草绿色,体前段两侧有粗大的黑色与橘红色斑块相间排列,枕部两侧有一对粗大的黑色"八"字形斑,是我国分布较广的一种小型毒蛇(组织性毒液,弱毒),常被误认为是剧毒蛇。生活于山地、丘陵、平原区的河流、湖泊、水渠、稻田附近。广泛分布于全国各地。

乌梢蛇 *Zaocys dhumnades*(图 5-100)　背绿褐色或黑褐色,中央 2～4 行有棱背鳞的两侧有 2 条纵贯全身的黑纹,成年个体后部逐渐不明显。体侧黄色,腹面灰色。生活于中低海拔山地、平原、丘陵。广布于河北、河南、陕西、山东、甘肃、四川、贵州、湖北、安徽、江苏、浙江、江西、湖南、福建、台湾、广东、广西、吉林等省。

山溪后棱蛇 *Opisthotropis latouchi*(图 5-101)　小型蛇类,全长 0.5 m 左右。头较小,扁平,与颈区分不明显。鼻孔背侧位,眼小。背鳞 17 行,起棱,每一枚鳞片中央黄白色而鳞缝黑色,形成黄白色与黑色相间的纵纹;腹面淡黄或灰白色无斑,尾下正中色深形成黑纵纹。栖于山间溪流,喜潜伏岩石、沙砾及腐烂植物下。分布于浙江、安徽、福建、江西、湖南、广东、广西、四川、贵州等地。

图 5-100　乌梢蛇

图 5-101　山溪后棱蛇

2. 眼镜蛇科 Elapidae

银环蛇 *Bungarus multicinctus*(图 5-102)　体具黑、白相间环纹,白色环纹窄,黑、白纹不等宽。躯干带纹 35～45 条,尾部 9～16 条。腹部白色。我国 10 种剧毒蛇之一。栖于平原、丘陵或山麓近水处。分布于安徽、浙江、江苏、福建、台湾、湖北、湖南、广东、广西、海南、贵州、云南等省。

眼镜蛇 *Naja naja*(图 5-103)　受刺激时,体前部直立,颈部扩张,颈背呈现一对黑白斑眼镜状斑纹。我国 10 种剧毒蛇之一。栖于平原、丘陵或山麓近水处。分布于长江以南。

图 5-102　银环蛇

图 5-103　眼镜蛇

3. 蝰科 Crotalidae

短尾蝮 *Gloydius brevicaudus*（图 5-104）　又名日本蝮，全长约 400 mm。背面浅褐色到红褐色，有两行深棕色圆斑，左右交错或并列。眼后有一橙色眉纹，其上缘镶以黄白色边。尾后段黄白色，尾尖常为黑色。吻棱明显。鼻间鳞外侧尖细，向后弯。我国 10 种剧毒蛇之一。常见于平原、丘陵，主要栖息于坟堆草丛及其附近。分布于北京、天津、河北、辽宁、上海、江苏、浙江、安徽、福建、江西、湖北、湖南、四川、贵州、陕西、甘肃等地。

原矛头蝮 *Protobothrops mucrosquamatus*（图 5-105）　俗名烙铁头。头呈三角形。颈细。吻较窄。体长 1 m 左右。体背颜色棕褐，在背部中线两侧有并列的暗褐色斑纹，左右相连成链状，腹部灰褐色，有多数斑点。我国 10 种剧毒蛇之一。生活于丘陵、山区，栖于竹林、灌丛、溪边、茶山、耕地等处。分布于浙江、安徽、福建、台湾、江西、湖南、广东、广西、海南、四川、重庆、贵州、云南、陕西、甘肃等地。

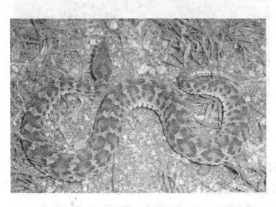

图 5-104　短尾蝮

图 5-105　原矛头蝮

尖吻蝮 *Deinagkistrodon acutus*（图 5-106）　俗称"五步蛇"。背面灰褐有灰白色菱形方斑，腹面白色有黑斑。头三角形，吻端尖上翘，颊窝明显。我国 10 种剧毒蛇之一。生活在中低海拔的山区或丘陵，常栖于山谷溪涧附近的岩石、草丛等处。分布于安徽（南部）、重庆、江西、浙江、福建（北部）、湖南、湖北、广西（北部）、贵州、广东（北部）及台湾等地。

竹叶青蛇 *Trimeresurus stejnegeri*（图 5-107）　头较大，呈三角形，颈细，体侧自颈部到尾

图 5-106　尖吻蝮

图 5-107　竹叶青蛇

部有 1 条纵走鲜明的黄线或白线。体背呈草绿色,腹面稍浅或呈草黄色。眼红色,眼与鼻孔之间有颊窝。尾较短,焦红色。我国 10 种剧毒蛇之一。生活于山区溪边草丛、灌木、竹林、路边枯枝或田埂草丛中。广泛分布于安徽、浙江、江西、福建、台湾、河南、湖北、湖南、广东、海南、广西、甘肃、四川、贵州、云南等地。

5.3.4.4 鳄目 Crocodilia

主要特征:高等爬行动物类群,两心室,次生腭完整,槽生齿。鼻孔、耳孔有瓣膜,口腔后部咽前方腭帆为肌质瓣膜。小脑发达,有蚓部和小脑卷分化。肺复杂,适于在水中停留较长时间不换气。尾侧扁,后足有蹼。

常见种类

鳄科 Crocodilidae

扬子鳄 _Alligator sinensis_(图 5-108) 吻钝圆;下颌第 4 齿嵌入上颌的凹陷内。皮肤具角质方形大鳞。前肢五指,后肢四趾,具爪。背部棕褐有黄斑与黄条纹,泄殖腔孔纵裂。我国特产,国家一级保护动物。穴居于江河岸边。分布于长江中下游、太湖一带。

图 5-108 扬子鳄

5.3.5 毒蛇的识别与急救

毒蛇一般不主动伤人,但被人、畜不慎触动或被捕捉时,常常造成伤害。因此,学习毒蛇咬伤后的急救知识,对野外工作人员很有必要。

(1)毒蛇的毒腺与毒牙

毒蛇的毒腺位于头部两侧口角上方,蛇毒就是毒腺分泌出来的毒液,毒液的颜色常因种类而异。金环蛇和眼镜王蛇的毒液为金黄色;蝰蛇和蝮蛇是橙黄色;眼镜蛇为淡黄色;银环蛇为乳白色;竹叶青为绿色。新鲜的毒液具挥发性和弱酸性,有臭味,放置一昼夜会失去毒性。毒液经真空干燥后妥善保存,则 15~25 年毒性仍不失效。

毒牙着生在上颌的前方和后方,有纵沟(沟牙)或管(管牙)与毒囊相通。当咬到人或动物时,毒汁就沿着毒牙的纵沟或小管流出,注入人或动物体内引起中毒。有的毒蛇如眼镜王蛇、尖吻蝮(五步蛇),甚至一张口即可喷射出毒液。

(2)蛇伤中毒及毒蛇咬伤的鉴别

①蛇伤中毒的症状:蛇毒可分为神经性毒、血循性毒和混合性毒三种。神经性毒主要作用于神经系统,被咬伤后,伤口不红不肿,不十分疼,而有麻痹感觉。不久便会出现头晕,精神倦怠,呼吸困难,全身麻木,直至昏迷,自主呼吸停止,以至死亡。这种中毒症状,一般是有前沟牙

的银环蛇和金环蛇咬伤引起的。血循性毒主要作用于伤者的血液循环系统,被咬伤后,伤口及伤肢主要症状有急剧肿胀,起水泡或变黑,以后细胞和组织坏死溃烂。全身症状时而恶寒战栗,时而发热,严重时内脏出血,最后引起心脏、肾功能衰竭而死。这种中毒症状,一般是具管牙的竹叶青、尖吻蝮、蝰蛇咬伤所引起的。混合性毒兼有上述两者症状,如蝮蛇、眼镜蛇咬伤就会引起混合性中毒症状。

②毒蛇与无毒蛇咬伤的鉴定:毒蛇咬伤的伤口,绝大多数情况下留有 2 个大而深的牙痕,由于毒牙之后还有预备牙以及咬人时的角度不同,故有时可以见到 1、3 或 4 个牙痕。无毒蛇咬伤的伤口,局部留有 4 行均匀而细小的牙痕。伤口出血不多,且很快就会止血结痂,周围没有肿胀,或仅有轻微红肿。

(3)毒蛇咬伤急救

①保持镇静:不要奔跑,放低伤口部位。若神经紧张会使血液循环加速,毒素也会加速散布全身。

②立即结扎:被毒蛇咬伤后,需迅速用绳带、手帕或从衣服上撕下布条扎在伤口的上端(近心脏的一端),阻止蛇毒向全身扩散。结扎时间不宜过长,约 20 min 可放松一下,约经 3 min 后再扎起来,以免血液循环受阻,引起局部组织坏死。也可利用流动泉水或小溪流水反复冲洗伤口。

③排毒与破坏蛇毒:最好用双氧水或千分之一的高锰酸钾清洗留在伤口表面的毒液,也可用冷开水或食盐水。用清洁的小刀或其他器具剥开伤口(如被尖吻蝮、蝰蛇等具出血性毒蛇咬伤,则不适用扩伤排毒法),从伤口周围向伤口挤压排毒 20～30 min。有条件的话,还可用火罐拔出毒液。也可用 6～8 根火柴,同时点燃,烧灼伤口,破坏蛇毒。

④敷药和服药:按蛇药说明书敷以蛇药或服以蛇药。切勿用止血药止血。最好注射抗蛇毒血清。

⑤及时送往医院:在野外采取上述急救措施后,不能认为已安然无恙,还应送进医院观察治疗。

5.4 鸟纲

5.4.1 鸟类的野外识别方法

全世界共有 9700 多种鸟类,我国 1300 多种。在野外观鸟时,由于鸟停息的时间一般都很短暂,或瞬间掠空而过,或突然惊飞,不容易看清,因此,要准确迅速地识别这些鸟类,掌握鸟类的野外识别方法就十分重要。在野外,一般我们可以根据以下四个方面进行识别。

5.4.1.1 形态特征

(1)根据身体的大小和形状:如与麻雀相似者有文鸟、山雀等;与八哥相似者有椋鸟、鸫等;与喜鹊相似的有灰喜鹊、红嘴山鸦、杜鹃、乌鸦等;与鸡相似者有松鸡、竹鸡、雉鸡、长尾雉等;与白鹭相似者有多种鹭类,大型的有鹳及鹤。

(2)根据喙的形状:长喙者有翠鸟、啄木鸟、鹭、鹳及鹤等;喙向下弯曲者有戴胜等;喙呈宽而短的三角形者有家燕、金腰燕等。

(3)根据翅的形状:圆形翅者有鹰科的鸟类、鸡形目鸟类等;尖形翅者有隼科鸟类、家燕、雨燕等;方形翅者有八哥等。

(4) 根据尾的形状:短尾者有鹏鹩、鹌鹑、白腰草鹬等,长尾者有长尾雉、雉鸡、杜鹃、喜鹊、寿带等;叉尾者有家燕、卷尾等。

(5) 根据腿的长短:腿特别长者有鹭、鹳、鹤、鸨、鸻等大、中型涉禽,腿比较长者有鸻和鹬等小型涉禽。

5.4.1.2　羽色

观察羽毛颜色应顺光观察。除注意整体颜色之外,还要在短时间内看清头、背、尾、胸等主要部位,并抓住一、两个显著特征,如头颈、眉纹、眼圈、翅斑、腰羽及尾端等处的鲜艳或异样色彩。

(1) 几全为黑色者:鸬鹚、董鸡、噪鹃、黑卷尾、乌鸦等。
(2) 黑白相嵌者:白鹳、黑鹳、丹顶鹤、白鹭、斑啄木鸟、喜鹊、八哥、家燕等。
(3) 几全为白色者:天鹅、白鹭等。
(4) 以灰色为主者:杜鹃、卷尾等。
(5) 灰白两色相嵌者:苍鹭、红嘴鸥、灰山椒鸟等。
(6) 以蓝色为主者:普通翠鸟、三宝鸟、红胁蓝尾鸲等。
(7) 以黄色为主者:黄鹂、黄腹山雀、金翅雀、黄雀等。
(8) 以红色或锈红色为主者:红腹锦鸡、粉红山椒鸟(雄)、棕背伯劳,棕头鸦雀等。
(9) 以褐色或棕色为主者:种类繁多,如部分雁、鸭、鹰、隼、斑鸠、雉鸡、画眉等。

另外,个别种类不同季节羽毛颜色差异很大,如灰鹡鸰,冬羽喉部白色,而夏羽喉部黑色;雷鸟春季为棕黄色带暗色横斑,盛夏变栗褐色,深秋换成带黑色块斑的暗棕色,严冬变为白色。

5.4.1.3　鸣声

在繁殖期的鸟类,由于发情而频繁鸣啭,其声因种而异,各具独特音韵,据此识别一些隐蔽在高枝密叶间、难以发现的或距离较远不易看清的鸟类。此法对资源调查和数量统计尤为重要。在野外常听到的鸣声,大致有以下几类。

(1) 婉转多变:绝大多数雀形目鸟类的鸣啭韵律丰富,悠扬悦耳,但各有差异,如画眉、红嘴相思鸟、鹊鸲、八哥、黄鹂、白头鹎等,有的还能仿效他鸟鸣叫,如画眉,有的还能发出像猫叫的声音,如黄鹂。

(2) 重复音节:清脆单调,多次重复。重复一个音节的有喜鹊等;重复两个音节的有黄腹山雀等;重复三个音节的有戴胜、大山雀等;重复四个音节的有四声杜鹃等。

(3) 尖细颤抖:多为小型鸟类,飞翔时发出的叫声,似摩擦金属或昆虫翅膀,既颤抖又尖细拖长,如翠鸟等。

(4) 粗厉嘶哑:叫声单调、嘈杂、刺耳,如雉鸡、野鸭、乌鸦、伯劳等。

(5) 低沉:单调轻飘的如斑鸠,声如击鼓的如董鸡等。

5.4.1.4　生活习性

不同种鸟类有不同的生活习性。如野鸭、天鹅、杜鹃、乌鸦、翠鸟等喜欢直线飞行;戴胜、啄木鸟等呈波浪式飞行;鹰类呈盘旋飞行;雁鸭类和鹤类飞行时常编队成“一”字形或“人”字形;麻雀和许多生活在灌木丛中的鹛类用双脚跳跃前进;鸠、鸽类双脚交互落地行走;八哥、乌鸦可以步行或跳跃;啄木鸟在树干上头向上攀附或向上跳行;伯劳常停在树枝上,待飞虫过境起飞捕捉,然后返回原处啄食;鹰类常营巢在悬崖峭壁;鹏鹏在水中编制浮巢等。

5.4.2　常见鸟类识别

5.4.2.1　鹏鹏目 Podicipediformes

主要特征:体型中等大,趾具分离的瓣蹼;后肢极度靠后;羽衣松软;尾羽短,全为绒羽,是善于游泳及潜水的游禽。

常见种类

鹏鹏科 Podicedidae

小鹏鹏 *Podiceps ruficollis*(图 5-109)　俗名水葫芦。嘴尖,尾甚短。体羽灰褐色,跗跖后方鳞片呈三角形。趾具瓣蹼。全国各地均有分布。

图 5-109　小鹏鹏

5.4.2.2　鹈形目 Pelecaniformes

主要特征:较大型的鸟类,善游。4 趾间具全蹼;嘴强大具钩,喉部具发达的喉囊;善飞的食鱼游禽。

常见种类

鸬鹚科 Phalacrocoracidae

鸬鹚 *Phalacrocorax carbo*(图 5-110)　全身黑色,肩和翼具青铜色光泽。繁殖时期,头颈部杂有白色。广泛分布于亚欧大陆及非洲大陆的江河湖海中。

图 5-110　鸬鹚

5.4.2.3　鹤形目 Ciconiiformes

主要特征:大中型涉禽。颈、嘴及腿均很长,适应涉水取食,趾细长,4 趾在同一平面上(鹤类的后趾高于前 3 趾)、趾基部有蹼相连(鹤类不具蹼);眼先裸出。

常见种类

1. 鹭科 Ardeidae

小白鹭 *Egretta garzetta*(图 5-111)　常称白鹭。中型涉禽,体形纤瘦,全身白色;繁殖时枕部着生两条长羽,背、胸均被蓑羽。夏羽的成鸟繁殖时枕部着生两条狭长而软的矛状羽,状若双辫;肩和胸着生蓑羽,冬羽时蓑羽常全部脱落;脸的裸露部分黄绿色,嘴黑色,嘴裂处及下嘴基部淡黄色;胫与脚部黑色,趾呈黄绿色。分布于陕西、甘肃、青海、山东、河南、江苏、上海、安徽、浙江、江西、湖北、湖南、福建、四川(夏候鸟)、云南、贵州、广东、海南、台湾(留鸟)。

大白鹭 *Casmerodius albus*(图 5-112)　体大羽长。颈、脚甚长,全身洁白。繁殖期间肩背部着生有 3 列长而直、羽枝呈分散状的蓑羽,一直向后延伸到尾端。蓑羽羽干呈象牙白色,基部较强硬,到羽端渐次变小,羽支纤细分散,稀疏。下体白色,腹部羽毛沾有轻微黄色。冬羽和夏羽相似,全身亦为白色,但无长的蓑羽。虹膜黄色,嘴、眼先和眼周皮肤繁殖期为黑色,非繁殖期为黄色,胫裸出部分肉红色,跗跖和趾黑色。分布于温带地区。

图 5-111　小白鹭

图 5-112　大白鹭

苍鹭 *Aedea cinerea*(图 5-113)　为较大型的鸟类。头、颈、脚和嘴均甚长,体形细瘦。上体自背至尾上覆羽苍灰色,尾羽暗灰色;两肩有长尖而下垂的苍灰色羽毛,羽端分散,呈白色或近白色;颈下部和胁部有黑色;胫的裸出部分较后趾长(不包括爪)。在中国几乎遍及全国各地。

牛背鹭 *Bubulcus ibis*(图 5-114)　体较肥胖,喙和颈较短粗。夏羽大都白色;头和颈橙黄色,前颈基部和背中央具羽枝分散成发状的橙黄色长形饰羽;前颈饰羽长达胸部,背部饰羽向后长达尾部,尾和其余体羽白色。冬羽通体全白色,个别头顶缀有黄色,无发丝状饰羽。中国见于长江以南各省。

图 5-113　苍鹭

图 5-114　牛背鹭

2. 鹳科 Ciconiidae

白鹳 *Ciconia ciconia*（图 5-115）　大型涉禽。其羽毛以白色为主,翅膀具黑羽,成鸟具细长的红腿和细长的红喙。嘴长而粗壮,在高树或岩石上筑大型的巢,飞时头颈伸直。分布于非洲和亚欧大陆。

图 5-115　白鹳

5.4.2.4　鹤形目 Gruiformes

主要特征: 除少数种类外,概为涉禽。腿、颈、喙多较长。胫下部裸出,后趾退化,如具后趾,则高于前 3 趾(4 趾不在同一平面上)。蹼大多退化,眼先大多被羽。

常见种类

1. 鹤科 Gruidae

丹顶鹤 *Grus japonensis*（图 5-116）　全身几乎纯白色,头顶裸露无羽、呈朱红色,似肉冠状。尾、初级飞羽和整个体羽全为白色,飞翔时极明显。胫裸出部分和跗蹠及趾灰黑色,爪灰色。两翅中间长而弯曲的飞羽为黑色,站立时盖在尾部,故尾部看上去为黑色。在中国繁殖于东北的黑龙江、吉林、辽宁和内蒙古达里诺尔湖等地,越冬于江苏、上海、山东等地的沿海滩涂,以及长江中、下游地区。

白鹤 *Grus leucogeranus*(图 5-117)　大型涉禽,略小于丹顶鹤。头前半部裸露呈猩红色,嘴橘黄,腿粉红;除初级飞羽黑色外,全体白色,站立时其黑色初级飞羽不易看见,仅飞翔时黑色翅端明显。虹膜黄色,幼鸟金棕色。迁徙经由中国东北,冬季于长江流域的湖泊越冬。

图 5-116　丹顶鹤

图 5-117　白鹤

2. 秧鸡科 Rallidae

普通秧鸡 *Rallus aquaticus*(图 5-118)　中型涉禽,额羽毛较硬;嘴长直而侧扁稍弯曲;鼻孔呈缝状,位于鼻沟内。翅短,向后不超过尾长。尾羽短而圆。跗蹠长度短于中趾或中趾连爪的长度;趾细长。上体多纵纹,头顶褐色,脸灰,眉纹浅灰而眼线深灰。颏白,颈及胸灰色,两胁具黑白色横斑。习性羞怯。分布于欧亚大陆、非洲、印度次大陆及中国。

董鸡 *Gallicrex cinerea*(图 5-119)　中型涉禽。雄鸟头顶有像鸡冠样的红色额甲,其后端突起游离呈尖形,体灰黑色,下体较浅。雌鸟体较小,额甲不突起,上体灰褐色。非繁殖期雄鸟的羽色与雌鸟相同。发情期鸣声像击鼓,单调低沉,似"咯咚"。分布于印度次大陆、亚洲、中国大陆及中国台湾。

图 5-118　普通秧鸡

图 5-119　董鸡

白骨顶鸡 *Fulica atra*（图 5-120）　中型游禽，似小野鸭。全体灰黑色，具白色额甲，趾间具瓣蹼。嘴长度适中，高而侧扁。头具额甲，白色，端部钝圆。跗蹠短，短于中趾，不连爪。趾均具宽而分离的瓣蹼。广泛分布于全国各地。

图 5-120　白骨顶鸡

3. 鸨科 Otididae

大鸨 *Otis tarda*（图 5-121）　嘴短，头长。无冠羽或皱领，雄鸟在喉部两侧有刚毛状的须状羽，其上生有少量的羽瓣。雄鸟的头、颈及前胸灰色，其余下体栗棕色，密布宽阔的黑色横斑。下体灰白色，颏下有细长向两侧伸出的须状纤羽。雌、雄鸟的两翅覆羽均为白色，在翅上形成大的白斑，飞翔时明显。栖于广阔草原、半荒漠地带及农田草地。繁殖于黑龙江、吉林、辽宁西北部及内蒙古等地；越冬于辽宁、河北、山西、河南、山东、陕西、江西、湖北等省。

图 5-121　大鸨

4. 三趾鹑科 Turnicidae

黄脚三趾鹑 *Turnix tanki*（图 5-122）　体型小，全长约 16 cm。体型和羽毛颜色与鹌鹑类

图 5-122　黄脚三趾鹑

似。上体及胸两侧具明显的黑色斑点。腿黄色,脚上只有 3 个朝前的脚趾。雌鸟的枕及背部
较雄鸟多栗色。虹膜黄色,嘴黄色。分布于我国的东部丘陵平原地带。

5.4.2.5　雁形目 Anseriformes

主要特征:大中型游禽。嘴扁,边缘有栉状突起(可滤食),嘴端具嘴甲;前 3 趾具蹼,翼上
常有绿色、紫色或白色的翼镜。大多具有季节性迁徙的习性。在地面上或树洞中营巢,雄鸟多
不参与孵卵和抚幼,雏鸟早成。种类繁多,分布于全世界各地。

常见种类

鸭科 Anatidae

绿头鸭 *Anas platyrhyncho*(图 5-123)　俗称野鸭。雌雄异色,雄鸭头,颈黑绿色,有金属
光泽,颈下部有白环,胸部栗色,翼镜紫色,上下有白边,体羽大体灰褐色;雌鸭棕褐色。繁殖于
中国东北、西北,内蒙古和西藏等地,越冬于中国中部和东南部广大地区,部分在中国东北和华
北地区越冬。

豆雁 *Anser fabalis*(图 5-124)　又名大雁。上体褐色,羽毛大多具浅色羽缘,嘴黑色,近
先端有一黄斑,嘴比头短。虹膜暗棕色,脚橘黄色。尾上部分覆羽白色,下体白色。游禽类。
在中国繁殖于长江中下游和东南沿海,一直到台湾和海南岛。迁徙时经过中国东北、华北,内
蒙古,甘肃,青海,新疆等省区。

图 5-123　绿头鸭

图 5-124　豆雁

鸳鸯 *Aix galericula*(图 5-125)　似野鸭,体型较小。嘴扁,颈长,趾间有蹼,善游泳,翼长,
能飞。雄性羽色绚丽,头后有铜赤、紫、绿等色羽冠;嘴红色,脚黄色。雌性体稍小,羽毛苍褐
色,嘴灰黑色。栖息于内陆湖泊和溪流边。在中国分布于长江流域以南。

大天鹅 *Cygnus cygnus*(图 5-126)　又名白天鹅、鹄。颈修长,超过体长或与身躯等长,游
泳时脖子经常伸直,两翅贴伏。嘴基部高而前端缓平,眼先裸露;尾短而圆,尾羽 20～24 枚;蹼
强大,但后趾不具瓣蹼。全身羽毛白色,嘴多为黑色,上嘴部至鼻孔部为黄色。冬季分布于
长江流域及附近湖泊越冬;春季迁徙经华北、新疆、内蒙古而到黑龙江、蒙古及西伯利亚等
地繁殖。

图 5-125　鸳鸯

图 5-126　大天鹅

　　家鸭　家鸭是常见的家禽,家鸭是由绿头鸭和斑嘴鸭驯化而来。头大而圆,嘴长而扁平,边缘呈锯齿状,颈部较长,尾短。家鸭在世界各地均有饲养。

　　家鹅　大型水禽。雄性稍大于雌性。头大,嘴扁阔,前额有肉瘤,雄性膨大。颈长。体躯宽壮,龙骨长,胸部丰满。尾短。脚大有蹼。羽毛白色或灰色;啄、脚及肉瘤黄色或黑褐色。一般认为,中国家鹅与欧洲家鹅是由不同的种驯化形成:中国家鹅是由鸿雁驯化,体型较大;欧洲家鹅是由灰雁驯化,体型略小。

5.4.2.6　隼形目 Falconiformes

　　主要特征:猛禽,昼间活动。一般雄性大于雌性。嘴弯曲,先端具利钩,便于捕食。嘴基具蜡膜。脚强健有力,尖端有锐爪,为捕食利器。翅强而有力,善疾飞和翱翔。两性共同孵化和育雏,雏鸟晚成。广布种,多数有迁徙习性。

常见种类

1. 隼科 Falconidae

　　红脚隼 *Falco amurensis*(图 5-127)　小型猛禽。雄鸟背羽灰色,翼下覆羽白色,腿脚红

图 5-127　红脚隼

色;雌鸟稍大,下体多斑纹,腿脚黄色。虹膜暗褐;嘴黄,先端石板灰;跗和趾橙黄色,爪淡白黄色。在我国黑龙江、吉林、辽宁、北京、天津、河北、山东、山西、内蒙古、甘肃、宁夏、陕西、四川等地为夏候鸟,上海、浙江、贵州为旅鸟,云南为冬候鸟。

2.鹰科 Accipitridae

苍鹰 *Accipiter gentilis*(图 5-128)　中、小型猛禽。头顶、枕和头侧黑褐色,枕部有白羽尖,眉纹白杂黑纹;背部棕黑色;胸以下密布灰褐和白相间横纹;尾灰褐,有 4 条宽阔黑色横斑,尾方形。飞行时,双翅宽阔,翅下白色,但密布黑褐色横带。见于整个北半球温带森林及寒带森林。

秃鹫 *Aegypius monachus*(图 5-129)　又称座山雕或秃鹰,是一类以食腐肉为生的大型猛禽。全身除初级飞羽呈黑色、尾羽呈黑褐色外,颈部和头部裸露处覆有褐色绒羽,其他羽衣均为暗褐色;虹膜、嘴端均黑褐色,腊膜铝蓝色,跗跖和趾灰色,爪黑色。秃鹫栖息于山地,分布于除南极洲及海岛之外的全球各地。

图 5-128　苍鹰

图 5-129　秃鹫

5.4.2.7　鸮形目 Strigiformes

主要特征:夜行性猛禽,小至大型攀禽。足外趾向后转,呈对趾型,称转趾型。脚强健有力,常全部被羽。眼大向前,多数具面盘;耳孔大且具耳羽。喙、爪坚强弯曲。羽毛柔软,飞行无声。营巢于树洞或岩隙中。雏鸟晚成。

常见种类

鸱鸮科 Strigidae

长耳鸮 *Asio otus*(图 5-130)　耳羽长而显著;体背面羽橙黄色,具褐色纵纹及杂斑,腹羽杂有横斑纹。国家二级保护动物。在黑龙江、吉林、辽宁、内蒙古(东部)、河北(东北部)等地为夏候鸟,而从河北、北京往南,直到西藏、广东,以及东南沿海各省等地均为冬候鸟。

斑头鸺鹠 *Glaucidium cuculoides*(图 5-131)　俗称小猫头鹰。面盘不明显,头侧无直立的簇状耳羽。头、胸和整个背面几乎均为暗褐色,头部和全身的羽毛均具有细的白色横斑,腹部白色,下腹部和肛周具有宽阔的褐色纵纹,喉部还具有两个显著的白色斑。尾羽上有 6 道鲜明的白色横纹,端部白缘。趾黄绿色,爪近黑色。为分布在我国南方的一种小型鸮类。

图 5-130　长耳鸮

图 5-131　斑头鸺鹠

5.4.2.8　夜鹰目　Caprimulgiformes

主要特征:头骨为索腭型或裂腭型,嘴短弱、裂阔;嘴须甚长;鼻孔呈管状或狭隙状。翼长而尖。尾呈凸尾状,尾羽 10 枚。脚和趾大小居中或稍弱,跗蹠短,被羽或裸出;外趾仅具 4 枚趾骨;中爪具栉缘。尾脂腺裸出或退化。眼形特大。体羽柔软,色呈斑杂状。

常见种类

夜鹰科 Caprimulgidae

普通夜鹰 *Caprimulgus indicus*(图 5-132)　体长约 27 cm。上体灰褐色,密杂以黑褐色和灰白色虫蠹斑;额、头顶、枕具宽阔的绒黑色中央纹;背、肩羽的羽端具绒黑色块斑和细的棕色斑点。下喉具一大型白斑。攀禽类。普通夜鹰在西藏为留鸟,其他地方为夏候鸟。

图 5-132　普通夜鹰

5.4.2.9　雨燕目　Apodiformes

主要特征:小型攀禽。喙形短阔而平扁,或细长成管状;两翅尖长;尾大都呈叉状;跗骨短,大都被羽,足大多呈前趾型。

常见种类

雨燕科 Apodidae

白腰雨燕 *Apus pacificus*（图 5-133）　全长约 18 cm。上体大都黑褐色,头顶至上背具淡色羽缘,下背、两翅表面和尾上覆羽,微具光泽;腰白色,具细的暗褐色羽干纹;颏、喉白色,具细的黑褐色羽干纹;其余下体黑褐色,羽端白色。虹膜棕褐色。喙黑色,脚和爪紫黑色。我国分布于东北、华北、华中、华南等地区。

图 5-133　白腰雨燕

5.4.2.10　鸡形目 Galliformes

主要特征:地栖性鸟类(陆禽)。体小型(鹑)、中型(雉)至大型(火鸡)。喙短钝似鸡,适食种子。腿脚健壮,适于奔走;爪钝,适应掘穴取食。雄性一般具距,后趾发达,基部较高于前趾。翅短圆,适于短距离飞行。两性多异性,雄性有复杂的求偶行为。地面营巢,雏鸟早成。

常见种类

雉科 Phasianidae

鹌鹑 *Coturnix coturnix*（图 5-134）　体型小,头小翼短,通体褐色,杂以淡黄色斑。在中国分布于东北、新疆,迁徙遍布全国。

灰胸竹鸡 *Bambusicola t. thoracica*（图 5-135）　喙黑色或近褐色,额与眉纹为灰色,头顶与后颈呈嫩橄榄褐色,并有较小的白斑,胸部灰色,呈半环状,下体前部为栗棕色,渐后转为棕

图 5-134　鹌鹑

图 5-135　灰胸竹鸡

黄色,肋具黑褐色斑,跗跖和趾呈黄褐色。上体黄橄榄褐色。眼淡褐色;喙褐色。分布在中国台湾以及长江流域以南,北达陕西南部,西至四川盆地西缘,东达福建。

红腹角雉 *Tragopan temminckii*(图 5-136）　雄鸟体羽及两翅主要为深栗红色,布满具黑缘的灰色眼状斑,下体灰斑大而色浅。雌鸟上体灰褐色,下体淡黄色,杂以黑、棕、白斑。中国分布于西藏东南部,往东至云南北部、贵州东北部、甘肃南部、陕西南部、湖南西部、湖北西南部、广西北部、四川西部和北部等地。

黄腹角雉 *Tragopan caboti*(图 5-137）　雄鸟上体栗褐色,布满具黑缘的淡黄色圆斑。头顶黑色,具黑色与栗红色羽冠。飞羽黑褐带棕黄斑。下体几乎纯棕黄,因腹部羽毛呈黄色,故名"黄腹角雉"。雌鸟通体大都棕褐色,密布黑、棕黄及白色细纹,上体散有黑斑,下体多有白斑。分布于浙江、福建、广东、湖南等地。

图 5-136　红腹角雉

图 5-137　黄腹角雉

勺鸡 *Pucrasia macrolopha darwini*(图 5-138）　体长 55～60 cm。雄鸟头部呈金属暗绿色,具棕褐色长形冠羽;颈部两侧有明显白色块斑;上体乌灰,杂以黑褐色纵纹;下体中央至下腹深栗色。雌鸟体羽以棕褐色为主。喙黑色;脚和趾均暗红色。分布于中国华北以南的广大地区,喜马拉雅山脉至中部及东部。

雉鸡 *Phasianus colchicus*(图 5-139）　又名环颈雉、野鸡。雄鸟羽色华丽,颈部都有白色颈圈,与金属绿色的颈部,形成显著的对比;尾羽长而有横斑。雌鸟的羽色暗淡,大都为褐色和棕黄色,而杂以黑斑;尾羽也较短。栖息于低山丘陵、农田、地边、沼泽草地。我国各大省份均有分布。

图 5-138　勺鸡

图 5-139　雉鸡(雄)

白冠长尾雉 *Syrmaticus reevesii* (图 5-140)　体型似家鸡而具长尾。雄雉全长约 1.5 m。头顶和颈白色,自额贯眼以至后颈,围以 1 圈黑边,眼下另有一小白斑。尾羽 20 枚,其中央两对特长(称"雉翎",传统的天然工艺品),呈银白色,并具一系列黑栗相间的横斑。喉和胸间横贯以黑带;胸与两胁白而杂以黑斑。雌雉羽色不如雄雉艳丽;尾短,仅及雄雉的 1/3。分布在中国中部及北部山地地区。

图 5-140　白冠长尾雉

白颈长尾雉 *Syrmaticus ellioti* (图 5-141)　大型鸡类,体型大小和雉鸡相似。雄鸟头灰褐色,颈白色,脸鲜红色,其上后缘有一显著白纹,上背和翅上均具 1 条宽阔的白色带;下背和腰黑色具白斑;腹白色,尾灰色具宽阔栗斑。雌鸟体羽大都棕褐色,上体满杂以黑色斑,背具白色矢状斑;喉和前颈黑色,腹棕白色,外侧尾羽大都栗色。分布于中国长江以南的江西、安徽(南部)、浙江(西部)、福建(北部)、湖南、贵州(东部)及广东(北部)的山林。

红腹锦鸡 *Chrysolophus pictus* (图 5-142)　又名金鸡。中型鸡类。雄鸟羽色华丽,头具金黄色丝状羽冠,上体除上背浓绿色外,其余为金黄色。后颈被有橙棕色而缀有黑边的扇状羽,形成披肩状。下体深红色,尾羽黑褐色,满缀以桂黄色斑点。雌鸟头顶和后颈黑褐色,其余体羽棕黄色,满缀以黑褐色虫蠹状斑和横斑。脚黄色。全身羽毛颜色赤、橙、黄、绿、青、蓝、紫具全,光彩夺目,是驰名中外的观赏鸟类。分布于中国甘肃、陕西、四川、湖北(西部)、云南(东北部)、贵阳、湖南(西部)及广西(东部)。

图 5-141　白颈长尾雉

图 5-142　红腹锦鸡

家鸡　由原鸡长期驯化而来,仍保持鸟类某些生物学特性,如体表被覆羽毛,可飞翔。有嗉囊、腺胃、肌胃和气囊。无膀胱和汗腺。习惯于四处觅食。听觉灵敏,白天视力敏锐。食性广泛。鸡的品种很多,如来航鸡、白洛克、九斤黄、澳洲黑等。

5.4.2.11　鸻形目 Charadriiformes

主要特征：中小型涉禽，翅尖而长，奔跑快速，善于疾飞。一般具有涉禽外观，喙形多样，随食性而异，一般为长而尖。后趾退化；如后趾存在，位置较高；前趾间具微蹼。体背羽色以斑驳的黑、白、褐为主，很少鲜丽，适于隐蔽。雌雄多同色，在地表挖穴为巢，多产 4 枚洋梨形卵，孵化期约 20 天，雏鸟早成。世界性分布，南北迁徙。

常见种类

1. 鹬科 Scolopacidae

白腰草鹬 *Tringa ochropus*（图 5-143）　小型涉禽。前头、头顶、后颈、背和肩呈橄榄褐色，有古铜色光泽；肩和背具白斑，体其他部分羽色大都为黑褐色，也具白斑。国内繁殖于黑龙江、吉林、辽宁和新疆（西部），越冬于西藏（南部）、云南、贵州、四川和长江流域以南的广大地区以及海南岛、香港和台湾，迁经河北、宁夏、青海、甘肃等省。

扇尾沙锥 *Gallinago gallinago*（图 5-144）　全长约 27 cm。背部及肩羽褐色，有黑褐色斑纹，羽缘乳黄色，形成明显的肩带。头顶黑褐色，后颈棕红褐色，具黑色羽干纹。头顶中央有一棕红色或淡黄色中央冠纹自额基至后枕。两侧各有一条白色或淡黄白色眉纹自嘴基至眼后。眼先淡黄白色或白色，有一黑褐色纵纹从嘴基到眼，并延伸至眼后。两颊具不甚明显的黑褐色纵纹。喙长而直，端部黑褐色，基部黄褐色。脚和趾橄榄绿色，爪黑色。在中国东北和西北新疆为夏候鸟，长江以南为冬候鸟。

图 5-143　白腰草鹬　　　　　　　　　　图 5-144　扇尾沙锥

2. 鸻科 Charadriidae

金眶鸻 *Charadrius dubius*（图 5-145）　小型涉禽，全长约 16 cm。头顶后部和枕灰褐色，眼先、眼周和眼后耳区黑色，并与额基和头顶前部黑色相连。眼睑四周金黄色。后颈具一白色环带，向下与颏、喉部白色相连，紧接此白环之后有一黑领围绕着上背和上胸，其余上体灰褐色或沙褐色。下体除黑色胸带外全为白色。虹膜暗褐色，眼睑金黄色，喙黑色，脚和趾橙黄色。候鸟，在非洲过冬，其他时候则在欧洲和亚洲西部栖息繁殖。

凤头麦鸡 *Vanellus vanellus*（图 5-146）　中型涉禽，体长约 30 cm。头顶有黑色反曲的长形羽冠。眼先、眼上和眼后灰白色和白色，并混杂有白色斑纹。眼下黑色，少数个体形成一黑纹。耳羽和颈侧白色，并混杂有黑斑。翅形圆。跗蹠修长，胫下部裸出。尾形短圆。在中国北部为夏候鸟，南方为冬候鸟，其间（河北以南，长江以北）为旅鸟。

图 5-145　金眶鸻

图 5-146　凤头麦鸡

5.4.2.12　鸽形目 Columbiformes

主要特征:体型似家鸽。喙基部柔软,先端膨大。裂鼻鼻孔被蜡膜所覆盖,颈、胸羽多具灰亮色泽。食种子者以灰、褐色为主;食果实者(果鸽属)羽色华丽,以绿为主。后趾与前趾同等发育,爪钝,适于陆栖及树栖。在树上或洞穴内以树枝筑巢,2 枚卵,白色。雏鸟晚成,以鸽乳饲育。世界广布,共 41 属,309 种。

常见种类

鸠鸽科 Columbidae

珠颈斑鸠 *Streptopelia chinensis*(图 5-147)　雌、雄体色相似。前头灰色,后颈有明显的珠状斑,上体褐色,下体粉红色,外侧尾羽先端白色。遍布于中国中部和南部,西至四川西部和云南,北至河北南部和山东,南达台湾、香港和海南岛。

图 5-147　珠颈斑鸠

5.4.2.13　鹦形目 Psittaciformes

主要特征:小、中型攀禽。对趾足,爪钩,适于攀缘。腿短。喙短钝,先端具钩,上喙下弯,下喙上曲。舌粗壮,肌质。树洞营巢,雏鸟完成;尾脂腺趋于退化,羽色在鸟类中最为华丽。分布于热带森林中,共 21 种,主要分布于澳洲、南美、非洲、南亚等地。

常见种类

鹦鹉科 Psittacidae

虎皮鹦鹉 *Melopsittacus undulates* （图 5-148)小型攀禽。头羽和背羽一般呈黄色且有黑色条纹,翅膀花纹较多,毛色和条纹犹如虎皮一般,所以称为虎皮鹦鹉。进口物种,原产于澳大利亚。

图 5-148　虎皮鹦鹉

5.4.2.14　鹃形目 Cuculiformes

主要特征:中型攀禽。对趾型或半对趾型(Semi-zodactylous)(蕉鹃)。第 4 趾与前趾(1)可成 70°角或转向贴近外侧前趾。喙纤细,先端微下弯,适食昆虫。翅尖长,尾长,腿短。许多种类有寄生性产卵习性。

常见种类

杜鹃科 Cuculidae

四声杜鹃 *Cuculus micropterus*(图 5-149)　翼较长,翼缘白,胸腹部的黑褐色横斑纹较粗(宽 3～4 mm),斑纹相距也较远。连叫四声一停,叫声似"割麦割谷"。分布北抵俄罗斯,东到日本,南抵马来群岛及中国东北至甘肃以南各地,西至云南边境、海南等地。

图 5-149　四声杜鹃

大杜鹃 *Cuculus canorus*(图 5-150)　翼较长,翼缘白,胸腹部的黑褐色横斑纹较狭(宽仅 1～2 mm),彼此相距较近。连叫两声一停,叫声似"布谷",故又称布谷鸟。分布于全国各地。

噪鹃 *Endynamys scolopacea*(图 5-151)　中型鸟类,尾长,雄鸟通体蓝黑色,具蓝色光泽,下体沾绿。雌鸟上体暗褐色,略具金属绿色光泽,并满布整齐的白色小斑点,常呈纵纹头状排列。颏至上胸黑色,密被粗的白色斑点。其余下体具黑色横斑。鸟喙白至土黄色或浅绿色,基部较灰暗。脚蓝灰。噪鹃华南亚种分布于中国北纬 35°以南大多数地区。

图 5-150　大杜鹃

图 5-151　噪鹃

5.4.2.15　佛法僧目 Coraciiformes

主要特征:足呈并趾型。嘴长而直,有些种类的嘴弯曲。中、小型攀禽。营洞巢。雏鸟晚成。全球分布,以温热带居多。

常见种类

1. 翠鸟科 Alcedinidae

普通翠鸟 *Alcedo atthis*(图 5-152)　小型鸟。喙粗直,长而坚,喙脊圆形;翼短圆形,尾陷,体为翠蓝色。食鱼鸟类。分布于中国的东北、华北、华中、华南、西南以及海南、台湾等地。

图 5-152　普通翠鸟

2. 戴胜科 Upupidae

戴胜 *Upupa epops*(图 5-153)　喙细长,向下曲弯,具扇形冠羽。体羽背部淡褐色,翼和尾为黑色而带白色横斑。主要分布在欧洲、亚洲和北非地区,在中国有广泛分布。

图 5-153　戴胜

5.4.2.16　䴕形目 Piciformes

主要特征：足为对趾型；喙长直，形似凿；尾羽轴坚硬而富有弹性。中、小型攀禽。

常见种类

啄木鸟科 Picidae

斑啄木鸟 *Picoides major*（图 5-154）　上体背面黑色带有白色斑点，腹部褐色，尾基腹面红色；雄体头后红色。要分布在华东、华中、华南等森林覆盖率较高的地区。

栗啄木鸟 *Celeus brachyurus*（图 5-155）　两翼及上体具黑栗啄木鸟色横斑，下体也具较模糊横斑。雄鸟眼下和眼后部位具一红斑。嘴适长而嘴峰弯，没有鼻脊；颏角离嘴尖较近，而距张口处较远；鼻孔圆而裸露。翼圆。尾羽尖，外侧那对尾羽正好超过尾覆羽的长度。第 1 趾甚短，具很小的爪；第 3 和第 4 趾大致等长。在中国分布于云南、贵州、广西、广东、湖南、福建、海南等省。

图 5-154　斑啄木鸟

图 5-155　栗啄木鸟

蚁䴕 *Jynx torquilla*（图 5-156）　全长约 17 cm。全身体羽黑褐色，斑驳杂乱，上体及尾棕褐色，自后枕至下背有一暗黑色菱形斑块；下体具有细小横斑，尾较长，有数条黑褐色横斑。在中国繁殖于北方地区,在西藏南部越冬,迁徙时经过中国西北。

图 5-156   蚁䴕

5.4.2.17   雀形目 Parsseriformes

主要特征:为种类最多的一个目。鸣管、鸣肌复杂,善鸣啭,故又称鸣禽类。体型似雀,喙形多样。嘴全部被角质,嘴基无蜡膜。足趾 3 前 1 后,为离趾型;跗跖后缘鳞片多愈合为一块完整的鳞,称为靴状鳞。大多巧于营巢。雏鸟晚成。

常见种类

1. 燕科 Hirundinidae

家燕 *Hirundo rustica*(图 5-157)   背羽黑色具光泽。喉栗红色,腹部乳白色。尾长而分叉深。分布几遍及全世界。繁殖于北半球,冬季南迁经非洲、亚洲、东南亚、菲律宾及印度尼西亚至新几内亚、澳大利亚。

金腰燕 *H. daurica*(图 5-158)   最显著的标志是有一条栗黄色的腰带。喙短而宽扁,基部宽大,呈倒三角形,上喙近先端有一缺刻;口裂极深。翅狭长而尖,尾呈叉状。中国除台湾和西北部外,大部分地区均有分布,多为夏候鸟。

图 5-157   家燕

图 5-158   金腰燕

2. 伯劳科 Laniidae

棕背伯劳 *Lanius schach*（图 5-159） 头大。喙粗壮，先端具利钩和齿突。翅短圆。尾长，圆形或楔形。背棕红色，尾黑色，外侧尾羽黄褐色。两翅黑色具白色翼斑，额、头顶至后颈黑色或灰色。额、喉白色，其余下体棕白色。中国分布于长江流域及其以南的广大地区。

虎纹伯劳 *Lanius tigrinus*（图 5-160） 中等体型，全长约 19 cm。背部棕色。雄鸟顶冠及颈背灰色，背、两翼及尾浓栗色而多具黑色横斑；下体白，两胁具褐色横斑。雌鸟似雄鸟，但眼先及眉纹色浅。喙蓝色，端黑；脚灰色。繁殖于吉林、河北至华中及华东，冬季南迁。

图 5-159 棕背伯劳

图 5-160 虎纹伯劳

3. 黄鹂科 Oriolidea

黑枕黄鹂 *Oriolus chinensis*（图 5-161） 全身体羽金黄色。头上有一道宽阔黑纹，翼和尾大都黑色。分布于中国、俄罗斯、朝鲜、韩国、印度、印度尼西亚、老挝、马来西亚、缅甸、菲律宾、新加坡、泰国、越南等国。

图 5-161 黑枕黄鹂

4. 椋鸟科 Sturnidae

八哥 *Acridootheres cristatellus*（图 5-162） 全体羽毛黑色，有光泽。翼上的白色横斑飞翔时如"八"字形。主要分布于亚洲。

灰椋鸟 *Sturnus cineraceus*（图 5-163） 俗称八哥。体长约 24 cm，头顶至后颈黑色，额和头顶杂有白色，颊和耳覆羽白色，微杂有黑色纵纹。上体灰褐色，尾上覆羽白色，喙橙红色，尖端黑色,脚橙黄色。分布于中国黑龙江、吉林等省的东北部和东南部,越冬或迁徙经过河南、河北等地。

图 5-162　八哥

图 5-163　灰椋鸟

5. 鸦科 Corvidae

松鸦 *Garrulus glandariu*(图 5-164)　体长约 32 cm。整体近紫红褐色,腰部及肛周白色,两翅外缘带一辉亮的蓝色和黑色相间的块斑。分布于欧洲、非洲西北部、喜马拉雅山脉、中东至日本、东南亚。

大嘴乌鸦 *Corvus macrorhynchos*(图 5-165)　俗称老鸦。成体长达 50 cm 左右。雌雄同形同色,全身羽毛黑色,除头顶、枕、后颈和颈侧光泽较弱外,其他包括背、肩、腰、翼上覆羽和内侧飞羽在内的上体均具紫蓝色金属光泽。喙粗大,喙峰弯曲,峰崤明显,喙基有长羽,伸至鼻孔处。额较陡突。尾长,呈楔状。后颈羽毛柔软松散如发状,羽干不明显。中国分布于黑龙江、山东、山西、长江流域、广东、广西、福建、海南岛和台湾等地。

图 5-164　松鸦

图 5-165　大嘴乌鸦

喜鹊 *Pica pica*(图 5-166)　头、颈、背至尾均为黑色,并自前往后分别呈现紫色、绿蓝色、绿色等光泽,双翅黑色而在翼肩有一大型白斑,尾远较翅长,呈楔形,喙、腿、脚纯黑色,腹面以胸为界,前黑后白。我国见于除草原和荒漠地区外的全国各地。

灰喜鹊 *Cyanopica cyana*（图 5-167） 外形似喜鹊,但稍小。体长 33～40 cm。喙、脚黑色,额至后颈黑色,背灰色,两翅和尾灰蓝色,初级飞羽外翈端部白色。尾长,呈凸状具白色端斑,下体灰白色。外侧尾羽较短不及中央尾羽之半。中国东北至华北,西至内蒙古、山西、甘肃、四川以及长江中、下游直至福建均有分布。

图 5-166 喜鹊

图 5-167 灰喜鹊

6. 山雀科 Paridae

大山雀 *Parus major*（图 5-168） 头黑色,颊白色。腹部白色,中央贯以显著的黑色纵纹。分布于黑龙江、吉林、辽宁、内蒙古（东北部和东南部）、河北、山西、青海、甘肃、新疆（北部）、西藏、四川、贵州、云南、浙江、福建、广东、广西、香港和海南岛,留鸟,冬季偶见于中国台湾。

黄腹山雀 *Parus venustulus*（图 5-169） 头黑色,颊白色,腹部黄色,且无大山雀胸腹部的黑色纵纹。中国特有种,在华中、华东、华南和东南地区为留鸟,北京地区为夏候鸟。

图 5-168 大山雀

图 5-169 黄腹山雀

红头长尾山雀 *Aegithalos concinnus*（图 5-170） 头顶栗红色,背蓝灰色,尾长呈凸状。

颏、喉白色,喉中部具黑色块斑,胸、腹白色或淡棕黄色,胸腹白色者具栗色胸带和两胁。分布
于西藏、云南和长江流域。

图 5-170　红头长尾山雀

7. 文鸟科 Ploceidea

麻雀 _Passer montanus_(图 5-171)　头顶栗褐色,颊部有黑斑,背面黄褐色而有黑色纵纹,
喉黑色。广布于我国南北各地,为各地留鸟。

白腰文鸟 _Lonchura striata_(图 5-172)　具尖形的黑色尾,腰白,腹部皮黄白。背上有白色
纵纹,下体具细小的皮黄色鳞状斑及细纹。我国分布于长江流域及其以南的华南各省。

图 5-171　麻雀　　　　　　　　　　　　　　　图 5-172　白腰文鸟

8. 鹀科 Emberizidae

黄胸鹀 _Emberiza aureola_(图 5-173)　体型似麻雀而稍大。上体栗红色,腹部黄色,胸前
有一栗色项圈。迁徙季节在中国东北、华北、华中、华东的各省区以及西北的部分省区可见,越
冬季节亦见于西南和华南的各省。

图 5-173　黄胸鹀

9. 鹟科 Muscicapidae

红胁蓝尾鸲 *Tarsiger cyanurus*（图 5-174）　体型略小而喉白的鸲。特征为橘黄色两胁与白色腹部及臀成对比。在中国主要繁殖于东北和西南地区,越冬于长江流域和长江以南广大地区。

斑鸫 *Turdus naumanni*（图 5-175）　上体为棕栗色,腹部白色,眉纹棕白色。国内长江流域和长江以南地区为冬候鸟,长江以北为旅鸟。

图 5-174　红胁蓝尾鸲

图 5-175　斑鸫

虎斑地鸫 *Zoothera dauma*（图 5-176）　上体金橄榄褐色布满黑色鳞状斑。下体浅棕白色,除颏、喉和腹中部外,亦具黑色鳞状斑。国内繁殖于东北、四川北部、贵州北部、云南西北部、广西瑶山、台湾等地。越冬于云南、贵州、湖南、浙江、福建、广东、广西、香港、台湾等地。

画眉 *Garrulax canoru*（图 5-177）　眼圈白色,其上缘白色向后延伸成一窄线直至颈侧,状如眉纹。上体几乎是橄榄褐色。鸣声洪亮,婉转动听,为著名笼鸟。分布于甘肃、陕西和河南以南至长江流域及其以南的广大地区,东至江苏、浙江、福建和台湾,西至四川、贵州和云南,南至广东、香港、广西和海南岛等整个华南及沿海一带。

图 5-176　虎斑地鸫

图 5-177　画眉

红嘴相思鸟 *Leiothrix lutea*(图 5-178)　体长 13～16 cm,嘴赤红色,嘴红的程度与年龄有关,老鸟嘴全红,幼鸟嘴基部呈黑色。上体暗灰绿色。分布于甘肃南部、陕西南部、长江流域及其以南的华南各省,东至浙江、福建,南至广东、香港、广西,西至四川、贵州、云南和西藏南部等大部分地区的丘陵山地。

黄腰柳莺 *Phylloscopus proregulus*(图 5-179)　上体橄榄绿色,头顶中央有淡黄色冠纹;腰羽黄色,形成宽阔的腰带。为东北北部夏候鸟,迁徙时除西北地区外几乎遍及全国,在长江以南越冬。

图 5-178　红嘴相思鸟

图 5-179　黄腰柳莺

棕头鸦雀 *Paradoxornis webbianus*(图 5-180)　全长约 12 cm。头顶至上背棕红色,上体余部橄榄褐色,翅红棕色,尾暗褐色。喉、胸粉红色,下体余部淡黄褐色。遍布于我国东部、中部和长江以南的各省。

寿带 *Terpsiphone paradise*(图 5-181)　体分栗型和白型两种。前者蓝黑色,上体自头以下为深栗红色。雄性有着非常长的两条中央尾羽,像绶带。普通亚种繁殖于华北、华中、华南及东南的大部地区。

图 5-180　棕头鸦雀

图 5-181　寿带

极北柳莺 *Phylloscopus borealis*（图 5-182）　上体概呈灰橄榄绿色；黄白色眉纹显著；大覆羽先端黄白色，形成一道翅上翼斑；下体白色沾黄，尾下覆羽更浓著，两胁缀以灰色。繁殖于黑龙江北部及东部，南下至东部沿海，部分鸟在东南部越冬。

图 5-182　极北柳莺

10. 鸫科 Turdidae

鹊鸲 *Copsychus saularis*（图 5-183）　体长约 20 cm。嘴形粗健而直。尾呈凸尾状，尾与翅几乎等长或较翅稍长。两性羽色相异，雄鸟上体大都黑色，翅具白斑；下体前黑后白。雌鸟以灰色或褐色替代雄鸟的黑色部分。分布于全国各地。

图 5-183　鹊鸲

11. 卷尾科 Dicruridae

发冠卷尾 *Dicrurus hottentottus*（图 5-184）　嘴形强健,先端具钩。尾长而呈叉状。体黑色,上体、胸部及尾羽具金属光泽,从前额发出 10 余条发状羽毛形成冠羽,尾为深凹形,最外侧一对尾羽向外上方卷曲后,又朝内弯曲。我国分布于河北以南至华中、华南、西南南部广大地区（夏候鸟）。

黑卷尾 *Dicrurus macrocercus*（图 5-185）　全长约 30 cm。通体黑色,上体、胸部及尾羽具辉蓝色光泽。尾长,深凹形,最外侧一对尾羽向外上方卷曲。在吉林以南东部各地至西南、西藏为夏候鸟,云南南部、海南以及台湾为留鸟。

图 5-184　发冠卷尾

图 5-185　黑卷尾

12. 山椒鸟科 Campephagidae

粉红山椒鸟 *Pericrocotus roseus*（图 5-186）　体型略小（20 cm）,具红或黄色斑纹。额及喉白色,头顶及上背灰色。我国分布北起陕西、河南,西自四川、云南,东抵长江下游,南达广东、广西、福建等地。

图 5-186　粉红山椒鸟

13. 鹡鸰科 Motacillidae

白鹡鸰 *Motacilla alba*（图 5-187）　额头顶前部和脸白色,头顶后部、枕和后颈黑色。背、肩黑色或灰色,翅上具明显的白色翅斑。尾长而窄,尾羽黑色,最外两对尾羽为白色。颏、喉白色或黑色,胸黑色,其余下体白色。在我国,中北部广大地区为夏候鸟,华南地区为留鸟,在海南越冬。

图 5-187　白鹡鸰

14. 织布鸟科 Ploceidae

金翅雀 *Carduelis sinica*（图 5-188）　体长 14 cm。雄鸟羽毛艳丽,背部褐色,翅膀黑色并点缀金黄色斑,腹部灰黄色。尾羽黑色。雌鸟的黄色部分较雄鸟淡。在中国分布于东部地区,东北大部、华北大部、华中、华南各地可见。

图 5-188　金翅雀

15. 鹎科 Pycnonotidae

白头鹎 *Pycnonotus sinensis*（图 5-189）　小型鸟类,额至头顶黑色,两眼上方至后枕白色,形成一白色枕环,腹白色具黄绿色纵纹。是长江流域及其以南广大地区的常见鸟类。

小云雀 *Alauda gulgula*（图 5-190）　小型鸣禽,全长约 16 cm。上体沙棕色或棕褐色具黑褐色纵纹,头上有一短的羽冠,受惊竖起时明显可见。下体白色或棕白色,胸棕色具黑褐色羽干纹。雌雄羽色相似。在中国分布于西南地区、中南半岛和东南沿海地区。

图 5-189 白头鹎

图 5-190 小云雀

5.5 哺乳纲

5.5.1 常见哺乳类的野外识别

地球上现存的哺乳类约 5400 种,我国的哺乳类,据现有记录为 640 多种。各省(区)由于当地的自然条件和社会经济情况不同,一般有几十种至百余种不等,在一次野外实习中不可能都能见到,只能对那些常见的种类加以识别。

在野外实习之前,学生应依据当地哺乳类名录和检索表,对照彩色图谱和实物标本,熟悉常见的哺乳类及其主要特征。这样,在野外实习时,即使遇见突然出现的哺乳类,也能大致辨认某些种类。

哺乳类的野外识别,主要依据下列四个方面。

5.5.1.1 直接观察

(1) 个体大小:小型兽类体型大小如鼠类,主要包括食虫类、翼手目、兔形目和啮齿类的大多数种类;大中型兽类主要包括灵长类、食肉目、偶蹄目和奇蹄目等类群种类。

(2) 毛被的颜色:动物的基本毛色是什么颜色? 头部、身体、臀部有无特殊的条纹或斑点?

(3) 显著的特点:有无尖长的鼻(如鼩鼱)? 耳的形状和有无簇毛(如松鼠)? 角的有无及其形状(如牛、鹿等)? 行动方式是跑还是跳(如兔等)?

(4) 生境和具体场所:是发现在树林,还是农田、水边? 是见于地下、地上还是树上?

依据上述特点,我们可以大致地确定它是哪一属或科的哺乳类,如果当地的种类比较单一,则可判定到种。

5.5.1.2 毛皮识别

哺乳类毛皮的识别,主要依据毛皮张幅大小,毛被颜色,毛绒特点,皮板及所带尾、爪特点而定。在北方比较容易混淆的有狼皮和狗皮,豹猫皮和家猫皮;在南方有几种麂皮、几种松鼠皮等。一般来说,狼皮比家狗皮张幅大,颜面部较长,毛被青灰色或暗黄色且皆具黑毛尖,腿上针毛多、绒毛少,尾毛绒密而蓬松,亦具黑毛尖。三种松鼠可依耳壳背面的色斑加以区别:红腹松鼠的耳壳背面无色斑;长吻松鼠的耳壳背面有白斑;岩松鼠的耳背壳背面具灰斑。哺乳类的毛被,随季节不同而有脱换现象,从而表现出季节特征。

5.5.1.3 活动痕迹的识别

活动痕迹是哺乳类活动时遗留下来的一切痕迹,包括足迹、采食残迹、卧迹、抓痕、粪便等。其中足迹在野外较易见到,且具连续性,故在野外识别中比较重要。

影响足迹成像的主要因素是哺乳类的足趾类型,包括其着地类型、着地趾数、肉垫和爪的特点等。陆生哺乳类足趾的着地的类型大致分为三种:跖行型——整个脚掌(包括踵、趾)着地行走,例如熊;趾行型——只用足趾着地行走,例如狼;蹄行型——只用趾端的蹄着地行走,例如鹿。

脚掌面或指趾面的肉垫形状、数目以及爪的特点,也具有鉴别意义。例如,猫科动物的爪能伸缩,足迹上通常不见爪印,而犬科动物的爪不能伸缩,足迹上爪印明显,虽然都是四趾型足迹,但仅此一点即可准确地将两科动物的足迹区分开来。

此外,根据动物采食时留下的痕迹,卧迹的大小,抓痕,粪便的形状、直径和位置,也可以对动物种类进行识别。

5.5.2 哺乳纲的常见种类识别(部分种类仅为动物园可见)

5.5.2.1 食虫目 Insectivora

主要特征:真兽亚纲中最原始的一目,体型小,吻尖细,门齿大呈钳形,臼齿呈"W"字形,适于食虫。

常见种类

1. 猬科 Erinaceidae

刺猬 *Erinaceus europaeus* (图 5-191) 体被黑白相间的棘刺,棘间及腹部被软毛,颧弓粗大,上臼齿有 4 个大小相等的齿尖和中央 1 个小齿尖。在中国的北方和长江流域有广泛分布。

图 5-191 刺猬

2. 鼩鼱科 Soricidae

鼩鼱 *Sorex araneus*（图 5-192）　体长 6～8 cm,尾长 3～5 cm,体小似鼠,眼小,耳小,缺颧骨,上、下颌第一门齿特别发达,犬齿退化。吻部尖细,能缩。栗褐色。我国分布于西北、东北和长江中下游地区。

图 5-192　鼩鼱

3. 鼹科 Talpidae

鼹鼠 *Scaptochirus moschatus*（图 5-193）　终生地下生活（穴居）,体圆筒形,体表被短密绒毛,无毛向,颧弓纤细完整,上臼齿轮廓方形,齿尖锋利,无中央小齿尖。前肢掌外翻又称"翻巴掌"。分布于我国东北、华北,四川,云南,陕西,甘肃,山东及长江流域以南地区。

图 5-193　鼹鼠

5.5.2.2　翼手目 Chirpotera

主要特征:前肢变为翼,适于飞翔。翼为前肢、躯干、后肢之间的皮肤膜。指骨延长,前肢仅第 1 或第 1、2 两指具爪,后肢五趾具钩爪。有龙骨突,锁骨发达。乳头一对位于胸部。蝙蝠回声定位:鼻发出超声波,耳回收,借以定位。

常见种类

1. 假吸血蝠科 Megadermatidae

印度假吸血蝠 *Megaderma lyra*（图 5-194）　尾退化,不显露。上颌无门齿,犬齿向前长出,具发达的后齿尖。齿式 0·1·2·3/2·1·2·3＝28。分布于广西、贵州、云南、四川、广东、福建、湖南等地,多见于岩洞。

图 5-194　印度假吸血蝠

2. 菊头蝠科 Rhinolophidae

中华菊头蝠 *Rhinolophus sinicus* (图 5-195)　毛色为橙色、锈黄至褐黄色；眼小耳大，耳朵有对耳屏；鼻叶较宽，连接叶侧面线条圆钝，呈三角形的顶叶发达，下缘凹陷。分布于中国东南、西南，陕西等地。

图 5-195　中华菊头蝠

3. 蝙蝠科 Vespertilionidae

蝙蝠 *Vespertilio superans* (图 5-196)　体型小，具发达的尾，尾间不伸出股膜外，吻部不具叶状突，具耳屏。背毛灰褐色，腹毛浅棕色。分布于东、西半球的热带、温带地区。

图 5-196　蝙蝠

5.5.2.3　灵长目 Primates

主要特征：多数种类具五指，指端有甲，拇指与其他四指相对。锁骨发达。

常见种类

1. 猴科 Cercopithecidae

猕猴 *Macaca mulatta*（图 5-197）　又称恒河猴，鼻尖隔狭窄，两鼻孔相距较近，朝下方。一般具颊囊和臀部胼胝，尾无缠绕性。毛一般灰棕色，背后半部毛橙黄色，颜面部多成肉色或红色，胼胝呈红色。分布于西南、华南、华中、华东、华北及西北的部分地区。

图 5-197　猕猴

2. 长臂猿科 Hylobatidae

黑长臂猿 *Hylobates concolor*（图 5-198）　前肢长度超过后肢，前臂长于上臂，手长于脚，站立时前肢可触地。无尾，无颊囊，胼胝小。成体雄性全身黑色，雌性全身灰棕色，略带金黄色。分布于中国（云南）、老挝、越南。

图 5-198　黑长臂猿

3. 猩猩科 Pongidae

黑猩猩 *Pan satyrus*（图 5-199）　个体小，前肢较短，眉弓高，眼深凹。臀无胼胝，尾退化。面部毛少，有多种表情。毛黑色。行走时身体半直立状。原产地在非洲西部及中部。

大猩猩 *Gorilla gorilla*（图 5-200）　体长可达 2 m，平时四肢行走，能直立。臀无胼胝，尾退化。面部毛少，有多种表情。毛黑褐色略发灰。生活于非洲大陆赤道附近的丛林。

图 5-199 黑猩猩

图 5-200 大猩猩

4.人科 Hominidae

现代人 *Homo sapiens* 体毛退化,身体直立,手足分工。大脑高度发达。

5.5.2.4 鳞甲目 Pholidota

主要特征:体被角质鳞甲,鳞片间有稀疏硬毛,吻尖,无齿,舌发达,细长能伸缩,前肢较后肢长而有力,前足爪长于后足爪,前足中指爪特长,适于挖蚁穴。

常见种类

鲮鲤科 Manidae

穿山甲 *Manis pentadactyla*(图 5-201) 鳞甲三角形,鳞片间有稀疏硬毛,吻尖,无齿,舌发达,细长能伸缩,前肢较后肢长而有力,前足爪长于后足爪,前足中指爪特长。为我国二类保护动物。我国分布于湖南、江苏、浙江、安徽、江西、贵州、四川、云南、福建、广东、广西、海南等地。

图 5-201 穿山甲

5.5.2.5 兔形目 Lagomorpha

主要特征:上颌 2 对门齿,前 1 对大,后 1 对小,隐于前门齿后边。下颌 1 对门齿,无犬齿,门、臼齿间隙宽。上唇正中唇裂,利于掠草。

常见种类

兔科 Leporidae

草兔 *Lepus capensis*(图 5-202) 又名山跳子、蒙古兔。耳长大于头长,有窄的黑尖。上唇纵裂。上门齿前面有沟,其游离缘平直。后肢明显长于前肢,尾短。背毛土黄,带黑色毛尖,腹毛纯白,尾毛背黑腹白。我国分布于东北、华北、西北和长江中下游一带。

华南兔 *Lepus sinensis*(图 5-203)　又称山兔、短耳兔。耳短,尾短。体毛粗,背毛中针毛稍粗硬,手抚摸略有粗硬感。分布于长江以南地区,包括江苏、浙江、安徽、江西、湖南、湖北、福建、广东、广西、贵州、四川和台湾等地。

图 5-202　草兔

图 5-203　华南兔

家兔(图 5-204)　是由一种野生的穴兔经过驯化饲养而成的,这种穴兔起源于 3000 年前的欧洲西班牙和法国等地。家兔有很多品种,不同品种的家兔在外形上有一定的差异。如中国本兔(又名白家兔、菜兔)、青紫兰兔(又名山羊青、金基拉)、大耳白兔(又称大耳兔,日本大耳白)等。

图 5-204　家兔

5.5.2.6　啮齿目 Rodentia

主要特征:上、下颌各具 1 对门齿,无齿根,仅前面有釉质,呈凿状,终生生长。无犬齿,白齿咀嚼面宽,齿尖为 2 或 3 纵列或交错排列。

常见种类

1. 松鼠科 Sciuridae

赤腹松鼠 *Callosciurus erythraeus*(图 5-205)　体长在 20 cm 左右。体背面深褐色,腹面栗赤色。全身仅头、胸、腹部和四肢为短毛,其余均为长毛,尤其尾毛极为膨大。分布于东南亚和中国南部各省。

图 5-205　赤腹松鼠

2. 仓鼠科 Cricetidae

东方田鼠 *Microtus fortis*（图 5-206）　体型较大，成体体长 120～150 mm，尾长为体长的 1/3～1/2，尾被密毛。齿尖交错排列，低冠到高冠，无根。犬齿、前白齿均不发达，齿式：1・0・0・3/1・0・0・3。足掌前部裸露，有 5 枚足垫，而足掌基部被毛。在我国分布极广，北至黑龙江省，南至广东省。

图 5-206　东方田鼠

3. 鼠科 Muridae

黑线姬鼠 *Apodemus agrarius*（图 5-207）　背毛棕褐色，背中央有一条明显的黑色条纹，从两耳间延伸到尾基部。腹部、四肢灰白色。中国大部分省区有分布。

小家鼠 *Mus musculus*（图 5-208）　背毛由灰褐色至黑褐色，腹毛由纯白至灰黄。上门齿内侧面有一明显的缺刻。小白鼠为其变种（*M. m. albus*）。分布很广，遍及全国各地。

图 5-207　黑线姬鼠

图 5-208　小家鼠

褐家鼠 Rattus norvegicus（图 5-209） 背毛棕褐色至灰褐色，头及背中部色深，腹毛基部灰褐色尖端白色。尾毛上面黑褐色下面灰白。尾部鳞片组成的环节明显。是鼠疫、兔热病、丹毒、蜱性斑疹伤寒、旋毛虫病原体的天然携带者。实验用大白鼠为野生褐家鼠的变种（*R. n. albus*）。分布于全国各地。

图 5-209 褐家鼠

4. 竹鼠科 Rhizomyidae

中华竹鼠 Rhizomys sinensis（图 5-210） 体胖，长 25～35 cm，背部、腹部灰色，眼和耳部小，四肢和尾短，生活在竹林、芒杆内，穴居，食竹子、芒杆及其地下茎。我国分布在云南、贵州、广东、福建、湖北、四川等地。

图 5-210 中华竹鼠

5. 豪猪科 Hystricidae

豪猪 Hystrix hodgsoni（图 5-211） 体棕褐色被长刺，体后背面刺长可达 20 cm，直径 6 cm，刺端白色，中间 1/3 浅褐色。额部至颈背部中线有一条白色纵纹，肩部至颔下有一白色半圆形。刺下边有稀疏白色长毛。在我国广泛分布于长江以南各省。

帚尾豪猪 Atherurus macrourus（图 5-212） 全身几乎都被有带沟的扁刺。颈项无髭毛。尾覆以鳞状短刺，端部由硬刺形成端丛，呈刷状。每刺端部 1/2 处具 2～4 个谷粒样大小的囊状物。我国分布于四川、云南、贵州、湖北、湖南、广西、海南等省。

图 5-211　豪猪

图 5-212　帚尾豪猪

5.5.2.7　食肉目 Carnivora

主要特征：门齿小，第 3 对门齿较大，犬齿发达，上颌最后一枚前臼齿和下颌第一枚臼齿特化为裂齿。爪锐利，多为肉食性，亦有一些为杂食性或植食性。体强壮，感觉器官发达。

常见种类

1. 犬科 Canidae

狼 Canis lupus（图 5-213）　颜面突出，后足 4 趾，齿式 3·1·4·1-4/3·1·4·2-5。体似犬，尾常下垂，吻尖，口阔，耳尖长，直立。我国分布于除台湾、海南以外的各省区。

狗　通常指家犬，也称犬，是狼的近亲，由早期人类从灰狼驯化而来，驯养时间在 4 万年前至 1.5 万年前。其寿命约为十多年。人们根据需要培育了许多不同的狗品种，今天，狗的品种数已达数百个，身高有从 15 cm 的吉娃娃到 76 cm 的爱尔兰猎狼犬，颜色有白、黑、灰、棕等，毛发有长毛、短毛及直毛、卷毛之分。

赤狐 Vulpes vulpes（图 5-214）　又名红狐、火狐，为最大、最常见的狐狸，体长约 80 cm，体重 5000 g；体型细长，吻尖，耳大，尾长略超过体长之半；足掌生有浓密短毛；具尾腺，能释放奇特臭味，称"狐臊"；乳头 4 对；毛色因季节和地区不同而有较大变异，一般背面棕灰或棕红色，腹部白色或黄白色，尾尖白色，耳背面黑色或黑褐色，四肢外侧黑色条纹延伸至足面。国内分布除了西北地区未见到外，其他地区都能见到。

图 5-213　狼

图 5-214　赤狐

2. 熊科 Ursidae

黑熊 *Selenarctos thibetanus*（图 5-215）　体大，头圆。吻部钝短，前肢腕垫大，与掌垫相连，爪不能收缩，后足跖行性。齿式 3·1·4·2/3·1·4·3。体毛黑色，胸部有规则的新月形白斑。我国分布于黑龙江、吉林、辽宁、陕西、甘肃、青海、西藏、四川、云南、贵州、广西、湖北、湖南、广东、安徽、浙江、江西、福建、台湾、内蒙古等省区。

图 5-215　黑熊

3. 大熊猫科 Ailuropodidae

大熊猫 *Ailuropoda melanoleuca*（图 5-216）　体毛多白色，眼圈、耳壳、肩部、四肢呈黑色。齿式 3·1·4·2/3·1·4·3。以竹类（冷箭竹、华桔竹）为食，我国特产。

图 5-216　大熊猫

4. 鼬科 Mustrlidae

黄鼬 *Mustela sibirica*（图 5-217）　体型细长，四肢短。颈长、头小。尾长约为体长的 1/2，尾毛蓬松。背毛为棕黄色，腹毛色淡。中国大部分省区均有分布。

獾 *Meles meles*（图 5-218）　又称狗獾。头部毛短，有白色纵纹 3 条，颜面两侧从口角经耳基部至头后各 1 条，中间 1 条由吻端至额部，3 条白纵纹以 2 条黑纵纹间隔，耳端为白色。下颌、喉部、体腹面、四肢黑棕色。鼻端尖，有软骨质鼻垫，鼻垫与上唇间被毛。主要分布在我国的东北、西北、华南、中南等地。

猪獾 *Arctonyx collaris*（图 5-219）　鼻吻狭长而圆，吻端与猪鼻酷似。喉部白色，鼻垫与上唇间裸露。头部也有 3 条白纹。遍布于我国华东、华南、西南、华北及陕西、甘肃和青海等地区。

图 5-217　黄鼬

图 5-218　狗獾

图 5-219　猪獾

5.浣熊科 Procyonidae

　　小熊猫 *Ailurus fulgens*（图 5-220）　又称九节狼。体毛棕红色,口鼻四周有乳白色毛伸至眶间中央。耳边白色,胸、腹、四肢黑褐色。眼睛上方及颊部有白斑。尾有 9 个赤白相间的环纹。分布于西藏、云南、四川等省。

图 5-220　小熊猫

6. 猫科 Felidae

虎 *Panthera tigris* 　体毛淡黄色有许多黑色横纹。前额黑纹似"王"，尾部有 10 个黑环。虎分布于亚洲，有 8 个亚种：东北虎、华南虎、孟加拉虎、里海虎、爪哇虎、巴厘虎、苏门虎、东南亚虎。东北虎（图 5-221）：体大，色浅黄，黑纹色浅，稀疏，毛长绒密，尾丰满。华南虎（图 5-222）：体小，色深呈橘黄，黑纹色深，较宽。毛短绒稀。体侧常有 2 条条纹交互形成菱形花纹。孟加拉虎（图 5-223）：体毛短而亮，毛色介于东北虎和华南虎之间，条纹细长，虎尾尖细，四肢较长。白虎为孟加拉虎的变种。

图 5-221　东北虎

图 5-222　华南虎

狮 *Panthera leo*（图 5-224）　幼狮身上有斑点，成体无，毛棕黄色。雄狮头后颈部生鬣毛（棕黄至褐色）。尾端有球状茸毛。耳背黑色。

图 5-223　孟加拉虎

图 5-224　狮

豹 *Panthera patdus*（图 5-225）　又名金钱豹。毛棕黄色，体背、侧有环状斑 3～6 行。头、四肢、尾有黑色圆斑点。腹部、四肢内侧斑点较少。

豹猫 *Felis bengalensis*（图 5-226）　体型似家猫但稍大，尾较粗。眼内侧有 2 条白色纵纹，体毛灰棕色，杂有不规则的深褐色斑纹。除新疆和内蒙古的干旱荒漠、青藏高原的高海拔地区外，几乎所有的省区都有分布。

家猫　属于一种宠物。家猫的祖先据推测是起源于古埃及的沙漠猫，已经被人类驯化了 3500 年（但未像狗一样完全地被驯化）。猫头圆、颜面部短，前肢五指，后肢四趾，趾端具锐利而弯曲的爪，爪能伸缩。趾行性。以伏击的方式猎捕其他动物，大多能攀缘上树。家猫的品种（非亚种）众多，不同品种的家猫毛发有长有短，毛色多样。

图 5-225　金钱豹

图 5-226　豹猫

7. 灵猫科 Viverridae

花面狸 *Paguma larvata*（图 5-227）　又名果子狸。体瘦长,吻较突出。头部从吻端直到颈部后有 1 条白色纵纹,眼下和眼后各有一白斑。脸面部黑白相间。脚全黑。四肢 5 趾,能攀缘。我国分布于华北以南的广大地区,现已人工养殖。

图 5-227　花面狸

5.5.2.8　长鼻目 Probosidea

主要特征:具长鼻,上唇与鼻连在一起呈圆筒状,上门齿发达,突出口外。齿式 1・0・3・3/0・0・3・3。

常见种类

象科 Elephantidae

亚洲象 *Elephas maximus*（图 5-228）　耳较小,鼻端趾突 1 个,雄性有象牙(门齿突出口外)。前足 5 趾,后足 4 趾,趾端呈蹄状。前额中央凹陷。

非洲象 *Loxodonta africanus*（图 5-229）　耳较大,鼻端趾突 2 个,雄、雌性均具象牙。前、后足均 5 趾。额部平滑。

图 5-228　亚洲象

图 5-229　非洲象

5.5.2.9　奇蹄目

主要特征：足第 3 趾发达，趾端具蹄，其余趾退化消失。齿式：0-3・0-1・3-4・3/0-3・0-1・3-4・3。

常见种类

1. 马科 Equidae

斑马 _Equus burchalli_（图 5-230）　棕毛多且长，身上黑褐色纹宽大，由背部直到腹部，两侧连接。四肢纹细碎有形成斑点的趋势。

图 5-230　斑马

马　草食性家畜，约 4000 年前被人类从普氏野马驯化而来。头面平直而偏长，耳短。四肢长，骨骼坚实，肌腱和韧带发育良好，附有掌枕遗迹的附蝉（俗称夜眼），蹄质坚硬，能迅速奔跑。毛色复杂，以骝、栗、青和黑色居多。马有很多地方品种，不同品种的马体格大小相差悬殊。重型品种体重达 1200 kg，体高 200 cm；小型品种体重不到 200 kg，体高仅 95 cm。

2. 犀牛科 Rhinocertidae

白犀 _Rhinoceros simus_（图 5-231）　鼻端有 2 个角，较长。雌犀角比雄犀角长。吻部大且方（方吻犀）。

图 5-231　白犀

5.5.2.10　偶蹄目

主要特征：第 3、4 趾发达，第 2、5 趾小，第 1 趾退化。多数上门齿消失，臼齿咀嚼面复杂。低等的齿冠短，圆丘形；高等的齿冠高，月形。

常见种类

1. 猪科 Suidae

野猪 *Sus scyofa*（图 5-232）　头长，吻长，雄性上颌犬齿发达成为獠牙，向外上方翘起。体毛粗硬。具 4 趾，第 3、4 趾着地。体毛黑色，背鬃毛长，耳直立。家猪祖先。我国主要分布在东北三省、云贵地区，福建、湖南、广东地区。

图 5-232　野猪

家猪　是野猪被人类驯化后所形成的亚种，獠牙较野猪短，是人类的家畜之一。身体肥壮，四肢短小，鼻子口吻较长，性温驯，适应力强，易饲养，繁殖快，有黑、白、酱红或黑白花等色。全世界范围有超过 400 个猪品种，其中，中国拥有地方猪品种 64 个。

2. 河马科 Hippopotamidae

河马 *Hippopotamus amphibious*（图 5-233）　身体庞大，头特别大，四肢短。门齿、犬齿皆獠牙状。体黑褐色，光滑无毛，眼、耳、鼻孔位于面上部，前、后肢 4 指（趾），略有蹼。

图 5-233　河马

3. 驼科 Camelidae

双峰驼 Camelus bacteianus（图 5-234）　俗称野骆驼，为新疆体型最大的荒漠动物。颈长而弯曲，背有双峰，腿细长，两辫足大如盘。毛色为单一的淡灰黄褐色。我国分布于甘肃、青海、新疆和内蒙古等地。

图 5-234　双峰驼

4. 鹿科 Cervidae

梅花鹿 Cervus Nippon（图 5-235）　夏毛红棕色有明显白斑（冬毛无白斑），臀部有 1 大白斑。雄性有角（四叉）。

麋鹿 Elaphurus davidianus（图 5-236）　又称"四不像"。尾似马，颈似驼，角似鹿，蹄似牛。夏毛红棕色，冬毛灰棕色，颈部有 1 条黑褐色纵纹延至体背前部，体侧下部灰白色。尾末端丛毛黑褐色。

图 5-235　梅花鹿

图 5-236　麋鹿

马鹿 Cervus epaphus（图 5-237）　雄性角八叉，第 1、2 叉接近，角基有 1 圈小瘤状突，产鹿茸。冬毛灰棕色，有 1 条黑棕色条纹从额沿背中线至体后。臀部有 1 块黄赭色大斑。夏毛赤褐色。我国分布于黑龙江、辽宁、内蒙古（呼和浩特）、宁夏（贺兰山）、北京、山西（忻州）、甘肃（临潭）、西藏、四川、青海、新疆等地。

狍 Capreolus capreolus（图 5-238）　夏毛红棕色，冬毛灰棕色，臀部有 1 块白斑。四肢细长，雄性角三叉。鼻端黑色。我国分布于华北、东北、西北和西南等地。已人工养殖。

图 5-237　马鹿

图 5-238　狍

獐 *Hydroptes inermis*（图 5-239）　体黄色，毛粗。雄性犬齿发达形成獠牙，雌、雄均无角。分布在中国长江沿岸以及朝鲜。已人工养殖。

小麂 *Muntiacus reevesi*（图 5-240）　体棕褐色，腹白色，四肢细长。雄性有短角，基部通常一叉。从角基部到眼内侧有 2 条纵黑纹，上犬齿发达。主要分布于中国长江以南各省。已人工养殖。

图 5-239　獐

图 5-240　小麂

5. 长颈鹿科 Giraffidae

长颈鹿 *Giraffa camelopardalis*（图 5-241）　头顶具 2～3 个不分叉包有表皮的角。体黄色，有不同形状的黑色斑纹。

图 5-241　长颈鹿

6. 牛科 Bovidae

水牛 Bubalus bubalus（图 5-242）　体格粗壮，被毛稀疏，多为灰黑色；角粗大而扁，并向后方弯曲；皮厚、汗腺极不发达，热时需要浸水散热，故名水牛；蹄大，质地坚实；耳廓较短小，头额部狭长，背中线毛被向前，背部向后下方倾斜。野生水牛只活动在孟加拉国、印度、尼泊尔、不丹、泰国；驯养的水牛在亚洲、欧洲、北非、美洲均有分布。

黄牛（图 5-243）　中国固有的普通饲养牛种，饲养地区遍布全国。黄牛被毛以黄色为最多，也有红棕色和黑色等。头部略粗重，角形不一，角根圆形。体格粗壮，结构紧凑，肌肉发达，四肢强健，蹄质坚实。其体型和性能上因自然环境和饲养条件不同而有差异，可分为 3 大类型，北方黄牛、中原黄牛和南方黄牛。

图 5-242　水牛

图 5-243　黄牛

山羊（图 5-244）　第一批被人类驯养的家养动物之一，其被驯养的历史至少在 10000 年前。外形特征：毛粗直，头狭长，角三棱形呈镰刀状弯曲，颌下有长须，颈上多有二肉髯，尾短上翘。嘴尖牙利，口唇薄，嗅觉灵敏。不同品种体格大小相差悬殊，大的体高 1 m，重 100 kg；小的体高仅 40 cm，重 20 kg。

绵羊（图 5-245）　该羊是常见的饲养动物。体躯丰满，体毛绵密。头短。雄兽有螺旋状的大角，雌兽没有角或仅有细小的角。毛色为白色。绵羊品种至少有 500 种。

图 5-244　山羊

图 5-245　绵羊

拓展与提高

1. 选择某一种内陆脊椎动物,在查阅相关文献资料的基础上,设计实验方案,对其形态特征(外部形态与内部解剖)和生活习性(如栖息环境、活动规律、食性、繁殖规律等)进行观察记录,并撰写科技论文。

2. 在查阅相关文献资料的基础上,设计实验方案,对某一地区、某一河流、某一湖泊、某一湿地或某一自然保护区的鱼类资源进行调查,并以科技论文的格式对调查水域的鱼类多样性(包括鱼类物种组成、多样性指数、生态类型、时空分布、优势种和稀有种等)进行分析。

3. 在查阅相关文献资料的基础上,设计实验方案,对某一山区、某一林地、某一丘陵或某一自然保护区的两栖爬行动物资源进行调查(包括物种组成、位置分布、生态类型、优势种和稀有种等),并撰写科技论文。

4. 在查阅相关文献资料基础上,设计实验方案,调查学校及周边、某一林区、某一湿地或某一自然保护区鸟类的多样性(包括鸟类种类组成与分布、鸟类种类的季节变化、主要鸟类数量的季节变化等),并撰写科技论文。

附录

附录 A 国家级动物保护名录

中　名	学　名	保护级别	
		Ⅰ级	Ⅱ级
兽纲 Mammalia			
灵长目	Primates		
懒猴科	Lorisidae		
蜂猴（所有种）	*Nycticebus* spp.	Ⅰ	
猴科	Cercopithecidae		
短尾猴	*Macaca arctoides*		Ⅱ
熊猴	*Macaca assamensis*	Ⅰ	
台湾猴	*Macaca cyclopis*	Ⅰ	
猕猴	*Macaca mulatta*		Ⅱ
豚尾猴	*Macaca nemestrina*	Ⅰ	
藏酋猴	*Macaca thibetana*		Ⅱ
叶猴（所有种）	*Presbytis* spp.	Ⅰ	
金丝猴（所有种）	*Rhinopithecus* spp.	Ⅰ	
猩猩科	Pongidae		
长臂猿（所有种）	*Hylobates* spp.	Ⅰ	
鳞甲目	Pholidota		
鲮鲤科	Manidae		
穿山甲	*Manis pentadactyla*		Ⅱ
食肉目	Carnivora		
犬科	Canidae		
豺	*Cuon alpinus*		Ⅱ
熊科	Ursidae		
黑熊	*Selenarctos thibetanus*		Ⅱ
棕熊（包括马熊）	*Ursus arctos* (*U. a. pruinosus*)		Ⅱ

中　名	学　名	保护级别	
		Ⅰ级	Ⅱ级
马来熊	*Helarctos malayanus*	Ⅰ	
浣熊科	Procyonidae		
小熊猫	*Ailurus fulgens*		Ⅱ
大熊猫科	Ailuropodidae		
大熊猫	*Ailuropoda melanoleuca*		
鼬科	Mustelidae		
石貂	*Martes foina*		Ⅱ
紫貂	*Martes zibellina*	Ⅰ	
黄喉貂	*Martes flavigula*		Ⅱ
貂熊	*Gulo gulo*	Ⅰ	
＊水獭（所有种）	*Lutra* spp.		Ⅱ
＊小爪水獭	*Aonyx cinerea*		Ⅱ
灵猫科	Viverridae		
斑林狸	*Prionodon pardicolor*		Ⅱ
大灵猫	*Viverra zibetha*		Ⅱ
小灵猫	*Viverricula indica*		Ⅱ
熊狸	*Arctictis binturong*	Ⅰ	
猫科	Felidae		
草原斑猫	*Felis lybica*（*silvestris*）		Ⅱ
荒漠猫	*Felis bieti*		Ⅱ
丛林猫	*Felis chaus*		Ⅱ
猞猁	*Felis lynx*		Ⅱ
兔狲	*Felis manul*		Ⅱ
金猫	*Felistemmincki*		Ⅱ
渔猫	*Felis viverrinus*		Ⅱ
云豹	*Neofelis nebulosa*	Ⅰ	
豹	*Panthera pardus*	Ⅰ	
虎	*Panthera tigris*	Ⅰ	
雪豹	*Panthera uncia*	Ⅰ	
＊鳍足目（所有种）	Pinnipedia		Ⅱ
海牛目	Sirenia		
儒艮科	Dugongidae		
＊儒艮	*Dugong dugong*	Ⅰ	

中　名	学　名	保护级别	
		Ⅰ级	Ⅱ级
鲸目	Cetacea		
喙豚科	Platanistidae		
＊白鱀豚	*Lipotes vexillifer*	Ⅰ	
海豚科	Delphinidae		
＊中华白海豚	*Sousa chinensis*	Ⅰ	
＊其他鲸类	*Cetacea*		Ⅱ
长鼻目	Proboscidea		
象科	Elephantidae		
亚洲象	*Elephas maximus*	Ⅰ	
奇蹄目	Perissodactyla		
马科	Equidae		
蒙古野驴	*Equus hemionus*	Ⅰ	
西藏野驴	*Equus kiang*	Ⅰ	
野马	*Equus przewalskii*	Ⅰ	
偶蹄目	Artiodactyla		
驼科	Camelidae		
野骆驼	*Camelus ferus*（*bactrianus*）	Ⅰ	
鼷鹿科	Tragulidae		
鼷鹿	*Tragulus javanicus*	Ⅰ	
麝科	Moschidae		
麝（所有种）	*Moschus* spp.		Ⅱ
鹿科	Cervidae		
河麂	*Hydropotes inermis*		Ⅱ
黑麂	*Muntiacus crinifrons*	Ⅰ	
白唇鹿	*Cervus albirostris*	Ⅰ	
马鹿	*Cervus elaphus*		Ⅱ
白臀鹿	*C. e. macneilli*		
坡鹿	*Cervus eldi*	Ⅰ	
梅花鹿	*Cervus nippon*	Ⅰ	
豚鹿	*Cervus porcinus*	Ⅰ	
水鹿	*Cervus unicolor*		Ⅱ
麋鹿	*Elaphurus davidianus*	Ⅰ	
驼鹿	*Alces alces*		Ⅱ

中　　名	学　　名	保护级别	
		Ⅰ级	Ⅱ级
牛科	Bovidae		
野牛	*Bos gaurus*	Ⅰ	
野牦牛	*Bos mutus（grunniens）*	Ⅰ	
黄羊	*Procapra gutturosa*		Ⅱ
普氏原羚	*Procapra przewalskii*	Ⅰ	
藏原羚	*Procapra picticaudata*		Ⅱ
鹅喉羚	*Gazella subgutturosa*		Ⅱ
藏羚	*Pantholops hodgsoni*	Ⅰ	
高鼻羚羊	*Saiga tatarica*	Ⅰ	
扭角羚	*Budorcas taxicolor*	Ⅰ	
鬣羚	*Capricornis sumatraensis*		Ⅱ
台湾鬣羚	*Capricornis crispus*	Ⅰ	
赤斑羚	*Naemorhedus cranbrooki*	Ⅰ	
斑羚	*Naemorhedus goral*		Ⅱ
塔尔羊	*Hemitragus jemlahicus*	Ⅰ	
北山羊	*Capra ibex*	Ⅰ	
岩羊	*Pseudois nayaur*		Ⅱ
盘羊	*Ovis ammon*		Ⅱ
兔形目	Lagomorpha		
兔科	Leporidae		
海南兔	*Lepus peguensis hainanus*		Ⅱ
雪兔	*Lepus timidus*		Ⅱ
塔尔木兔	*Lepus yarkandensis*		Ⅱ
啮齿目	Rodentia		
松鼠科	Sciuridae		
巨松鼠	*Ratufa bicolor*		Ⅱ
河狸科	Castoridae		
河狸	*Castor fiber*	Ⅰ	
鸟纲 Aves			
䴙䴘目	Podicipediformes		
䴙䴘科	Podicipedidae		
角䴙䴘	*Podiceps auritus*		Ⅱ
赤颈䴙䴘	*Podiceps grisegena*		Ⅱ

中　　名	学　　名	保护级别	
		Ⅰ级	Ⅱ级
鹱形目	Procellariiformes		
信天翁科	Diomedeidae		
短尾信天翁	*Diomedea albatrus*	Ⅰ	
鹈形目	Pelecaniformes		
鹈鹕科	Pelecanidae		
鹈鹕（所有种）	*Pelecanus* spp.		Ⅱ
鲣鸟科	Sulidae		
鲣鸟（所有种）	*Sula* spp.		Ⅱ
鸬鹚科	Phalacrocoracidae		
海鸬鹚	*Phalacrocorax pelagicus*		Ⅱ
黑颈鸬鹚	*Phalacrocorax niger*		Ⅱ
军舰鸟科	Fregatidae		
白腹军舰鸟	*Fregata andrewsi*	Ⅰ	
鹳形目	Ciconiiformes		
鹭科	Ardeidae		
黄嘴白鹭	*Egretta eulophotes*		Ⅱ
岩鹭	*Egretta sacra*		Ⅱ
海南虎斑鳽	*Gorsachius magnificus*		Ⅱ
小苇鳽	*Ixbrychus minutus*		Ⅱ
鹳科	Ciconiidae		
彩鹳	*Ibis leucocephalus*		Ⅱ
白鹳	*Ciconia ciconia*	Ⅰ	
黑鹳	*Ciconia nigra*	Ⅰ	
鹮科	Threskiornithidae		
白鹮	*Threskiornis aethiopicus*		Ⅱ
黑鹮	*Pseudibis papillosa*		Ⅱ
朱鹮	*Nipponia nippon*	Ⅰ	
彩鹮	*Plegadis falcinellus*		Ⅱ
白琵鹭	*Platalea leucorodia*		Ⅱ
黑脸琵鹭	*Platalea minor*		Ⅱ
雁形目	Anseriformes		
鸭科	Anatidae		
红胸黑雁	*Branta ruficollis*		Ⅱ

中　名	学　名	保护级别	
		Ⅰ级	Ⅱ级
白额雁	*Anser albifrons*		Ⅱ
天鹅（所有种）	*Cygnus* spp.		Ⅱ
鸳鸯	*Aix galericulata*		Ⅱ
中华秋沙鸭	*Mergus squamatus*	Ⅰ	
隼形目	Falconiformes		
鹰科	Accipitridae		
金雕	*Aquila chrysaetos*	Ⅰ	
白肩雕	*Aquila heliaca*	Ⅰ	
玉带海雕	*Haliaeetus leucoryphus*	Ⅰ	
白尾海雕	*Haliaeetus albcilla*	Ⅰ	
虎头海雕	*Haliaeetus pelagicus*	Ⅰ	
拟兀鹫	*Pseudogyps bengalensis*	Ⅰ	
胡兀鹫	*Gypaetus barbatus*	Ⅰ	
其他鹰类	*Accipitridae*		Ⅱ
隼科（所有种）	Falconidae		Ⅱ
鸡形目	Galliformes		
松鸡科	Tetraonidae		
细嘴松鸡	*Tetrao parvirostris*	Ⅰ	
黑琴鸡	*Lyrurus tetrix*		Ⅱ
柳雷鸟	*Lagopus lagopus*		Ⅱ
岩雷鸟	*Lagopus mutus*		Ⅱ
镰翅鸟	*Falcipennis falcipennis*		Ⅱ
花尾榛鸡	*Tetrastes bonasia*		Ⅱ
斑尾榛鸡	*Tetrastes sewerzowi*	Ⅰ	
雉科	Phasianidae		
雪鸡（所有种）	*Tetraogallus* spp.		Ⅱ
雉鹑	*Tetraophasis obscurus*	Ⅰ	
四川山鹧鸪	*Arborophila rufipectus*	Ⅰ	
海南山鹧鸪	*Arborophila ardens*	Ⅰ	
血雉	*Ithaginis cruentus*		Ⅱ
黑头角雉	*Tragopan melanocephalus*	Ⅰ	
红胸角雉	*Tragopan satyra*	Ⅰ	
灰腹角雉	*Tragopan blythii*	Ⅰ	

中　名	学　名	保护级别	
		Ⅰ级	Ⅱ级
红腹角雉	*Tragopan temminckii*		Ⅱ
黄腹角雉	*Tragopan caboti*	Ⅰ	
虹雉（所有种）	*Lophophorus* spp.	Ⅰ	
藏马鸡	*Crossoptilon crossoptilon*		Ⅱ
蓝马鸡	*Crossoptilon aurtun*		Ⅱ
褐马鸡	*Crossoptilon mantchuricum*	Ⅰ	
黑鹇	*Lophura leucomelana*		Ⅱ
白鹇	*Lophura nycthemera*		Ⅱ
蓝鹇	*Lophura swinhoii*	Ⅰ	
原鸡	*Gallus gallus*		Ⅱ
勺鸡	*Pucrasia macrolopha*		Ⅱ
黑颈长尾雉	*Syrmaticus humiae*	Ⅰ	
白冠长尾雉	*Syrmaticus reevesii*		Ⅱ
白颈长尾雉	*Syrmaticus ewllioti*	Ⅰ	
黑长尾雉	*Syrmaticus mikado*	Ⅰ	
锦鸡（所有种）	*Chrysolophus* spp.		Ⅱ
孔雀雉	*Polyplectron bicalcaratum*	Ⅰ	
绿孔雀	*Pavo muticus*	Ⅰ	
鹤形目	Gruiformes		
鹤科	Gruidae		
灰鹤	*Grus grus*		Ⅱ
黑颈鹤	*Grus nigricollis*	Ⅰ	
白头鹤	*Grus monacha*	Ⅰ	
沙丘鹤	*Grus canadensis*		Ⅱ
丹顶鹤	*Grus japonensis*	Ⅰ	
白枕鹤	*Grus vipio*		Ⅱ
白鹤	*Grus leucogeranus*	Ⅰ	
赤颈鹤	*Grus antigone*	Ⅰ	
蓑羽鹤	*Anthropoides virgo*		Ⅱ
秧鸡科	Rallidae		
长脚秧鸡	*Crex crex*		Ⅱ
姬田鸡	*Porzana parva*		Ⅱ
棕背田鸡	*Porzana bicolor*		Ⅱ

续表

中 名	学 名	保护级别	
		Ⅰ级	Ⅱ级
花田鸡	*Coturnicops noveboracensis*		Ⅱ
鸨科	Otidae		
鸨（所有种）	*Otis* spp.	Ⅰ	
形鸻目	Charadriiformes		
雉鸻科	Jacanidae		
铜翅水雉	*Metopidius indicus*		Ⅱ
鹬科	Soolopacidae		
小勺鹬	*Numenius borealis*		Ⅱ
小青脚鹬	*Tringa guttifer*		Ⅱ
燕鸻科	Glareolidae		
灰燕鸻	*Glareola lactea*		Ⅱ
鸥形目	Lariformes		
鸥科	Laridae		
遗鸥	*Larus relictus*	Ⅰ	
小鸥	*Larus minutus*		Ⅱ
黑浮鸥	*Chlidonias niger*		Ⅱ
黄嘴河燕鸥	*Sterna aurantia*		Ⅱ
黑嘴端凤头燕鸥	*Thalasseus zimmermanni*		Ⅱ
鸽形目	Columbiformes		
沙鸡科	Pteroclididae		
黑腹沙鸡	*Pterocles orientalis*		Ⅱ
鸠鸽科	Columbidae		
绿鸠（所有种）	*Treron* spp.		Ⅱ
黑颏果鸠	*Ptilinopus leclancheri*		Ⅱ
皇鸠（所有种）	*Ducula* spp.		Ⅱ
斑尾林鸽	*Columba palumbus*		Ⅱ
鹃鸠（所有种）	*Macropygia* spp.		Ⅱ
鹦形目	Psittaciformes		
鹦鹉科（所有种）	Psittacidae		Ⅱ
鹃形目	Cuculiformes		
杜鹃科	Cuculidae		
鸦鹃（所有种）	*Centropus* spp.		Ⅱ
鸮形目（所有种）	Strigiformes		Ⅱ

续表

中 名	学 名	保护级别	
		Ⅰ级	Ⅱ级
雨燕目	Apodiformes		
雨燕科	Apodidae		
灰喉针尾雨燕	*Hirundapus cochinchinensis*		Ⅱ
凤头雨燕科	Hemiprocnidae		
凤头雨燕	*Hemiprocne longipennis*		Ⅱ
咬鹃目	Trogoniformes		
咬鹃科	Trogonidae		
橙胸咬鹃	*Harpactes oreskios*		Ⅱ
佛法僧目	Coraciiformes		
翠鸟科	Alcedinidae		
蓝耳翠鸟	*Alcedo meninting*		Ⅱ
鹳嘴翠鸟	*Pelargopsis capensis*		Ⅱ
蜂虎科	Meropidae		
黑胸蜂虎	*Merops leschenaulti*		Ⅱ
绿喉蜂虎	*Merops orientalis*		Ⅱ
犀鸟科(所有种)	Bucertidae		Ⅱ
䴕形目	Piciformes		
啄木鸟科	Picidae		
白腹黑啄木鸟	*Dryocopus javensis*		Ⅱ
雀形目	Passeriformes		
阔嘴鸟科(所有种)	Eurylaimidae		Ⅱ
八色鸫科(所有种)	Pittidae		Ⅱ
爬行纲 Reptilia			
龟鳖目	Testudoformes		
龟科	Emydidae		
*地龟	*Geoemyda spengleri*		Ⅱ
*三线闭壳龟	*Cuora trifasciata*		Ⅱ
*云南闭壳龟	*Cuora yunnanensis*		Ⅱ
陆龟科	Testudinidae		
四爪陆龟	*Testudo horsfieldi*	Ⅰ	
凹甲陆龟	*Manouria impressa*		Ⅱ
海龟科	Cheloniidae		
*蠵龟	*Caretta caretta*		Ⅱ

中　名	学　名	保护级别	
		Ⅰ级	Ⅱ级
＊绿海龟	*Chelonia mydas*		Ⅱ
＊玳瑁	*Eretmochelys imbricata*		Ⅱ
＊太平洋丽龟	*Lepidochelys olivacea*		Ⅱ
棱皮龟科	Dermochelyidae		
＊棱皮龟	*Dermochelys coriacea*		Ⅱ
鳖科	Trionychidae		
＊鼋	*Pelochelys bibroni*	Ⅰ	
＊山瑞鳖	*Trionyx steindachneri*		Ⅱ
蜥蜴目	Lacertiformes		
壁虎科	Gekkonidae		
大壁虎	*Gekko gecko*		Ⅱ
鳄蜥科	Shinisauridae		
鳄蜥	*Shinisaurus crocodilurus*	Ⅰ	
巨蜥科	Varanidae		
巨蜥	*Varanus salvator*	Ⅰ	
蛇目	Serpentiformes		
蟒科	Boidae		
蟒	*Python molurus*	Ⅰ	
鳄目	Crocodiliformes		
鼍科	Alligatoridae		
扬子鳄	*Alligator sinensis*	Ⅰ	
两栖纲 Amphibia			
有尾目	Caudata		
隐鳃鲵科	Cryptobranchidae		
＊大鲵	*Andrias davidianus*		Ⅱ
蝾螈科	Salamandridae		
＊细痣疣螈	*Tylototriton asperrimus*		Ⅱ
＊镇海疣螈	*Tylototriton chinhaiensis*		Ⅱ
＊贵州疣螈	*Tylototriton kweichowensis*		Ⅱ
＊大凉疣螈	*Tylototriton taliangensis*		Ⅱ
＊细瘰疣螈	*Tylototriton verrucosus*		Ⅱ
无尾目	Anura		
蛙科	Ranidae		

续表

中　名	学　名	保护级别	
		Ⅰ级	Ⅱ级
虎纹蛙	*Rana tigrina*		Ⅱ
鱼纲 Pisces			
鲈形目	Perciformes		
石首鱼科	Sciaenidae		
*黄唇鱼	*Bahaba flavolabiata*		Ⅱ
杜父鱼科	Cottidae		
*松江鲈鱼	*Trachidermus fasciatus*		Ⅱ
海龙鱼目	Syngnathiformes		
海龙鱼科	Syngnathidae		
*克氏海马鱼	*Hippocampus kelloggi*		Ⅱ
鲤形目	Cypriniformes		
胭脂鱼科	Catostomidae		
*胭脂鱼	*Myxocyprinus asiaticus*		Ⅱ
鲤科	Cyprinidae		
*唐鱼	*Tanichthys albonubes*		Ⅱ
*大头鲤	*Cyprinus pellegrini*		Ⅱ
*金钱鲃	*Sinocyclocheilus grahami grahami*		Ⅱ
*新疆大头鱼	*Aspiorhynchus laticeps*	Ⅰ	
*大理裂腹鱼	*Schizothorax taliensis*		Ⅱ
鳗鲡目	Anguilliformes		
鳗鲡科	Anguillidae		
*花鳗鲡	*Anguilla marmorata*		Ⅱ
鲑形目	Salmoniformes		
鲑科	Salmonidae		
*川陕哲罗鲑	*Hucho bleekeri*		Ⅱ
*秦岭细鳞鲑	*Brachymystax lenok tsinlingensis*		Ⅱ
鲟形目	Acipenseriformes		
鲟科	Acipenseridae		
*中华鲟	*Acipenser sinensis*	Ⅰ	
*达氏鲟	*Acipenser dabryanus*	Ⅰ	
匙吻鲟科	Polyodontidae		
*白鲟	*Psephurus gladius*	Ⅰ	
文昌鱼纲 Appendicularia			

中　名	学　名	保护级别	
		Ⅰ级	Ⅱ级
文昌鱼目	Amphioxiformes		
文昌鱼科	Branchiostomatidae		
* 文昌鱼	*Branchiotoma belcheri*		Ⅱ
珊瑚纲 Anthozoa			
柳珊瑚目	Gorgonacea		
红珊瑚科	Coralliidae		
* 红珊瑚	*Corallium* spp.	Ⅰ	
腹足纲 Gastropoda			
中腹足目	Mesogastropoda		
宝贝科	Cypraeidae		
* 虎斑宝贝	*Cypraea tigris*		Ⅱ
冠螺科	Cassididae		
* 冠螺	*Cassis cornuta*		Ⅱ
瓣鳃纲 Lamellibranchia			
异柱目	Anisomyaria		
珍珠贝科	Pteriidae		
* 大珠母贝	*Pinctada maxima*		Ⅱ
真瓣鳃目	Eulamellibranchia		
砗磲科	Tridacnidae		
* 库氏砗磲	*Tridacna cookiana*	Ⅰ	
蚌科	Unionidae		
* 佛耳丽蚌	*Lamprotula mansuyi*		Ⅱ
头足纲 Cephalopoda			
四鳃目	Tetrabranchia		
鹦鹉螺科	Nautilidae		
* 鹦鹉螺	*Nautilus pompilius*	Ⅰ	
昆虫纲 Insecta			
双尾目	Diplura		
铗科	Japygidae		
伟铗	*Atlasjapyx atlas*		Ⅱ
蜻蜓目	Odonata		
箭蜓科	Gomphidae		
尖板曦箭蜓	*Heliogomphus retroflexus*		Ⅱ

续表

中　名	学　名	保护级别	
		Ⅰ级	Ⅱ级
宽纹北箭蜓	*Ophiogomphus spinicorne*		Ⅱ
缺翅目	Zoraptera		
缺翅虫科	Zorotypidae		
中华缺翅虫	*Zorotypus sinensis*		Ⅱ
墨脱缺翅虫	*Zorotypus medoensis*		Ⅱ
蛩蠊目	Grylloblattodae		
蛩蠊科	Grylloblattidae		
中华蛩蠊	*Galloisiana sinensis*	Ⅰ	
鞘翅目	Coleoptera		
步甲科	Carabidae		
拉步甲	*Carabus（Coptolabrus）lafossei*		Ⅱ
硕步甲	*Carabus（Apotopterus）davidi*		Ⅱ
臂金龟科	Euchiridae		
彩臂金龟（所有种）	*Cheirotonus* spp.		Ⅱ
犀金龟科	Dynastidae		
叉犀金龟	*Allomyrina davidis*		Ⅱ
鳞翅目	Lepidoptera		
凤蝶科	Papilionidae		
金斑喙凤蝶	*Teinopalpus aureus*	Ⅰ	
双尾褐凤蝶	*Bhutanitis mansfieldi*		Ⅱ
三尾褐凤蝶	*Bhutanitis thaidina dongchuanensis*		Ⅱ
中华虎凤蝶	*Luehdorfia chinensis huashanensis*		Ⅱ
绢蝶科	Parnassidae		
阿波罗绢蝶	*Parnassius apollo*		Ⅱ
肠鳃纲 Enteropneusta			
柱头虫科	Balanoglossidae		
*多鳃孔舌形虫	*Glossobalanus polybranchioporus*	Ⅰ	
玉钩虫科	Harrimaniidae		
*黄岛长吻虫	*Saccoglossus hwangtauensis*	Ⅰ	

附录 B　国家自然保护区

国家自然保护区(national nature reserve):对有代表性的自然生态系统、珍稀濒危野生动植物物种的天然集中分布区、有特殊意义的自然遗迹等保护对象所在的陆地、陆地水体或者海域,依法划出一定面积予以特殊保护和管理的区域。截至 2012 年底,全国(不含港、澳、台地区)共建立国家级自然保护区 363 个,面积 9415 万公顷,占国土面积的 9.7%。

行政区	保护区名称	区域	面积(公顷)	主要保护对象	类型	始建时间	主管部门
北京	百花山	北京市门头沟区	21743	温带次生林	森林生态	19850401	林业
	北京松山	延庆县	4660	温带森林和野生动植物	森林生态	19860709	林业
天津	古海岸与湿地	宁河县、天津市汉沽区	35913	贝壳堤、牡蛎滩古海岸遗迹、滨海湿地	古生物遗迹	19841201	海洋
	八仙山	蓟县	1049	森林生态系统	森林生态	19841201	林业
	蓟县中、上元古界地层剖面	蓟县	900	中上元古界地质剖面	地质遗迹	19841018	环保
河北	驼梁	平山县	21312	森林生态系统	森林生态	20010331	林业
	昌黎黄金海岸	昌黎县	30000	海滩及近海生态系统	海洋海岸	19900930	海洋
	柳江盆地地质遗迹	抚宁县	1395	地质遗迹	地质遗迹	19990501	国土
	小五台山	蔚县、涿鹿县	21833	温带森林生态系统及褐马鸡	森林生态	19831101	林业
	泥河湾	阳原县	1015	新生代沉积地层	地质遗迹	19970218	国土
	大海陀	赤城县	11225	森林生态系统	森林生态	19990701	环保
	河北雾灵山	兴隆县	14247	温带森林、猕猴分布北限	森林生态	19880509	林业
	茅荆坝	隆化县	40038	森林生态系统和野生动物	森林生态	20020529	林业
	滦河上游	围场满族蒙古族自治县	50637	森林生态系统和野生动物	森林生态	20020626	林业
	塞罕坝	围场满族蒙古族自治县	20030	森林生态系统	森林生态	20010801	林业
	围场红松洼	围场满族蒙古族自治县	7970	草原生态系统	草原草甸	19940815	农业
	衡水湖	衡水市	18787	湿地生态系统及鸟类	内陆湿地	20000701	林业
山西	阳城莽河猕猴	阳城县	5600	猕猴等珍稀野生动植物	野生动物	19831226	林业
	历山	垣曲县、沁水县、翼城县	24800	森林植被及金钱豹、金雕等野生动物	森林生态	19831226	林业
	芦芽山	宁武县、岢岚县、五寨县	21453	褐马鸡及华北落叶松、云杉次生林	野生动物	19801218	林业
	五鹿山	蒲县、隰县	20617	褐马鸡及其生境	野生动物	19930120	林业
	庞泉沟	交城县、方山县	10466	褐马鸡及华北落叶松、云杉等森林生态系统	野生动物	19801201	林业

行政区	保护区名称	区域	面积（公顷）	主要保护对象	类型	始建时间	主管部门
内蒙古	内蒙古大青山	呼和浩特市	388577	森林生态系统	森林生态	19961216	林业
	阿鲁科尔沁	阿鲁科尔沁旗	136794	草原、湿地及珍稀鸟类	草原草甸	19980201	环保
	高格斯台罕乌拉	阿鲁科尔沁旗	106284	森林、草原、湿地生态系统及珍稀动物	森林生态	19971127	林业
	赛罕乌拉	巴林左旗	100400	森林生态系统及马鹿等野生动物	森林生态	19970401	林业
	白音敖包	克什克腾旗	13862	沙地云杉林	森林生态	19791004	林业
	达里诺尔	克什克腾旗	119413	珍稀鸟类及其生境	野生动物	19870908	环保
	黑里河	宁城县	27638	森林生态系统	森林生态	19961229	林业
	大黑山	敖汉旗	86799	天然阔叶林	森林生态	19960901	环保
	大青沟	科尔沁左翼后旗	8183	沙地原生森林生态系统和天然阔叶林	森林生态	19880509	林业
	鄂尔多斯遗鸥	鄂尔多斯市东胜区、伊金霍洛旗	14770	遗鸥及湿地生态系统	野生动物	19910101	林业
	鄂托克恐龙遗迹化石	鄂托克旗	46410	恐龙足迹化石	古生物遗迹	19980101	国土
	西鄂尔多斯	鄂托克旗	474688	四合木等濒危植物及荒漠生态系统	野生植物	19861201	环保
	红花尔基樟子松林	鄂温克族自治旗	20085	樟子松林	森林生态	19980501	林业
	辉河	鄂温克族自治旗	346848	湿地生态系统及珍禽、草原	内陆湿地	19971101	环保
	达赉湖	新巴尔虎右旗、满洲里	740000	湖泊湿地、草原及野生动物	内陆湿地	19860710	林业
	额尔古纳	额尔古纳市	124527	原始寒温带针叶林	森林生态	19980101	林业
	大兴安岭汗马	根河市	107348	寒温带苔原山地明亮针叶林	森林生态	19790501	林业
	哈腾套海	磴口县	123600	绵刺及荒漠草原、湿地生态系统	荒漠生态	19950101	林业
	乌拉特梭梭林—蒙古野驴	乌拉特后旗	68000	梭梭林、蒙古野驴及荒漠生态系统	荒漠生态	19851001	林业
	科尔沁	科尔沁右翼中旗	126987	湿地珍禽、灌丛及疏林草原	野生动物	19850209	环保
	图牧吉	扎赉特旗	94830	大鸨等珍禽草原、湿地生态系统	野生动物	19960801	环保
	锡林郭勒草原	锡林浩特市	580000	草甸草原、沙地疏林	草原草甸	19850808	环保
	内蒙古贺兰山	阿拉善左旗	67711	水源涵养林、野生动植物	森林生态	19920513	林业
	额济纳胡杨林	额济纳旗	26253	胡杨林及荒漠生态系统	荒漠生态	19860601	林业

续表

行政区	保护区名称	区域	面积（公顷）	主要保护对象	类型	始建时间	主管部门
辽宁	大连斑海豹	大连市旅顺口区	672275	斑海豹及其生境	野生动物	19920920	农业
	蛇岛老铁山	大连市旅顺口区	9072	蝮蛇、候鸟及蛇岛特殊生态系统	野生动物	19800806	环保
	成山头海滨地貌	大连市金州区	1350	地质遗迹及海滨喀斯特地貌	地质遗迹	19890401	环保
	辽宁仙人洞	庄河市	3575	森林生态系统	森林生态	19810915	林业
	恒仁老秃顶子	桓仁县、新宾县	15219	长白植物区系森林及人参等珍稀物种	森林生态	19810915	林业
	丹东鸭绿江口湿地	丹东市	101000	沿海滩涂湿地及水禽候鸟	海洋海岸	19870701	环保
	白石砬子	宽甸满族自治县	7467	原生型红松针阔混交林	森林生态	19810909	林业
	医巫闾山	义县、北宁县	11459	天然油松林、华北植物区系针阔混交林	森林生态	19810909	林业
	海棠山	阜新蒙古族自治县	11003	森林生态系统及野生动植物	森林生态	19861201	林业
	双台河口	盘锦市兴隆台区	80000	珍稀水禽及沿海湿地生态系统	野生动物	19850909	林业
	努鲁儿虎山	朝阳县	13832	森林生态系统	森林生态	20001101	林业
	北票鸟化石	北票市	4630	中生代晚期鸟化石等古生物化石群	古生物遗迹	19970518	国土
	白狼山	建昌县	17440	华北植物区系北缘森林生态系统	森林生态	20010709	林业
吉林	波罗湖	农安县	24915	湿地生态系统及珍稀水禽	内陆湿地	20041025	林业
	松花江三湖	吉林市	115253	森林、水域生态系统	森林生态	19900213	林业
	伊通火山群	伊通满族自治县	765	火山地质遗迹	地质遗迹	19831022	环保
	龙湾	辉南县	15061	湿地、森林、火山湖	内陆湿地	19910801	林业
	哈泥	柳河县	22230	湿地生态系统	内陆湿地	19911206	林业
	鸭绿江上游	长白朝鲜族自治县	20306	珍稀冷水性鱼类及其生境	野生动物	19961001	水利
	查干湖	前郭尔罗斯蒙古族自治县	50684	湿地生态系统及珍稀鸟类	内陆湿地	19860802	水利
	大布苏	乾安县	11000	泥林、古生物化石及湿地生态系统	地质遗迹	19930101	国土
	莫莫格	镇赉县	144000	珍稀水禽、野生动植物及湿地生态系统	野生动物	19810308	林业
	向海	通榆县	105467	湿地及丹顶鹤等珍稀水禽	内陆湿地	19810309	林业
	雁鸣湖	敦化市	53940	湿地生态系统	内陆湿地	19911120	林业
	珲春东北虎	珲春市	108700	东北虎、远东豹及其生境	野生动物	20011022	林业
	天佛指山	龙井市	77317	松茸及森林生态系统	野生植物	19960513	林业
	吉林长白山	安图县、抚松县、长白县	196465	森林生态系统及野生动植物	森林生态	19600401	林业

行政区	保护区名称	区域	面积（公顷）	主要保护对象	类型	始建时间	主管部门
黑龙江	扎龙	齐齐哈尔市、大庆市	210000	丹顶鹤等珍禽及湿地生态系统	野生动物	19870418	林业
	黑龙江凤凰山	鸡东县	26570	兴凯松林、东北红豆杉、松茸等野生动植物	野生植物	19890403	林业
	东方红湿地	虎林市	31516	内陆湿地及鸟类	内陆湿地	20050419	林业
	珍宝岛湿地	虎林市	44364	湿地生态系统和珍稀濒危动植物	内陆湿地	20020415	林业
	兴凯湖	密山市	222488	湿地生态系统及丹顶鹤等鸟类	内陆湿地	19860405	林业
	宝清七星河	宝清县	20000	湿地生态系统及其珍稀水禽	内陆湿地	19911017	环保
	饶河东北黑蜂	饶河县	270000	东北黑蜂蜂种及蜜源植物	野生动物	19800508	农业
	大沾河湿地	五大连池市	211618	小兴安岭林区森林湿地生态系统、白头鹤等水禽及其栖息地及温带森林生态系统	内陆湿地	20060127	林业
	新青白头鹤	伊春市新青区	62567	白头鹤、驼鹿等珍稀动物及北温带森林生态系统和湿地生态系统	野生动物	20040427	林业
	丰林	伊春市五营区	18400	红松母树林	森林生态	19580614	林业
	凉水	伊春市带岭区	12133	红松母树林	森林生态	19800707	林业
	乌伊岭	伊春市乌伊岭区	43824	温带森林沼泽湿地生态系统	内陆湿地	19990101	林业
	红星湿地	伊春市红星区	111995	温带森林湿地生态系统	内陆湿地	20040913	林业
	三江	抚远县	198089	湿地生态系统及东方白鹳等珍禽	内陆湿地	19940919	林业
	八岔岛	同江市	32014	湿地水域生态系统及珍稀动物	内陆湿地	19991001	环保
	洪河	同江市	21835	沼泽湿地生态系统及丹顶鹤、白鹤、白头鹤等珍禽	内陆湿地	19880111	环保
	挠力河	富锦市、饶河县	160595	沼泽湿地生态系统及水禽	内陆湿地	19981204	环保
	牡丹峰	牡丹江市东安区	19648	原始森林	森林生态	19810505	林业
	穆棱东北红豆杉	穆棱市	35648	东北红豆杉及其森林生态系统	野生植物	20060313	林业
	胜山	黑河市爱辉区	60000	我国最北端的温带森林生态系统和红松、驼鹿等珍稀濒危动植物	森林生态	20030211	林业
	五大连池	五大连池市	100800	火山地质遗迹及矿泉水资源	地质遗迹	19800329	国土
	呼中	大兴安岭地区	167213	寒温带针叶落叶林生态系统及野生动植物	森林生态	19840509	林业
	南瓮河	大兴安岭地区	229523	森林、沼泽、草甸和水域生态系统以及珍稀动植物	内陆湿地	19991215	林业
	黑龙江双河	塔河县	88849	寒温带森林生态系统、森林沼泽系统及濒危物种	森林生态	20050316	林业

续表

行政区	保护区名称	区域	面积（公顷）	主要保护对象	类型	始建时间	主管部门
上海	九段沙湿地	上海市浦东新区	42020	河口沙洲地貌和鸟类等	内陆湿地	20000306	环保
	崇明东滩鸟类	崇明县	24155	候鸟及湿地生态系统	野生动物	19981116	林业
江苏	盐城湿地珍禽	盐城市	284179	丹顶鹤等珍禽及沿海滩涂湿地生态系统	野生动物	19830225	环保
	大丰麋鹿	大丰市	2667	麋鹿、丹顶鹤及湿地生态系统	野生动物	19860208	林业
	泗洪洪泽湖湿地	泗洪县	49365	湿地生态系统、大鸨等鸟类、鱼类产卵场	内陆湿地	19850701	环保
浙江	临安清凉峰	临安市	10800	梅花鹿、香果树等野生动植物及森林生态系统	森林生态	19850801	林业
	浙江天目山	临安市	4284	银杏、连香树、金钱松等珍稀植物及森林生态系统	野生植物	19860709	林业
	象山韭山列岛	象山县	48478	大黄鱼、鸟类等动物及岛礁生态系统	海洋海岸	20030418	海洋
	南麂列岛	平阳县	19600	海洋贝藻类及其生境	海洋海岸	19890110	海洋
	乌岩岭	泰顺县	18862	森林及黄腹角雉、猕猴等珍稀动植物	森林生态	19740401	林业
	长兴地质遗迹	长兴县	275	二叠纪石灰岩地质剖面	地质遗迹	19800314	国土
	大盘山	磐安县	4558	珍稀野生植物及其生境	野生植物	19930420	环保
	古田山	开化县	8108	白颈长尾雉、黑麂、南方红豆杉及常绿阔叶林	森林生态	19750301	林业
	浙江九龙山	遂昌县	5525	黑麂、黄腹角雉、伯乐树、南方红豆杉等	野生植物	19830903	林业
	凤阳山-百山祖	庆元县、龙泉县	26052	百山祖冷杉等珍稀野生植物及森林生态系统	森林生态	19750101	林业
安徽	铜陵淡水豚	铜陵市、贵池市、枞阳县、无为县	31518	白鱀豚、江豚等珍稀水生生物	野生动物	19850915	环保
	鹞落坪	岳西县	12300	北亚热带常绿阔叶林	森林生态	19911229	环保
	古牛绛	祁门县、石台县	6713	森林及珍稀动植物	森林生态	19821028	林业
	金寨天马	金寨县	28914	森林生态系统及珍稀动植物	森林生态	19820601	林业
	升金湖	东至县、池州市贵池区	33400	白鹤等珍稀鸟类及湿地生态系统	野生动物	19860204	林业
	安徽扬子鳄	宣城市宣州区、郎溪县	18565	扬子鳄及其生境	野生动物	19820101	林业
	安徽清凉峰	绩溪县、歙县	7811	中亚热带常绿阔叶林及珍稀濒危动植物	森林生态	19790101	林业

行政区	保护区名称	区域	面积 （公顷）	主要保护对象	类型	始建时间	主管 部门
福建	厦门珍稀海洋物种	厦门市	33088	中华白海豚、白鹭、文昌鱼等珍稀动物	野生动物	19910101	海洋
	君子峰	明溪县	18061	常绿阔叶林、南方红豆杉	森林生态	19951220	林业
	龙栖山	将乐县	15693	森林生态系统	森林生态	19840911	林业
	闽江源	建宁县	13022	森林生态系统	森林生态	20011008	林业
	天宝岩	永安市	11015	长苞铁杉、猴头杜鹃等珍稀植物	野生植物	19881226	林业
	戴云山	德化县	13472	南方红豆杉、长苞铁杉及野生动植物	森林生态	19850516	林业
	深沪湾海底古森林遗迹	晋江市	3100	海底古森林遗迹和牡蛎海滩岩及地质地貌	古生物遗迹	19911009	海洋
	漳江口红树林	云霄县	2360	红树林生态系统	海洋海岸	19920701	林业
	虎伯寮	南靖县	2650	森林生态系统	森林生态	19990209	林业
	福建武夷山	武夷山市、建阳市、光泽县	56527	亚热带森林生态系统	森林生态	19790703	林业
	梅花山	上杭县、连城县、新罗县	22168	森林生态系统及珍稀野生动植物	森林生态	19850402	林业
	梁野山	武平县	14365	森林生态系统及南方红豆杉	森林生态	19950101	林业
江西	鄱阳湖南矶湿地	新建县	33300	天鹅、大雁等越冬珍禽和湿地生境	野生动物	19970106	林业
	鄱阳湖候鸟	永修县、星子县、新建县	22400	白鹤等越冬珍禽及其栖息地	野生动物	19880509	林业
	桃红岭梅花鹿	彭泽县	12500	野生梅花鹿南方亚种及其栖息地	野生动物	19810816	林业
	九连山	龙南县	13412	亚热带常绿阔叶林	森林生态	19810306	林业
	井冈山	井冈山市	21499	亚热带常绿阔叶原始林及珍稀动物	森林生态	19810301	林业
	官山	宜丰县、铜鼓县	11501	中亚热带常绿阔叶林及白颈长尾雉等珍稀野生动植物	森林生态	19810306	林业
	江西九岭山	靖安县	11541	中亚热带常绿阔叶林及野生动植物	森林生态	19970106	林业
	江西马头山	资溪县	13867	亚热带常绿阔叶林及珍稀植物	森林生态	19940101	林业
	江西武夷山	铅山县	16007	中亚热带常绿阔叶林及珍稀动植物	森林生态	19810306	林业
山东	马山	即墨市	774	柱状节理石柱、硅化木等地质遗迹	地质遗迹	19930113	环保
	黄河三角洲	东营市	153000	河口湿地生态系统及珍禽	海洋海岸	19901227	林业
	昆嵛山	烟台市牟平区	15417	森林及野生动植物	森林生态	19990101	林业
	长岛	长岛县	5300	鹰、隼等猛禽及候鸟栖息地	野生动物	19880509	林业
	山旺古生物化石	临朐县	120	古生物化石	古生物遗迹	19800117	国土
	荣成大天鹅	荣成市	1675	大天鹅等珍禽及其生境	野生动物	19920530	林业
	滨州贝壳堤岛与湿地	无棣县	43542	贝壳堤岛、湿地、珍稀鸟类、海洋生物	海洋海岸	19990101	海洋

行政区	保护区名称	区域	面积（公顷）	主要保护对象	类型	始建时间	主管部门
河南	新乡黄河湿地鸟类	新乡市	22780	天鹅、鹤类等珍禽及湿地生态系统	内陆湿地	19880727	环保
	河南黄河湿地	三门峡、洛阳、焦作、济源等市	68000	湿地生态、珍稀鸟类	内陆湿地	19950818	林业
	小秦岭	灵宝市	15160	暖温带森林生态系统及珍稀动植物	森林生态	19820624	林业
	南阳恐龙蛋化石群	南阳市	78015	恐龙蛋化石	古生物遗迹	19980101	国土
	伏牛山	西峡、内乡、南召等县	56024	过渡带森林生态系统	森林生态	19820624	林业
	宝天曼	内乡县	5413	过渡带森林生态系统、珍稀动植物	森林生态	19800430	林业
	丹江湿地	淅川县	64027	湿地生态系统	内陆湿地	20010810	林业
	鸡公山	信阳市	2917	森林生态系统、野生动物	森林生态	19820624	林业
	董寨	罗山县	46800	珍稀鸟类及其栖息地	野生动物	19820624	林业
	连康山	新县	10580	常绿阔叶与落叶阔叶混交林	森林生态	19820624	林业
	太行山猕猴	济源市、焦作市、新乡市	56600	猕猴及森林生态系统	野生动物	19820624	林业
湖北	赛武当	十堰市茅箭区	21203	巴山松、铁杉群落及野生动植物	野生植物	19870101	林业
	青龙山恐龙蛋化石群	郧县	205	恐龙蛋化石	古生物遗迹	19970113	国土
	五峰后河	五峰土家族自治县	10340	森林生态系统及珙桐等珍稀动植物	森林生态	19850101	林业
	石首麋鹿	石首市	1567	麋鹿及其生境	野生动物	19911101	环保
	长江天鹅洲白鱀豚	石首市	2000	白鱀豚、江豚及其生境	野生动物	19901201	农业
	长江新螺段白鱀豚	洪湖市、赤壁市、嘉鱼县	13500	白鱀豚、江豚、中华鲟及其生境	野生动物	19870101	农业
	龙感湖	黄梅县	22322	湿地生态系统及白头鹤等珍禽	内陆湿地	19880101	林业
	九宫山	通山县	16609	中亚热带阔叶林及珍稀动植物	森林生态	19810201	林业
	星斗山	利川市、咸丰县、恩施市	68339	珙桐、水杉及森林植被	野生植物	19811218	林业
	七姊妹山	宣恩县	34550	珙桐等珍稀植物及其生境	野生植物	19900301	林业
	神农架	神农架林区	70467	森林生态系统及金丝猴、珙桐等珍稀动植物	森林生态	19860709	林业

行政区	保护区名称	区域	面积 （公顷）	主要保护对象	类型	始建时间	主管部门
湖南	炎陵桃源洞	炎陵县	23786	银杉群落及森林生态系统	森林生态	19820101	林业
	南岳衡山	衡阳市南岳区	11992	野生动植物、濒危动植物	森林生态	19840509	林业
	黄桑	绥宁县	12590	森林生态系统及红豆杉、伯乐树、铁杉、大鲵等珍稀动植物	森林生态	19820403	林业
	湖南舜皇山	新宁县	21720	亚热带常绿阔叶林及银杉、资源冷杉等动植物	森林生态	19820401	林业
	东洞庭湖	岳阳市	190000	珍稀水禽及湿地生态系统	野生动物	19841101	林业
	乌云界	桃源县	33818	森林生态系统及大型猫科动物	森林生态	19980501	环保
	壶瓶山	石门县	40847	森林及云豹等珍稀动物	森林生态	19820405	林业
	张家界大鲵	张家界市武陵源区	14285	大鲵及其栖息生境	野生动物	19961129	农业
	八大公山	桑植县	20000	亚热带森林及南方红豆杉、伯乐树等珍稀濒危野生动植物	森林生态	19860709	林业
	六步溪	安化县	14239	森林及野生动植物	森林生态	19990426	林业
	莽山	宜章县	19833	南亚热带常绿阔叶林及珍稀动植物	森林生态	19820101	林业
	八面山	桂东县	10974	森林及银杉、水鹿、黄腹角雉等珍稀动植物	森林生态	19820409	林业
	阳明山	双牌县	12795	森林及黄杉、红豆杉等珍贵植物	森林生态	19840101	林业
	永州都庞岭	道县	20066	森林生态系统、林麝、白颈长尾雉等野生动植物	森林生态	19820101	林业
	借母溪	沅陵县	13041	森林生态系统及银杏、榉木、楠木等珍稀植物	森林生态	19980101	林业
	鹰嘴界	会同县	15900	典型亚热带森林植被及南方红豆杉、银杏等野生动植物	森林生态	19980101	林业
	高望界	古丈县	17170	低海拔常绿阔叶林	森林生态	19930901	林业
	小溪	永顺县	24800	珙桐、南方红豆杉等珍稀植物	森林生态	19820101	林业
广东	南岭	韶关市、清远市	50000	中亚热带常绿阔叶林	森林生态	19840401	林业
	车八岭	始兴县	7545	中亚热带常绿阔叶林及珍稀动植物	森林生态	19880509	林业
	丹霞山	仁化县	28000	丹霞地貌	地质遗迹	19951106	国土
	内伶仃岛-福田	深圳市宝安区、福田区	815	猕猴、鸟类、红树林湿地生态系统	海洋海岸	19840409	林业
	珠江口中华白海豚	珠海市	46000	中华白海豚及其生境	野生动物	19910101	农业
	湛江红树林	湛江市	19300	红树林生态系统	海洋海岸	19900108	林业
	徐闻珊瑚礁	徐闻县	14379	珊瑚礁生态系统	海洋海岸	19990801	海洋
	雷州珍稀海洋生物	雷州市	46865	白蝶贝等珍稀海洋生物及其生境	野生动物	19830101	海洋
	鼎湖山	肇庆市鼎湖区	1133	南亚热带常绿阔叶林、珍稀动植物	森林生态	19560101	其他
	象头山	博罗县	10697	森林生态及野生动植物	森林生态	19981201	林业
	惠东港口海龟	惠东县	800	海龟及其产卵繁殖地	野生动物	19921027	农业

行政区	保护区名称	区域	面积（公顷）	主要保护对象	类型	始建时间	主管部门
桂林	大明山	武鸣县、马山县、上林县、宾阳县	16994	常绿阔叶林、水源涵养林及珍稀野生动植物	森林生态	19810801	林业
	千家洞	灌阳县	12231	水源涵养林及野生动植物	森林生态	19820601	林业
	花坪	龙胜各族自治县、临桂县	17400	银杉、典型常绿阔叶林生态系统及珍稀野生动植物	野生植物	19611018	林业
	猫儿山	资源县、兴安县	17009	典型常绿阔叶林生态系统及珍稀野生动植物	森林生态	19760501	林业
	合浦营盘港－英罗港儒艮	合浦县	35000	儒艮及海洋生态系统	野生动物	19860427	环保
	山口红树林	合浦县	8000	红树林生态系统	海洋海岸	19900930	海洋
	北仑河口	防城港市防城区、东兴市	3000	红树林生态系统	海洋海岸	19900304	海洋
	防城金花茶	防城港市防城区	9195	金花茶及森林生态系统	野生植物	19860405	环保
	十万大山	上思县、钦州市、防城港市防城区	58277	水源涵养林	森林生态	19820601	林业
	雅长兰科植物	乐业县	22062	兰科植物及生态系统	野生植物	20050422	林业
	岑王老山	田林县、凌云县	18994	季风常绿阔叶林及珍稀野生动植物	森林生态	19820601	林业
	金钟山黑颈长尾雉	隆林各族自治县	20924	鸟类及其生境	野生动物	19820601	林业
	九万山	罗城仫佬族自治县、环江毛南族自治县	25213	水源涵养林	森林生态	19820601	林业
	木论	罗城仫佬族自治县、环江毛南族自治县	8969	中亚热带石灰岩常绿阔叶混交林生态系统	森林生态	19960101	林业
	大瑶山	金秀瑶族自治县	24907	水源林及瑶山鳄蜥、银杉等珍稀野生动植物	森林生态	19820601	林业
	弄岗	龙州县、宁明县	10080	亚热带石灰岩季雨林和白头叶猴、黑叶猴等珍稀野生动植物	森林生态	19780101	林业
海南	东寨港	海口市美兰区	3337	红树林生态系统	海洋海岸	19800103	林业
	三亚珊瑚礁	三亚市	8500	珊瑚礁及其生态系统	海洋海岸	19900930	海洋
	铜鼓岭	文昌市	4400	珊瑚礁、热带季雨矮林及野生动物	海洋海岸	19830101	环保
	大洲岛	万宁市	7000	金丝燕及其生境、海洋生态系统	野生动物	19870801	海洋
	大田	东方市	1314	海南坡鹿及其生境	野生动物	19761009	林业
	霸王岭	昌江黎族自治县、白沙县	29980	黑冠长臂猿及其生境	野生动物	19800129	林业
	尖峰岭	乐东黎族自治县、东方市	20170	热带季雨林	森林生态	19761009	林业
	吊罗山	陵水黎族自治县、保亭县	18389	热带雨林	森林生态	19840401	林业
	五指山	琼中黎族苗族自治县、五指山市	13436	热带原始森林	森林生态	19851101	林业

续表

行政区	保护区名称	区域	面积（公顷）	主要保护对象	类型	始建时间	主管部门
重庆	缙云山	重庆市北碚区、沙坪坝	7600	亚热带常绿阔叶林	森林生态	19790401	林业
	金佛山	重庆市南川区	41850	银杉、珙桐、黑叶猴等珍稀野生动植物及森林生态系统	野生植物	19790701	林业
	大巴山	城口县	136017	森林生态系统及崖柏等珍稀野生植物	森林生态	19790501	林业
	雪宝山	开县	23452	森林及珍稀动植物	森林生态	20000401	林业
四川	长江上游珍稀、特有鱼类	四川省、贵州省、云南省	33174	珍稀鱼类及河流生态系统	野生动物	19971208	农业
	龙溪—虹口	都江堰市	31000	亚热带山地森林生态系统、大熊猫、珙桐等珍稀动植物	森林生态	19930424	林业
	白水河	彭州市	30150	森林生态系统、大熊猫、金丝猴等珍稀野生动植物	森林生态	19960101	林业
	攀枝花苏铁	攀枝花市西区	1400	攀枝花苏铁等珍稀濒危植物及其生境	野生植物	19830101	林业
	画稿溪	叙永县	23827	桫椤等珍稀植物及地质遗迹	野生植物	19980101	环保
	王朗	平武县	32297	大熊猫、金丝猴等珍稀动物及森林生态系统	野生动物	19630402	林业
	雪宝顶	平武县	63615	大熊猫、川金丝猴、扭角羚及其生境	野生动物	19930801	林业
	米仓山	旺苍县	23400	森林及野生动物	森林生态	19990101	林业
	唐家河	青川县	40000	大熊猫等珍稀野生动物及森林生态系统	野生动物	19860709	林业
	马边大风顶	马边彝族自治县	30164	大熊猫等珍稀野生动物及森林生态系统	野生动物	19781215	林业
	长宁竹海	长宁县	28719	竹类生态系统	森林生态	19961001	环保
	老君山	屏山县	3500	四川山鹧鸪及森林生态系统	野生动物	20000229	林业
	花萼山	万源市	48203	森林生态系统及野生动物	森林生态	19960101	环保
	蜂桶寨	宝兴县	39039	大熊猫等珍稀野生动物及森林生态系统	野生动物	19750320	林业
	卧龙	汶川县	200000	大熊猫等珍稀野生动物及森林生态系统	野生动物	19630402	林业
	九寨沟	九寨沟县	64297	大熊猫等珍稀野生动物及森林生态系统	野生动物	19781215	林业
	小金四姑娘山	小金县	56000	野生动物及高山生态系统	野生动物	19950301	环保
	若尔盖湿地	若尔盖县	166571	高寒沼泽湿地及黑颈鹤等野生动物	内陆湿地	19941118	林业
	贡嘎山	泸定县、康定县、九龙县	400000	高山森林生态系统及珍稀动物	森林生态	19960301	林业
	察青松多白唇鹿	白玉县	143683	白唇鹿、雪豹等野生动物	野生动物	19950101	林业
	长沙贡玛	石渠县	669800	高寒湿地生态系统和藏野驴、雪豹、野牦牛等珍稀动物	野生动物	19971208	林业
	海子山	理塘县、稻城县	459161	高寒湿地生态系统及白唇鹿、马麝、藏马鸡等珍稀动物	内陆湿地	19951108	林业
	亚丁	稻城县	145750	森林生态系统、野生动植物、冰川	森林生态	19960320	环保
	美姑大风顶	美姑县	50655	大熊猫等珍稀野生动物及森林生态系统	野生动物	19781215	林业

行政区	保护区名称	区域	面积（公顷）	主要保护对象	类型	始建时间	主管部门
贵州	宽阔水	绥阳县	26231	中亚热带常绿阔叶林	森林生态	19891201	林业
	习水中亚热带常绿阔叶林	习水县	48666	中亚热带常绿阔叶林及野生动植物	森林生态	19940908	林业
	赤水桫椤	赤水市	13300	桫椤、小黄花茶等野生植物	野生植物	19840911	环保
	梵净山	江口县、印江土家族苗族自治县、松桃苗族自治县	41900	森林生态系统及黔金丝猴珍稀动植物	森林生态	19860709	林业
	麻阳河	沿河土家族自治县、务川仡佬族苗族自治县	31113	黑叶猴等珍稀动物及其生境	野生动物	19870801	林业
	威宁草海	威宁彝族回族苗族自治县	12000	高原湿地生态系统及黑颈鹤等	内陆湿地	19850101	林业
	雷公山	雷山县、台江县、剑河县、榕江县	47300	中亚热带森林及秃杉等珍稀植物	森林生态	19820601	林业
	茂兰	荔波县	20000	喀斯特森林生态系统	森林生态	19860409	林业
云南	轿子山	昆明市东川区	16456	针叶林、中山湿性常绿阔叶林及珍稀动植物	森林生态	19940331	林业
	会泽黑颈鹤	会泽县	12911	黑颈鹤及湿地生态系统	野生动物	19940301	环保
	哀牢山	新平彝族傣族自治县、楚雄市、双柏县、景东彝族自治县、镇沅彝族哈尼族拉祜族自治县	67700	中山湿性常绿阔叶林及黑冠长臂猿等野生动植物	森林生态	19880509	林业
	大山包黑颈鹤	昭通市昭阳区	19200	黑颈鹤等珍禽及其生境	野生动物	19900101	林业
	药山	巧家县	20141	高山水源林及多种药用植物	森林生态	19840405	林业
	无量山	景东彝族自治县、南涧彝族自治县、大理市	30938	亚热带常绿阔叶林、黑冠长臂猿等珍稀动物及栖息地	森林生态	19860320	林业
	永德大雪山	永德县	17541	亚热带常绿阔叶林及野生动物	森林生态	19860320	林业
	南滚河	沧源佤族自治县、耿马县	50887	亚洲象、孟加拉虎及森林生态系统	野生动物	19800306	林业
	云南大围山	屏边苗族自治县、河口瑶族自治县、个旧市、蒙自县	43993	南亚热带常绿阔叶林及珍稀动物	森林生态	19860320	林业
	金平分水岭	金平苗族瑶族傣族自治	42027	南亚热带山地苔藓常绿阔叶林及珍稀动植物	森林生态	19860601	林业
	黄连山	绿春县	65058	亚热带常绿阔叶林、野生动植物	森林生态	19830427	林业
	文山	文山县、西畴县	26867	岩溶中山南亚热带季风常绿阔叶林、亚热带山地苔藓常绿阔叶林以及野生动植物	森林生态	19800605	林业
	西双版纳	景洪市、勐海县、勐腊县	241776	热带森林生态系统及珍稀野生动植物	森林生态	19581009	林业
	纳板河流域	景洪市、勐海县	26600	热带季雨林及野生动植物	森林生态	19910705	环保
	苍山洱海	大理市	79700	断层湖泊、古代冰川遗迹、苍山冷杉、杜鹃林	内陆湿地	19811106	环保
	高黎贡山	保山、腾冲、泸水、福汞、景东、镇西、楚雄、双柏、南华等市县	405200	森林植被垂直带谱、珍稀动植物	森林生态	19830101	林业
	白马雪山	德钦县、维西傈僳族自治县	276400	高山针叶林、滇金丝猴	森林生态	19840101	林业

行政区	保护区名称	区域	面积（公顷）	主要保护对象	类型	始建时间	主管部门
西藏	拉鲁湿地	拉萨市城关区	1220	湿地生态系统	内陆湿地	19990525	环保
	雅鲁藏布江中游河谷黑颈鹤	林周、达孜、浪卡子、拉孜、日喀则、南木林等县市	614350	黑颈鹤及其生境	野生动物	19930101	林业
	类乌齐马鹿	类乌齐县	120615	马鹿、白唇鹿等及其栖息地	野生动物	19930101	林业
	芒康滇金丝猴	芒康县	185300	滇金丝猴及其生态系统	野生动物	19930101	林业
	珠穆朗玛峰	定日县、聂拉木县、定结县、吉隆县	3381000	高山森林、荒漠生态系统及雪豹等野生动物	森林生态	19880405	林业
	羌塘	安多、尼玛、改则、双湖、革日土、噶尔等县	29800000	藏羚羊等有蹄类动物及高原荒漠生态系统	荒漠生态	19930709	林业
	色林错	申扎、尼玛、班戈、安多、那曲等县	2032380	黑颈鹤繁殖地、高原湿地生态系统	野生动物	19930101	林业
	雅鲁藏布大峡谷	墨脱县、林芝县、波密县、米林县	916800	山地垂直带带谱及野生动植物	森林生态	19850709	林业
	察隅慈巴沟	察隅县	101400	山地亚热带森林生态系统及扭角羚、孟加拉虎等濒危动物	森林生态	19850923	林业
陕西	周至	周至县	56393	金丝猴等野生动物及其生境	野生动物	19880509	林业
	陇县秦岭细鳞鲑	陇县	6559	细鳞鲑及其生境	野生动物	20011101	农业
	太白山	太白县、眉县、周至县	56325	森林生态系统、大熊猫、金丝猴、扭角羚等濒危动物	森林生态	19650909	林业
	陕西子午岭	富县	40621	森林生态系统及豹、黑鹳、金雕等濒危动物	森林生态	19990101	林业
	延安黄龙山褐马鸡	黄龙县、宜川县	81753	褐马鸡及其生境	野生动物	20010825	林业
	汉中朱鹮	洋县、城固县	37549	朱鹮及其生境	野生动物	19830101	林业
	长青	洋县	29906	大熊猫、扭角羚、林麝等珍稀动物及其生境	野生动物	19951222	林业
	陕西米仓山	西乡县	34192	森林生态系统及珍稀动植物	森林生态	20030820	林业
	青木川	宁强县	10200	金丝猴、扭角羚、大熊猫等珍稀动物	野生动物	20030521	林业
	桑园	留坝县	13806	大熊猫及栖息生境	野生动物	20020826	林业
	佛坪	佛坪县	29240	大熊猫、金丝猴、扭角羚等野生动物及森林生态系统	野生动物	19781215	林业
	天华山	宁陕县	25485	大熊猫、金丝猴、扭角羚等野生动物及其生境	野生动物	20020801	林业
	化龙山	镇坪县、平利县	28103	森林植物、野生动物	森林生态	20010801	林业
	牛背梁	柞水县、西安市长安区、宁陕县	16418	扭角羚等珍稀动物及其栖息地	野生动物	19880509	林业

续表

行政区	保护区名称	区域	面积（公顷）	主要保护对象	类型	始建时间	主管部门
甘肃	连城	永登县	47930	森林生态系统及祁连柏、青杆等物种	森林生态	20010401	林业
	兴隆山	榆中县	33301	森林生态系统及马麝等野生动物	森林生态	19860111	林业
	民勤连古城	民勤县	389883	荒漠生态系统及黄羊等野生动物	荒漠生态	19820101	林业
	张掖黑河湿地	高台县、张掖市甘州区、临泽县	41165	湿地及珍稀鸟类	内陆湿地	19921210	环保
	太统—崆峒山	平凉市崆峒区	16283	温带落叶阔叶林及野生植物	森林生态	19820101	林业
	甘肃祁连山	武威市、张掖市、酒泉市	230000	水源涵养林及珍稀动物	森林生态	19870101	林业
	安西极旱荒漠	安西县	800000	荒漠生态系统及珍稀动植物	荒漠生态	19870602	环保
	盐池湾	肃北蒙古族自治县	1360000	白唇鹿、野牦牛、野驴等珍稀动物及其生境	野生动物	19820401	林业
	安南坝野骆驼	阿克塞哈萨克族自治县	396000	野骆驼、野驴等野生动物及荒漠草原	野生动物	19821211	林业
	敦煌西湖	敦煌市	660000	野生动物及荒漠湿地	野生动物	19921214	林业
	敦煌阳关	敦煌市	88178	湿地生态系统及候鸟	内陆湿地	19941008	环保
	白水江	文县	183799	大熊猫、金丝猴、扭角羚等野生动物	野生动物	19630101	林业
	小陇山	徽县、两当县	31938	扭角羚、红腹锦鸡等野生珍稀动植物	野生动物	19821103	林业
	甘肃莲花山	康乐、临潭、卓尼、渭源、临洮等县	11691	森林生态系统	森林生态	19821203	林业
	洮河	卓尼县、临潭县	287759	森林生态系统	森林生态	20050202	林业
	尕海—则岔	碌曲县	247431	黑颈鹤等野生动物、高寒沼泽湿地森林生态系统	森林生态	19820902	林业
青海	循化孟达	循化撒拉族自治县	17290	森林生态系统及珍稀生物物种	森林生态	19800403	林业
	青海湖	刚察县、共和县、海晏县	495200	黑颈鹤、斑头雁、棕头鸥等水禽及湿地生态系统	野生动物	19750808	林业
	可可西里	玉树藏族自治州	4500000	藏羚羊、野牦牛等动物及高原生态系统	野生动物	19951008	林业
	三江源	玉树藏族自治州、果洛州、海南州、海西州、黄南州	15230000	珍稀动物及湿地、森林、高寒草甸等	内陆湿地	20000523	林业
	隆宝	玉树县	10000	黑颈鹤、天鹅等水禽及草甸生态系统	野生动物	19860709	林业

行政区	保护区名称	区域	面积 (公顷)	主要保护对象	类型	始建时间	主管 部门
宁夏	宁夏贺兰山	银川市、永宁县、贺兰县、石嘴山市	193536	森林生态系统、野生动植物资源	森林生态	19820701	林业
	灵武白芨滩	灵武市	74843	天然柠条母树林及沙生植被	荒漠生态	19850101	林业
	哈巴湖	盐池县	84000	荒漠生态系统、湿地生态系统	荒漠生态	19980701	林业
	宁夏罗山	同心县	33710	珍稀野生动植物及森林生态系统	森林生态	19820701	林业
	六盘山	泾源县、隆德县、固原市原州区	26784	水源涵养林及野生动物	森林生态	19820501	林业
	沙坡头	中卫市	14043	自然沙生植被及人工治沙植被	荒漠生态	19840901	环保
新疆	艾比湖湿地	精河县	267085	湿地及珍稀野生动植物	内陆湿地	20000616	林业
	罗布泊野骆驼	巴音郭楞蒙古自治州	7800000	野骆驼及其生境	野生动物	19860901	环保
	塔里木胡杨	尉犁县、轮台县	395420	胡杨、灰杨林	荒漠生态	19830101	林业
	阿尔金山	若羌县	4500000	有蹄类野生动物及高原生态系统	荒漠生态	19830101	环保
	巴音布鲁克	和静县	100000	天鹅等珍稀水禽、沼泽湿地	野生动物	19800509	林业
	托木尔峰	温宿县	237600	森林及野生动植物	森林生态	19800601	林业
	西天山	巩留县	31217	雪岭云杉林	森林生态	19831002	林业
	甘家湖梭梭林	乌苏市、精河县	54667	梭梭林及其生境	荒漠生态	19830901	林业
	哈纳斯	布尔津县、哈巴河县	220162	森林生态系统及自然景观	森林生态	19800501	林业

参考文献

[1] 刘凌云,郑光美.普通动物学[M].4版.北京:高等教育出版社,2009.

[2] 安建梅,芦荣胜.动物学野外实习指导[M].北京:科学出版社,2008.

[3] 大连水产学院.淡水生物学(上册 分类学部分)[M].北京:中国农业出版社,1982.

[4] 赵文.水生生物学[M].北京:中国农业出版社,2005.

[5] 席贻龙.无脊椎动物学野外实习指导[M].合肥:安徽人民出版社,2008.

[6] 和振武,许人和.中国的淡水水母.动物学专题[M].北京:北京师范大学出版社,1991.

[7] 王家楫.中国淡水轮虫志[M].北京:科学出版社,1961.

[8] 邓洪平,王志坚,齐代华.生物多样性实习教程[M].重庆:西南师范大学出版社,2013.

[9] 齐钟彦,马肃同,楼子康,等.中国动物图谱:软体动物(第二册)[M].北京:科学出版社,1983.

[10] 齐钟彦,LGY,ZFS.中国动物图谱:软体动物(第三册)[M].北京:科学出版社,1986.

[11] 陈德牛,张国庆.中国动物志·软体动物门·腹足纲·巴蜗牛科[M].北京:科学出版社,2004.

[12] 蒋燮治,堵南山.中国动物志·节肢动物门·甲壳纲·淡水枝角类[M].北京:科学出版社,1979.

[13] 中国科学院动物研究所甲壳动物研究组.中国动物志·节肢动物门·甲壳纲·淡水桡足类[M].北京:科学出版社,1979.

[14] 梁象秋.中国动物志·无脊椎动物·甲壳动物亚门·十足目·匙指虾科[M].北京:科学出版社,2004.

[15] 李新正,刘瑞玉,梁象秋,等.中国动物志·无脊椎动物·甲壳动物亚门·十足目·长臂虾总科[M].北京:科学出版社,2007.

[16] 彩万志,庞雄飞,花保祯,等.普通昆虫学[M].北京:中国农业大学出版社,2002.

[17] 尹长民,王家福,朱明生,等.中国动物志·蛛形纲·蜘蛛目·园蛛科[M].北京:科学出版社,1997.

[18] 宋大祥,朱明生.中国动物志·蛛形纲·蜘蛛目·蟹蛛科·逍遥蛛科[M].北京:科学出版社,1997.

[19] 朱明生.中国动物志·蛛形纲·蜘蛛目·球蛛科[M].北京:科学出版社,1998.

[20] 朱明生,宋大祥,张俊霞.中国动物志·蛛形纲·蜘蛛目·肖蛸科[M].北京:科学出版社,2003.

[21] 胡红英,黄人鑫.新疆昆虫原色图鉴[M].乌鲁木齐:新疆大学出版社,2013.

[22] 黄人鑫,周红,李新平.新疆蝴蝶[M].乌鲁木齐:新疆科技卫生出版社,2000.

[23] 牟吉元,徐洪富,荣秀兰.普通昆虫学[M].北京:中国农业出版社,2001.

[24] 南开大学,中山大学,北京大学,等.昆虫学[M].北京:人民教育出版社,1981.

[25] 许崇任,程红.动物生物学[M].北京:高等教育出版社,2000.

［26］ 袁锋.昆虫分类学［M］.北京:中国农业出版社,1996.

［27］ 郑乐怡,归鸿.昆虫分类［M］.南京:南京师范大学出版社,1999.

［28］ 湖南省水产科学研究所.湖南鱼类志［M］.长沙:湖南科技出版社,1980.

［29］ 张觉民,何志辉.内陆水域渔业自然资源调查手册［M］.北京:中国农业出版社,1991.

［30］ 陈宜瑜.中国动物志·硬骨鱼纲·鲤形目(中卷)［M］.北京:科学出版社,1998.

［31］ 乐佩琦.中国动物志·硬骨鱼纲·鲤形目(下卷)［M］.北京:科学出版社,2000.

［32］ 褚新洛,郑葆珊,戴定远.中国动物志·硬骨鱼纲·鲇形目［M］.北京:科学出版社,1999.

［33］ 朱松泉.中国淡水鱼类检索［M］.南京:江苏科学技术出版社,1995.

［34］ 中国野生动物保护协会.中国两栖动物图鉴［M］.郑州:河南科学技术出版社,1999.

［35］ 中国野生动物保护协会.中国爬行动物图鉴［M］.郑州:河南科学技术出版社,2002.

［36］ 赵尔宓,黄美华,宗愉,等.中国动物志·爬行纲·有鳞目·蛇亚目［M］.北京:科学出版社,1998.

［37］ 郑作新,寿振黄,傅桐生.中国动物图谱(鸟类)［M］.3版.北京:科学出版社,1987.

［38］ 王应祥.中国哺乳动物种和亚种分类名录与分布大全［M］.北京:中国林业出版社,2003.

［39］ 朱道玉.动物学野外实习指导［M］.北京:化学工业出版社,2010.

［40］ 和振武,许人和.我国桃花水母分布近况［J］.动物学杂志,2003,38(6):79-80.

［41］ 王文彬,邬前希,刘良国,等.湖南淡水水母新记录——信阳桃花水母［J］.水生态学杂志,2010,3(3):142-145.

［42］ 陈广文,陈晓虹,刘德增.中国涡虫纲分类学研究进展［J］.水生生物学报,2001,25(4):406-412.

［43］ 黄健,徐芹,孙振钧,等.中国蚯蚓资源研究:I.名录及分布［J］.中国农业大学学报,2006,11(3):9-20.

［44］ 冯孝义.中国陆栖蚯蚓各属的分类特征［J］.动物学杂志,1985,20(1):44-47.